全国职业院校机械行业特色专业系列教材
高职高专电梯工程技术专业系列教材

电梯运行与维护

主　编　孙文涛　张旭涛

副主编　陶丽芝　罗　飞

参　编　宫义才　潘典旺

机 械 工 业 出 版 社

本书根据电梯行业相关国家标准，参考电梯职业技能鉴定规范，借鉴三菱、日立、奥的斯、通力、蒂森电梯通用维修工艺编写而成，详细描述了中级电梯安装维修工必须掌握的电梯维修相关知识和技能要求。本书以实践操作为重点，理论讲解围绕实践操作展开。

本书共包括两个教学项目：升降电梯的运行与维护、自动扶梯的运行与维护。

本书可作为高职院校、高级技工学校、技师学院电梯安装维修类专业教材，也可作为电梯安装维修工培训的实际操作技能训练指导教材，还可供电梯技术应用人员学习参考。

本书采用双色印刷，为方便教学，本书配有免费电子课件、实操视频、思考与练习题答案、模拟试卷及答案等，凡选用本书作为授课教材的教师可来电（010-88379564）索取，或登录 www.cmpedu.com 网站，注册、免费下载。

图书在版编目（CIP）数据

电梯运行与维护/孙文涛，张旭涛主编. —北京：机械工业出版社，2019.8（2024.8 重印）

全国职业院校机械行业特色专业系列教材　高职高专电梯工程技术专业系列教材

ISBN 978-7-111-62909-2

Ⅰ.①电…　Ⅱ.①孙…②张…　Ⅲ.①电梯-运行-高等职业教育-教材②电梯-维修-高等职业教育-教材　Ⅳ.①TU857

中国版本图书馆 CIP 数据核字（2019）第 110997 号

机械工业出版社（北京市百万庄大街 22 号　邮政编码 100037）

策划编辑：王宗锋　冯睿娟　责任编辑：王宗锋

责任校对：炊小云　封面设计：马精明

责任印制：单爱军

北京虎彩文化传播有限公司印刷

2024 年 8 月第 1 版第 8 次印刷

184mm×260mm・15 印张・418 千字

标准书号：ISBN 978-7-111-62909-2

定价：45.00 元

电话服务　网络服务

客服电话：010-88361066　机　工　官　网：www.cmpbook.com

010-88379833　机　工　官　博：weibo.com/cmp1952

010-68326294　金　书　网：www.golden-book.com

封底无防伪标均为盗版　机工教育服务网：www.cmpedu.com

前　言

本书根据电梯行业相关国家标准，参考电梯职业技能鉴定规范，以高职、高专院校学生、电梯安装维修从业人员为目标读者，结合目前电梯安装维修工的文化素质、技术状况和企业对电梯安装维修技能的实际需求编写。

本书内容系统性强，以实践操作为重点，理论讲解围绕实践操作展开，突出“工学结合”，以项目（任务）为导向，符合现代职业教育理念，注重学习实效。本书的两个项目共计八个任务，能较好地帮助读者实现从入门到精通。

本书采用了实际的任务、维护工艺，介绍了故障实例，目的是让读者参与到实践教学活动中。本书有两个教学项目：升降电梯的运行与维护，包括机房设备的运行与维护、井道设备的运行与维护、轿厢和对重的运行与维护、底坑设备的运行与维护；自动扶梯的运行与维护，包括梯路系统的运行与维护、扶手系统的运行与维护、驱动系统的运行与维护、电气系统的运行与维护。

本书由孙文涛、张旭涛任主编，陶丽芝、罗飞任副主编，参加编写的还有官义才、潘典旺。编写分工如下：项目一的任务一、四由潘典旺、孙文涛、罗飞编写，任务二、三由官义才、罗飞、孙文涛编写；项目二的任务一、二、四由张旭涛编写，任务三由陶丽芝、孙文涛编写。全书由孙文涛、张旭涛统稿。

本书收录了编者大量的教学成果，收集了很多现场图片，参考了部分国内外相关资料，在此谨对有关作者表示衷心的感谢。

由于编者水平有限，书中难免有错误和不当之处，敬请广大读者批评指正。

编　者

目　录

项目 1 升降电梯的运行与维护

【项目分析】

电梯的运行与维护，主要包括机房设备、井道设备、轿厢和对重、底坑设备的运行与维护等内容。本项目介绍了电梯曳引机、控制柜、限速器、层门、曳引钢丝绳、层站召唤、终端保护装置、轿厢、对重、安全钳、缓冲器等设备的维护保养方法和技术标准，电梯安全操作规程，企业管理流程等。采用项目教学的方法，引入企业电梯运行管理的工作流程，通过实训、参观、汇报等方式，让学生能体验真实的电梯维护和保养情境，帮助学生提高电梯维护技能水平。

【项目目标】

通过本项目的学习，使学生具备以下专业技术能力：

1）熟悉电梯的基本结构和工作原理。

2）熟悉企业运行与维护的业务流程、管理单据及特别注意事项，掌握电梯维护保养的方法和技术标准。

3）会使用各种工具、量具以及仪器仪表，特别是先进的诊断设备。会检查电梯运行与维护中遇到的实际问题，为企业创造价值。

4）能组织讨论，具备学习新知识、新技术的能力。

5）会撰写电梯运行与维护的工作总结，填写工作任务单、工作报告等。

6）掌握安全操作规程、电梯运行与维护的 6S 管理规范，使学生养成良好的安全和文明生产的行为习惯。

【项目准备】

1. 资源要求

1）电梯实训室，配备教学电梯 2 台。

2）万用表、声级计、推拉力计、游标卡尺 2 套；通用维修工具 10 套。

3）多媒体教学设备。

2. 原材料准备

电梯齿轮油、润滑脂、清洁剂、除锈剂、砂纸、手套、纱布等材料。

3. 相关资料

日立、三菱、奥的斯维修手册，电子版维修资料。

【工作任务】

按企业工作过程（资讯—决策—计划—实施—检验—评价）要求完成电梯的运行与维护。其中包括：

1）电梯机房设备的运行与维护。
2）电梯井道设备的运行与维护。
3）电梯轿厢和对重的运行与维护。
4）电梯底坑设备的运行与维护。

【预备知识】

1. 接收维护保养任务或接收客户委托

客户分为内部客户和外部客户。内部客户是指给电梯机电维修工分派工作的维修站主管，以及从象征意义上来说的职业院校中向一个团队提出维护保养委托的教师；外部客户是指签订维修保养合同，通过维修站进行维护保养的客户。接收电梯维护保养委托之前，需要向客户了解电梯的详细信息，以及需要维护保养部件的工作状况，从而制订维护保养的工作目标和任务，见表 1-1。

表 1-1　接收电梯维护保养委托信息表

工作流程	任务内容
接收电梯前与客户的沟通	客户将其电梯交给维修站进行维护保养时，在交接过程中，应让客户得知维修站为其留出的时间，并且在直接接收任务时向其提出有益的建议，这样做有如下好处： 1）客户可以了解自己电梯的运行状况 2）可以准确解释检测结果 3）让客户认识到必须进行必要的维护保养工作 委托包括以下数据： 1）常规委托数据 ①委托识别（日期、合同号、委托类型） ②电梯识别（生产厂家、型号、控制方式、载重量、速度、层站） 2）工作说明、工作项目和所用时间
接收维护保养委托	可按照以下方式与客户交流： 向客户致以友好的问候并进行自我介绍；认真、积极、耐心地倾听客户的意见；询问客户有哪些问题和要求 客户委托或报修：电梯的维护和保养 1）接收电梯维护保养任务过程中的现场检查： ①电梯的清洁、使用状况 ②电梯的运行、维护与检查情况 2）接收维护保养委托： ①询问用户单位、地址 ②与客户确认维护保养内容并签订维护保养合同 ③确定电梯交接日期
任务目标	完成电梯的维护和保养
任务要求	升降电梯的运行与维护
对完工电梯进行检验	符合 GB 7588—2003 及 GB/T 10058—2009 规定的要求
对工作进行评估	以小组为单位，共同分析、讨论电梯维护保养工艺并完成维护任务；小组成员能独力完成电梯的维护保养操作，各小组上交一份所有小组成员都签名的实习报告

接收维护保养委托任务一般在维修站或通过公开招标的方式进行。在维修站直接接梯时间应为 10~15min（计划），竞标维护保养合同需要几周的时间。通常情况下与客户争论、未按规定执行维护保养工作会影响电梯经销商服务形象，而且可能导致客户向经销商提出更换部件或索要赔偿的要求。

2. 维护保养过程中与客户的交流

如果在维修过程中发现了新的故障，为确保电梯安全运行须将新故障排除，则必须将此情况通知客户，并征求客户对维修工作的同意。通常采用电话形式通知客户，每次通话都要认真准备并记录在案。

（1）通话准备

1）记录需要通知给客户的信息。

2）准备资料（通话记录表、扩展维修事项等）。

3）准备答复客户可能提出的问题。

（2）进行通话

1）语言表达明确、友善并有礼貌，语速不宜太快。

2）通报姓名和公司名称。

3）以姓名招呼客户。

4）按顺序说明通知内容。

5）笔录客户说出的要点。

6）通话结束时再次总结结果。

7）对客户配合工作表示感谢。

8）告诉客户如何联系到自己。

3. 填写电梯机房设备维护保养任务书

电梯维护人员接收维护组长给出的电梯机房设备维护和保养任务书，到达现场与客户方的电梯管理员进行现场情况沟通。通过沟通获取电梯的型号、参数，阅读相应的安全操作规范，做好电梯运行记录，了解本次工作的基本内容，填写电梯维护保养任务书，见表1-2。

表 1-2 电梯维护保养任务书（机房设备）

1. 工作人员信息			
维护人员		维护时间	
2. 电梯基本信息			
电梯型号		电梯参数	
用户单位		用户地址	
联系人		联系电话	
3. 工作内容			
序号	项　目	序号	项　目
1	清洁控制柜、检查电气部件	9	对曳引机各部件进行润滑
2	检查电气回路绝缘电阻	10	检查曳引机油位
3	检查曳引机电源，清洁曳引机	11	检查曳引轮外观、绳槽磨损
4	检查曳引机螺栓是否有松动	12	清洁限速器防护罩，清洁限速器内部的灰尘、油脂
5	检查控制柜接线是否有松动	13	检查限速器部件
6	检查电动机、制动器、减速箱	14	检查限速器绳槽的磨损
7	检查制动器动作状态	15	检查限速器和电气开关
8	检查制动器间隙	16	检查限速器的触发状态

4. 信息收集与分析

（1）信息收集方法　通过查询专业书籍、杂志、期刊以及互联网，收集与电梯机房设备相关的专业信息及专业术语，采用表1-3所列的信息收集方法，可以迅速找到相关的专业知识，如维护保养技术规范、装配及调整方法、工作流程图、验收标准等。

表 1-3 信息收集方法

信息来源	信息特点/信息内容	专业信息索引
专业书籍	专业书籍的特点是系统化、条理清晰且关联性强。 利用术语索引处的关键词可以很快找到所需信息	术语索引：电梯维护和保养
公司资料	电梯制造商、系统供应商和专业出版社出版的信息资料： 1)有关系统结构和功能的技术信息 2)各类维修说明、表格、台账 3)CD-ROM 形式的维修说明	维修说明，如“电梯维修手册”和“日常保养手册”
专业杂志	专业杂志提供电梯行业的最新发展情况。通过每年发布一次的目录或术语索引可以找到所需的专业文章是在哪一年的哪一期中发表的	每年的术语索引
互联网	配件和系统供应商，工作润滑油和辅助材料的制造商。在互联网上发布的各种免费信息	
法律法规	1)环保法规 2)特种设备安全法 3)国家标准、规范	环保法规，事故预防规定，标准、规范
企业内部规定	按照特种设备作业制订的工作指导书	工作指导参见企业内部文件

(2) 信息的整理、组织和记录　对收集的信息进行分析：了解概况并理解相关内容，标记涉及维护保养工作的关键内容。将维护保养工作中需要使用的工具列出详细清单，并对维护保养过程中的拆卸、安装和装配工艺进行深入分析。

5. 认识电梯

电梯与人们日常生活息息相关，是现代建筑中重要的垂直交通工具及运输工具。其常用于百货商场、超市、写字楼、宾馆、机场、高层住宅等诸多场所。随着社会的发展，电梯产品在人们物质文化生活中的地位将越来越重要。

电梯的分类比较复杂，一般从不同的角度进行分类。

1) 乘客电梯。为运送乘客而设计的电梯。主要用于宾馆、饭店、办公楼、大型商店等客流量大的场合。这类电梯运行速度比较快，自动化程度比较高，使乘客能顺利地进出，而且安全设施齐全，装潢美观，如图 1-1 所示。

2) 载货电梯。为运送货物而设计的并通常有人伴随的电梯。这类电梯的装潢不太讲究，自动化程度和运行速度一般比较低，载重量和轿厢尺寸的变化范围比较大，如图 1-2 所示。

图 1-1　乘客电梯

图 1-2　载货电梯

3) 病床电梯。为运送躺在病床上的病员和相关医护人员而设计的电梯。这种电梯轿厢的深度远大于宽度，如图 1-3 所示。

4) 住宅电梯。供住宅上下运送乘客和家具货物而设计的电梯。这种电梯与乘客电梯的区别在于轿厢的结构和装饰上的差异，如图 1-4 所示。

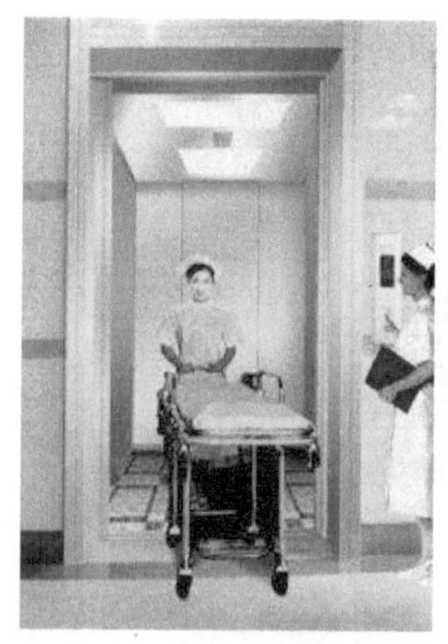

图 1-3 病床电梯

图 1-4 住宅电梯

5）客货电梯。以运送乘客为主，可同时兼顾运送非集中载荷货物的电梯，它与乘客电梯的区别在于轿厢内部的装饰结构和电梯功能要求方面的差异，如图 1-5 所示。

6）杂物电梯（服务电梯）。供图书馆、办公楼、饭店运送图书、文件、食品等使用，但不允许人员进入轿厢的电梯。这种电梯的安全设施不齐全，不准运送乘客。为了不使人员进入轿厢，进入轿厢的门洞及轿厢的面积都设计的很小，而且轿厢的净高一般不大于 1.2m，如图 1-6 所示。

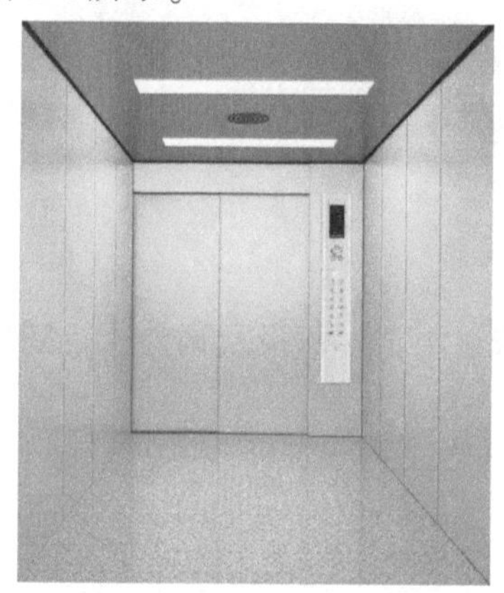

图 1-5 客货电梯

图 1-6 杂物电梯

7）特种电梯。除上述常用的几种电梯外，还有为特殊环境、特殊条件、特殊要求而设计的电梯，如观光电梯、车辆电梯、船舶电梯、防爆电梯、防腐电梯等，如图 1-7 所示。

a) 观光电梯

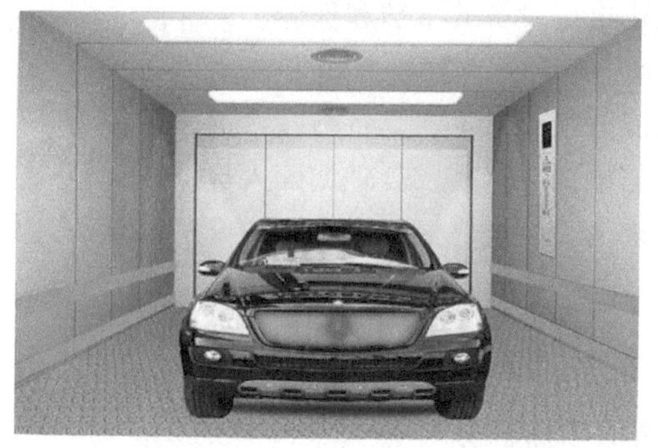

b) 车辆电梯

图 1-7 特种电梯

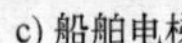
c) 船舶电梯

d) 防爆电梯

图 1-7 特种电梯（续）

任务1 机房设备的运行与维护

【必学必会】

通过本部分课程的学习，你将学习到：

1. 知识点

1）能描述电梯机房设备运行与维护方案的格式和内容。

2）了解控制柜、曳引机、限速器的基本结构、工作原理、运行与维护方法。

3）理解控制柜、曳引机、限速器运行与维护的技术标准。

2. 技能点

1）会根据项目内容及维修资料制订维修流程。

2）会按维修技术规范完成控制柜、曳引机、限速器的检查、清洁、润滑及调整，达到控制柜、曳引机、限速器的技术标准。

3）会填写相关技术文件、运行与维护记录表格及台账。

【任务分析】

1. 重点

1）会实施控制柜、曳引机、限速器等部件拆卸、清洁、更换与调整的操作。

2）会撰写维修保养工作总结，填写维修保养单。

3）完成机房设备的维护和保养。

2. 难点

1）能展开组织讨论，具备新技术的学习能力。

2）能够根据工作需求合理调配人员。

3）能够两人配合完成机房设备的维护和保养。

1.1 研习电梯机房设备的结构与布置

一、认识电梯机房

机房（Machine Room）：安装一台或多台电梯驱动主机及其附属设备的专用房间。电梯机

房是电梯的动力和控制中心，包括控制柜、曳引机、限速器、导向轮、电源箱，机房基本结构与布置示意图如图 1-8 所示，机房现场布置图如图 1-9所示。

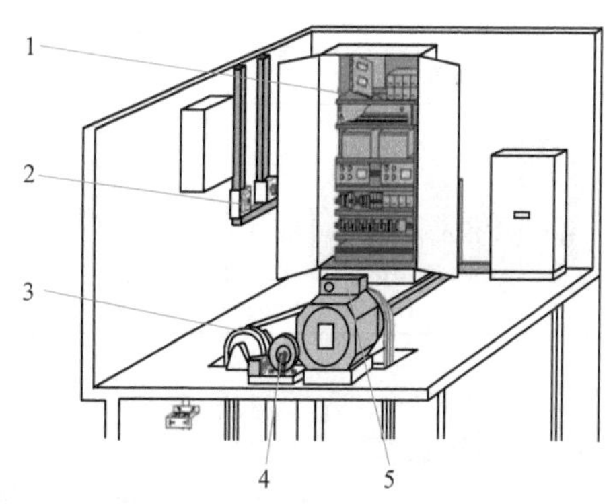

图 1-8　机房基本结构与布置示意图

1—控制柜　2—电源箱　3—导向轮
4—限速器　5—曳引机

机房应有实体的墙壁、房顶、门或活板门，只有经过批准的人员（维修、检查和营救人员）才能接近机房。机房内各设备明细见表 1-4。

二、电梯机房设备的结构、组成和各部件的作用

电梯机房设备主要包括控制柜、曳引机、限速器、导向轮、电源箱等部件。下面着重介绍控制柜、曳引机和限速器。

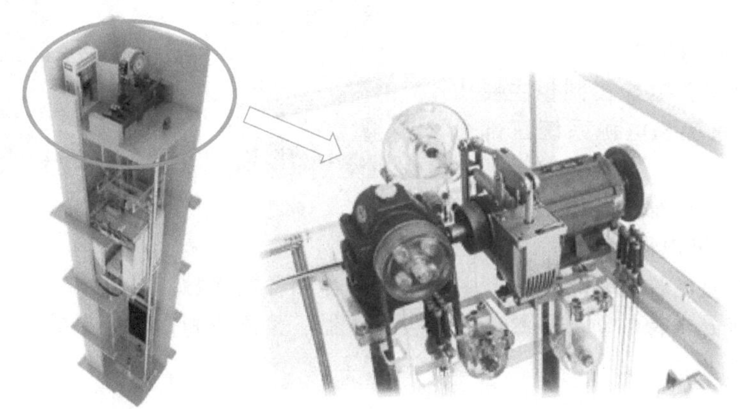

图 1-9　机房现场布置图

表 1-4　机房内各设备明细

设备外观	设备名称	设备外观	设备名称
	控制柜		温度计
	灭火器		限速器
	导向轮		盘车装置

（续）

设备外观	设备名称	设备外观	设备名称
	曳引机		绳头组合

（一）控制柜

1. 控制柜简述

电梯控制柜（Elevator Controller）简称控制柜，是将电梯各种电气装置安装在一个有安全防护作用的柜形结构内的电控装置，结构如图 1-10 所示。控制柜也被称为电梯中央控制柜，是电梯的控制核心，是负责协调电梯定向、加速、减速及停止的机构。

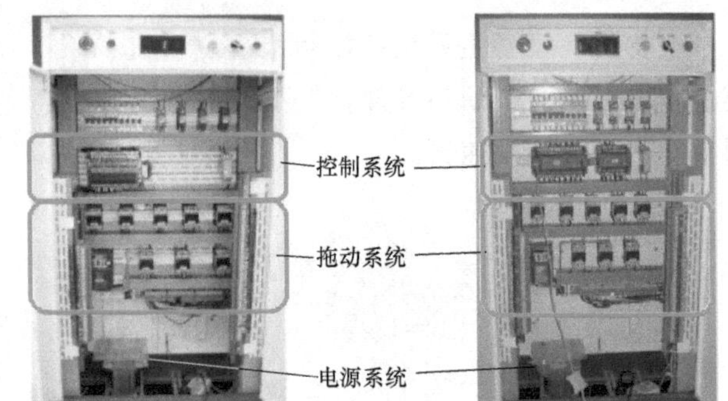

图 1-10　电梯控制柜的组成

2. 电梯控制柜的组成

如图 1-10 所示，电梯控制柜主要由控制系统、拖动系统和电源系统三部分组成。

1）控制系统是电梯的控制核心，常由 PLC、单片机或继电器组成。

2）拖动系统是电梯的驱动系统，主要由变频器和各类接触器组成。

3）电源系统是电梯的动力来源，由各类变压器、整流桥和指示灯组成。

（二）曳引机

1. 曳引系统

曳引系统是电梯的运行动力来源，其作用是产生输出动力，驱动轿厢和对重的运行。曳引系统主要由曳引机、导向轮和曳引钢丝绳等部件组成，其结构示意图如图 1-11 所示，其中

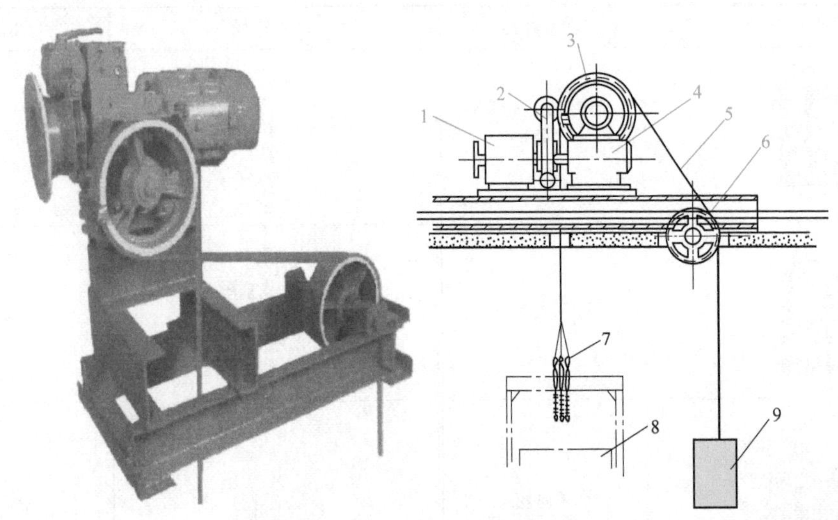

图 1-11　电梯曳引系统结构示意图

1—电动机　2—制动器　3—曳引轮　4—减速箱　5—曳引绳　6—导向轮　7—绳头组合　8—轿厢　9—对重

曳引机是曳引系统的核心部分。

2. 曳引机的组成

曳引机由曳引电动机、电磁制动器和曳引轮（有齿轮曳引机还包括减速箱）组成。

（1）曳引电动机（见图 1-12） 电梯使用的曳引电动机有直流电动机、交流单速和双速笼型异步电动机、绕线转子异步电动机和永磁同步电动机。由于电梯在运行时具有频繁起动、制动，正、反向运行和重复短时工作等特点，因此各种曳引电动机均应具备以下性能：

1）能重复短时工作，频繁起、制动及正、反转。

2）能适应电源电压（在一定范围的）波动，有足够的起动转矩，且起动电流较小。

3）具有良好的调速性能，运转平稳、工作可靠、噪声小、维护方便。

图 1-12 曳引电动机

（2）减速箱 减速箱的作用主要是将电动机输出的较高转速降低到曳引轮所需的较低转速，同时得到较大的转矩，以满足电梯运行的要求。减速箱的类型如图 1-13 所示。

a) 斜齿轮减速箱

b) 蜗轮蜗杆减速箱

c) 行星齿轮减速箱

图 1-13 减速箱的类型

蜗杆蜗轮减速箱使用比较广泛，可分为上置式减速箱和下置式减速箱。

1）上置式减速箱：蜗杆安装在蜗轮上方，其特点是蜗杆、蜗轮的啮合面不易进入杂物，安装维修方便，但润滑性较差，它一般适用于轻载的电梯曳引机，如图 1-14 所示。

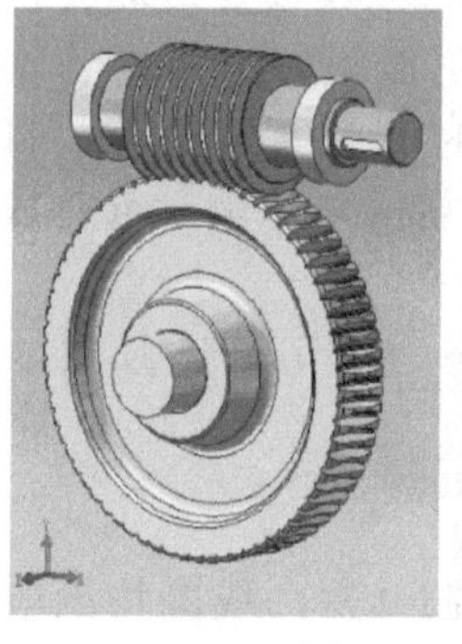

图 1-14 上置式减速箱

2）下置式减速箱：蜗杆安装在蜗轮下方，其特点是润滑性能好，但对减速箱的密封要求高，容易向外渗漏油，它一般适用于重载的电梯曳引机，如图1-15 所示。

蜗轮蜗杆减速箱传动原理如图 1-16 所示。

曳引电动机通过联轴器与蜗杆相连，带动蜗杆高速转动，由于蜗杆的头数与蜗轮的齿数相差很大，从而使由蜗轮轴传递出的转速大为降低，而转矩则得到提高。通常蜗轮蜗杆减速箱的减速比（蜗杆轴的转速与蜗轮轴的转速之比）为 21~61，最高可达到 120。

在 20 世纪 70 年代国外开始将斜齿轮传动技术应用于电梯传动方面，开发了斜齿轮曳引

图 1-15　下置式减速箱

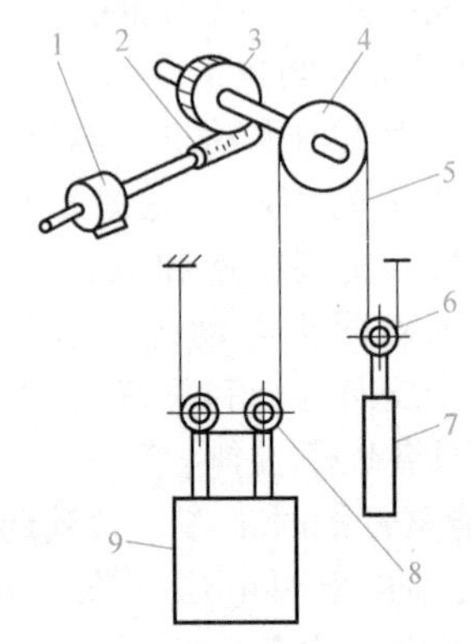

图 1-16　蜗轮蜗杆减速箱传动原理

1—曳引电动机　2—蜗杆　3—蜗轮　4—曳引绳轮　5—曳引钢丝绳　6—对重反绳轮　7—对重装置　8—轿顶反绳轮　9—轿厢

机与 VVVF 控制系统相结合的新型高速电梯系统。斜齿轮传动的主要优点是传动效率高，曳引机整体尺寸小，重量轻。

（3）电磁制动器　电磁制动器是电梯重要的安全装置，它的安全、可靠是保证电梯安全运行的重要因素之一。电磁制动器通电时产生双向电磁推力，使制动机构与电动机旋转部分脱离（即释放），断电时电磁力消失，在制动弹簧压力的作用下，形成失电制动的摩擦式制动器（以下简称制动器），如图 1-17 所示。

1）电磁铁。电磁铁的作用是松开闸瓦，电磁铁有交、直流之分。直流电磁铁结构简单、动作平稳、噪声小，因此电梯一般均采用直流电磁铁。

2）制动闸瓦。制动闸瓦可以绕铰点旋转，在制动器安装略有误差时，闸瓦仍能很好地与制动轮配合。为了缩短制动器动作的时间和降低噪声，制动轮与闸瓦工作面应有 0.5~0.7mm 的间隙，可通过制动臂上的限位螺钉进行调整。

3）制动弹簧。制动弹簧的作用是压紧制动闸瓦，产生制动力矩。

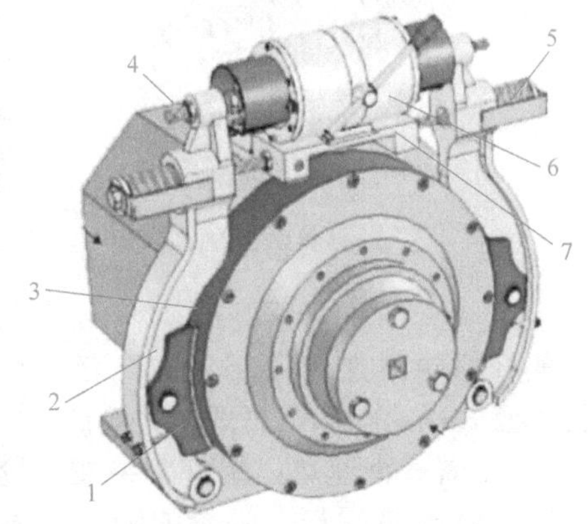

图 1-17　电磁制动器

1—制动闸瓦　2—制动臂　3—制动带　4—松闸限位螺钉　5—制动弹簧　6—电磁铁　7—电磁器底座

小知识：电磁制动器

电梯静止时，电动机、制动器的线圈均无电流通过，铁心间没有吸力，制动闸瓦在制动弹簧的作用下，将制动轮抱紧，保证电梯静止，如图 1-18 所示。

电梯运行时，电动机通电旋转的瞬间，电磁铁线圈同时通上电流，电磁铁心迅速磁化吸合，带动制动臂克服制动弹簧的压力张开，闸瓦与制动轮完全脱离，电梯得以运行，如图 1-19 所示。

电梯停站时，电动机、电磁铁同时失电，铁心的磁力迅速消失，制动臂复位，闸瓦再次抱住制动轮，电梯停止运行，如图 1-20 所示。

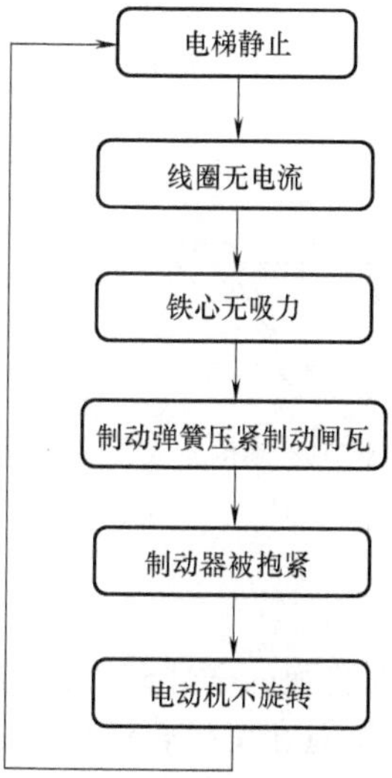

电梯静止 → 线圈无电流 → 铁心无吸力 → 制动弹簧压紧制动闸瓦 → 制动器被抱紧 → 电动机不旋转 →（返回）电梯静止

图 1-18　电梯静止

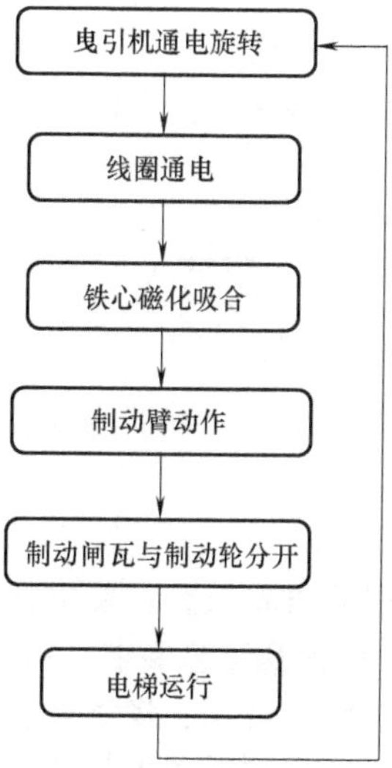

曳引机通电旋转 → 线圈通电 → 铁心磁化吸合 → 制动臂动作 → 制动闸瓦与制动轮分开 → 电梯运行 →（返回）曳引机通电旋转

图 1-19　电梯运行

电梯运行到站 → 曳引机失电 → 线圈失电 → 铁心磁力消失 → 制动弹簧动作 → 制动臂复位 → 制动弹簧压紧制动闸瓦 → 制动器被抱紧 → 电梯停止

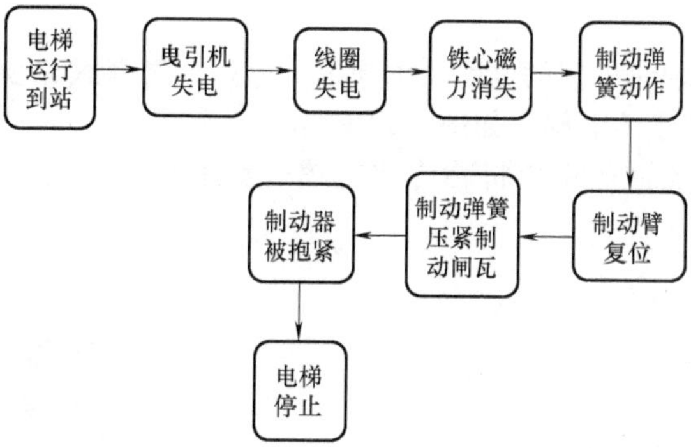

图 1-20　电梯运行到站工作流程

（4）曳引轮　曳引轮是悬挂钢丝绳的轮子，也称曳引绳轮或驱动绳轮，是电梯传递曳引动力的装置。绳的两端分别与轿厢、对重装置连接。当曳引轮转动时，通过曳引钢丝绳与曳引轮缘上绳槽之间的摩擦力传递动力，驱动轿厢和对重装置上下运行。

曳引轮由轮筒（鼓）和轮圈（轮缘上开有绳槽）两部分构成，如图 1-21 所示。外轮圈与内轮筒套装，并用螺栓连接，曳引轮结构如图 1-22 所示。

由于曳引轮要承受电梯轿厢自重、曳引绳重、载重和对重的全部重量，所以其制造材料

图 1-21　曳引轮

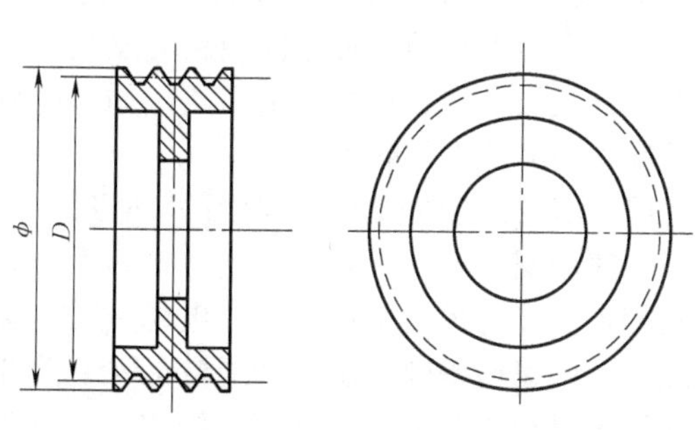

图 1-22　曳引轮结构

要保证具有一定的强度和韧性。其结构要素是直径和绳槽的形状，曳引轮是靠钢丝绳与绳槽的静摩擦来传递动力的，其摩擦力的大小取决于绳槽的形状，常见的绳槽形状有半圆槽、楔形槽和带切口半圆槽三种，如图 1-23 所示。

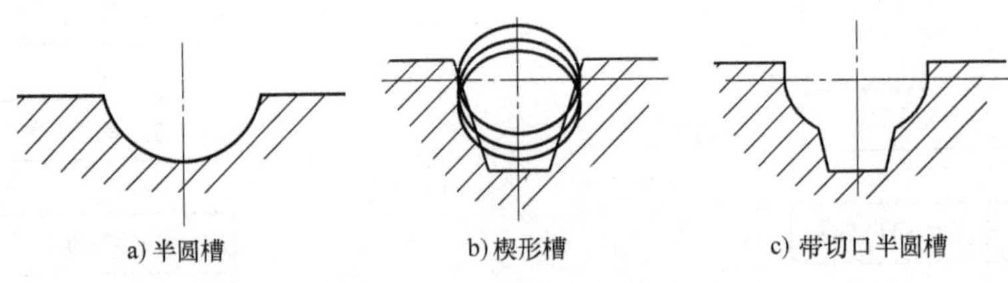

图 1-23　曳引轮绳槽形状

曳引轮材料及直径要求如下：

1）材料及工艺要求：由于曳引轮要承受轿厢、载重、对重等装置的全部动静载荷，因此要求曳引轮强度大、韧性好、耐磨损、耐冲击。为了减少曳引钢丝绳在曳引轮绳槽内的磨损，除了选择合适的绳槽形状外，对绳槽工作表面的表面粗糙度、硬度也应有合理的要求。

2）曳引轮的直径：GB 7588—2003《电梯制造与安装安全规范》要求曳引轮的直径要大于钢丝绳直径的 40 倍。在实际中，一般取 45~55 倍，有时大于 60 倍。

3. 曳引机支撑方式

1）曳引轮安装在主轴伸出端的曳引机称为单支撑式（悬臂式）曳引机，该曳引机结构简单轻巧，适用于起重量较小的电梯，如图 1-24 所示。

2）曳引轮两侧均有支撑的曳引机称为双支撑式曳引机，该曳引机适用于大起重量的电梯，如图 1-27 所示。

图 1-24　单支撑式曳引机

图 1-25　双支撑式曳引机

（三）限速器

1. 限速器-安全钳系统

限速器-安全钳是电梯最重要的安全保护装置，也称为断绳保护装置和超速保护装置。当电梯在运行中无论因何种原因使轿厢发生超速（电梯额定速度的 115%）时，限速器和安全钳的安全开关均动作，切断供电回路。如果电梯仍无法制动，则安装在轿厢底部的安全钳动作，将轿厢强制夹持在导轨上。

限速器-安全钳联动系统如图 1-26 所示。

限速器钢丝绳绳头处连接到位于轿厢顶的连杆系统，并通过一系列安全钳操作拉杆与安全钳相连。当电梯正常运行时，电梯轿厢与限速器钢丝绳以相同的速度升降，两者之间无相对运动，限速器钢丝绳绕两个绳轮转动；当电梯出现超速并达到限速器设定值时，限速器中的夹绳装置动作，将限速器钢丝绳夹住，使其不能移动，但由于轿厢仍在运动，于是两者之间出现相对运动，限速器钢丝绳通过安全钳操作拉杆拉动安全钳，安全钳将轿厢夹持在导轨

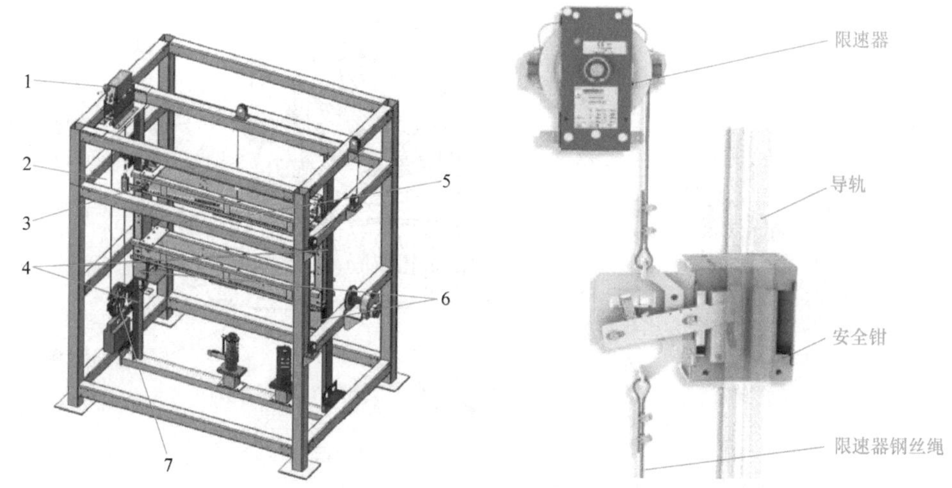

图 1-26 限速器-安全钳联动系统

1—限速器 2—限速器钢丝绳 3—安全钳拉杆 4—导轨 5—轿顶连杆 6—安全钳 7—张紧装置

上，其工作原理如图 1-27 所示。

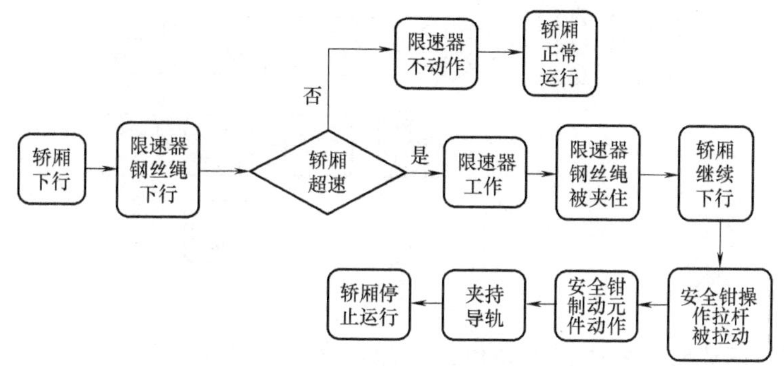

图 1-27 限速器-安全钳联动系统工作原理

2. 限速器

限速器（overspend governor）是电梯安全保护系统中的重要部件之一。在限速器-安全钳联动系统中，限速器作为指令的发出者，为维护电梯的安全发挥着重要作用。限速器主要由甩块（离心锤）、电气开关、限速器绳轮、底板、制动轮（棘轮）、速度调节弹簧、夹绳弹簧、触杆、夹绳臂和压块组成，如图 1-28 所示。

当轿厢运行时，通过限速器钢丝绳带动限速器绳轮旋转，当轿厢向下运行速度超过电梯额定速度的 115%时，限速器上的电气开关先动作，切断电梯安全电路，曳引电动机和制动器的电源失电，制动器动作并抱闸，甩块或飞球所产生的离心力相应增大，使限速器机械装置动作，楔块夹住限速器钢丝绳。由于轿厢仍会继续向下运行，安全钳联动装置将会被向上提起，轿厢则被紧紧地夹在导轨之间，如图 1-29 所示。

限速器工作过程如图 1-30 所示。

限速器与安全钳一般成对使用。安全钳是一种机械安全装置，如图 1-31 所示，其动作后迫使轿厢或对重停止运行，将轿厢或对重夹持在导轨上。安全钳一般安装在轿厢两侧，贴近电梯导轨，它的联动装置设在轿厢顶部。

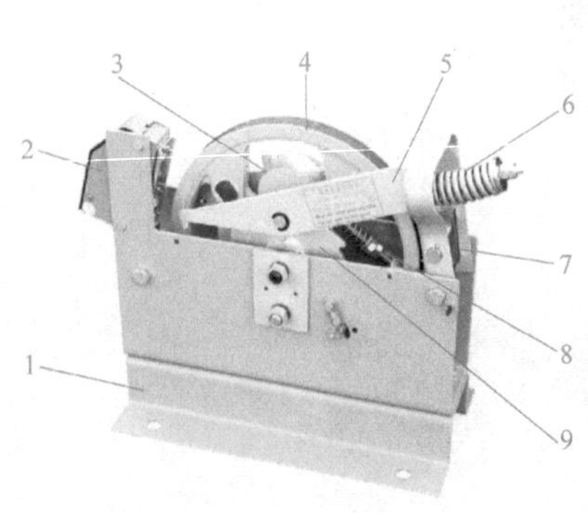

图 1-28　限速器

1—底板　2—电气开关　3—甩块（离心锤）
4—限速器绳轮　5—触杆　6—夹绳弹簧
7—夹绳臂和压块　8—速度调节弹簧
9—制动轮（棘轮）

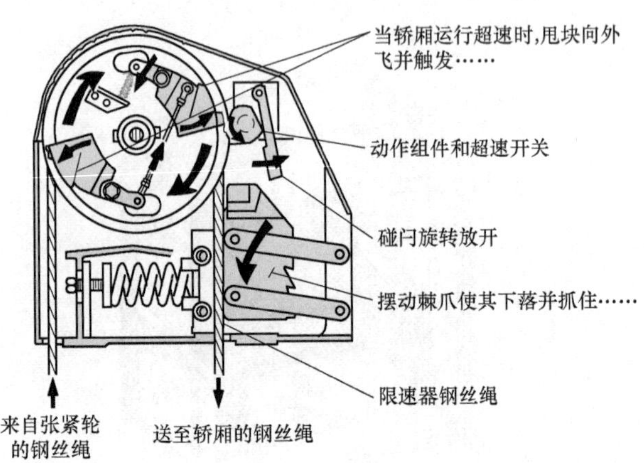

图 1-29　限速器工作原理示意图

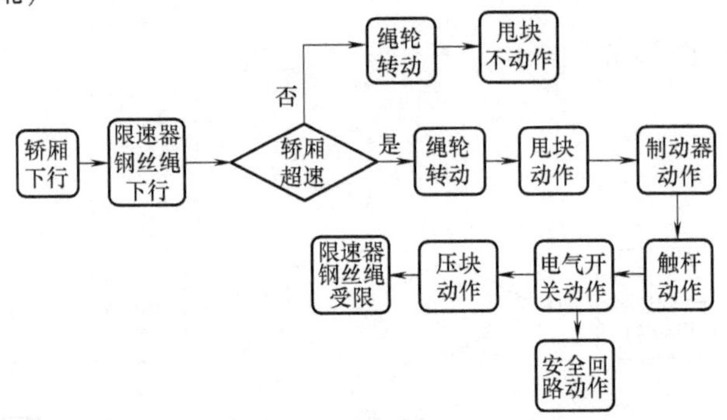

图 1-30　限速器工作过程

在轿厢或对重超速时，限速器先动作，断开安全钳电气安全开关，切断曳引机电源，之后拉起安全钳操作拉杆使安全钳将轿厢夹在轿厢或对重导轨上，使轿厢不致下坠，起超速时的安全保护作用。

安全钳工作过程如图 1-32 所示。

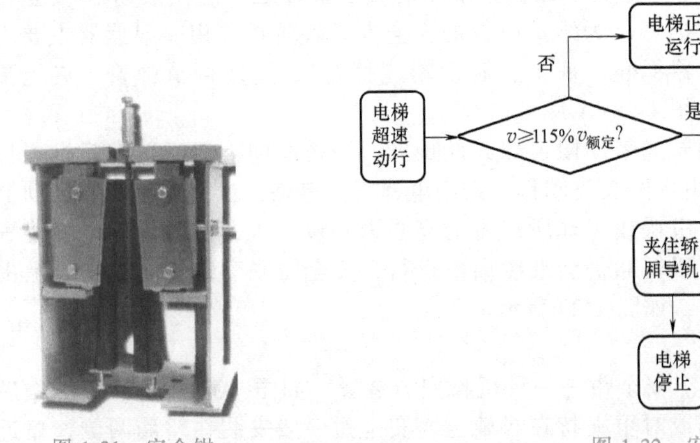

图 1-31　安全钳

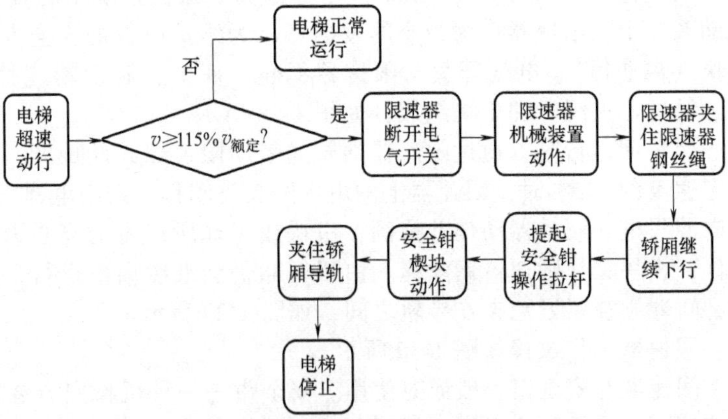

图 1-32　安全钳工作过程

1.2 制订维护保养方案

一、电梯机房设备维护保养计划表和保养单

电梯维护保养工每个月都会从维修站领取电梯机房设备维护保养计划表，包括维护保养人员、维护保养日期、维护保养时间、地点、客户名称、生产工号、电梯型号、作业类别等信息。通过查询维护保养计划，了解本月维护保养内容。

电梯保养单包含了电梯维护保养项目、内容、要求，对半月、季度、半年、年度维护保养内容进行了区分，维护保养人员根据维护保养计划表，完成相应的维护保养任务。

二、确定工作流程

工作流程是指工作事项的活动流向顺序。工作流程包括实际工作过程中的工作环节、步骤和程序。工作流程组织系统中各项工作之间的逻辑关系，是一种动态关系。在一个修理工程项目实施过程中，其管理工作、信息处理、设计工作、物资采购和施工都属于工作流程的一部分。要想全面了解工作流程，就要用工作流程图。

工作流程图可以帮助管理者了解实际工作活动，消除工作过程中多余的工作环节，合并同类活动，使工作流程更为经济、合理和简便，从而提高工作效率。

工作流程图通过适当的符号记录全部工作事项，用以描述工作活动流向顺序。

工作流程图由一个开始点、一个结束点及若干中间环节组成，中间环节的每个分支也都要求有明确的分支判断条件。所以工作流程图对于工作标准化有着很大的帮助。

电梯机房设备运行与维护工作流程图如图 1-33 所示。

三、工作计划的制订

在实际工作之前，预先对目标和行动方案做出选择和具体安排。计划是预测与构想，即预先进行的行动安排，围绕预期的目标，而采取具体行动措施的工作过程，随着目标的调整进行动态的改变。

（一） 工作计划表

电梯机房设备维护工作计划表见表 1-5。

表 1-5 电梯机房设备维护工作计划表

用户名称			合同号	
开工日期		电梯编号		生产工号	
计划维护日期		计划检查日期		
申报技监局	已申报/未申报	申报质监站	已申报/未申报	
维护项目的主要工作内容	1)电动机与减速器外观检查 3)制动器各销轴部位 5)制动器上的检测开关 7)曳引轮、曳引钢丝绳 9)减速器温度 11)曳引机清洁 13)控制柜内各接线端子 15)曳引绳绳头组合 17)控制柜绝缘电阻 19)限速器触发 21)手动紧急操作装置	2)减速器润滑油 4)制动器间隙 6)制动衬的检查 8)电动机温度 10)钢丝绳运行速度 12)机房、滑轮间环境 14)限速器各销轴部位 16)限速器绳轮、限速器钢丝绳 18)五方通话功能 20)控制柜及相关设备清洁 22)紧急电动操作		

（续）

<table>
<tr><td>准备工作情况
及存在问题</td><td colspan="5"></td></tr>
<tr><td rowspan="3">人员分工</td><td>姓名</td><td>岗位（工作内容）</td><td>负责人</td><td>计划完成时间</td><td>操作证</td></tr>
<tr><td></td><td></td><td></td><td></td><td></td></tr>
<tr><td></td><td></td><td></td><td></td><td></td></tr>
<tr><td colspan="6">项目经理签字（章）　　　　　　　　　　日期：　年　　月　　日</td></tr>
<tr><td colspan="6">客户/监理工程师　　审批意见：
签字（章）　　　　日期：　　年　　月　　日</td></tr>
</table>

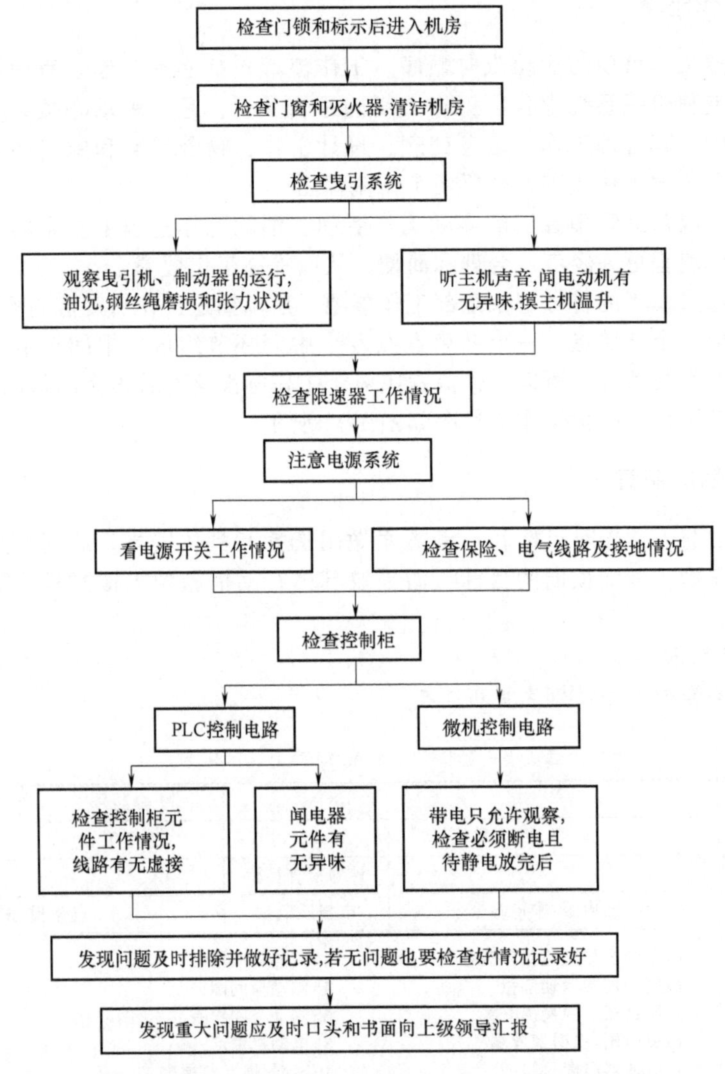

图 1-33　电梯机房设备运行与维护工作流程图

（二）工作计划的解释和说明

制订工作计划之后，需要对计划内容、实施方案进行可行性研究，这就需要对计划进行解释和说明，电梯机房设备维护保养工作计划说明表见表 1-6。

表 1-6 电梯机房设备维护保养工作计划说明表

工作计划要点	工作计划实施方式或方法	工作计划相关细节
1. 实施地点	1)可根据协商结果按工作计划在电梯维修站内进行 2)可在学校电梯实训室中以解释说明方式进行 3)可由团队成员在教室中利用相应媒体以解释说明的方式进行 在后两项中必须做好解释说明的准备工作	
2. 内容准备	1)根据计划选出重点 2)压缩已选内容,仅保留主要内容 3)解释说明内容的可视化显示 4)时间计划:解释说明时间最多持续 20min,然后通过 10~15min 问答来作为补充	维修工单 工作计划:根据工作计划可使用不同的作业流程图 工作卡 投影仪 时间计划:如果扮演角色较多,时间可以延长至 45min
3. 实施	(1)简要介绍 1)点明主题 2)简述内容 3)提出目标 (2)主要内容 1)合乎逻辑地、通俗易懂地讲明实际情况,解释后果、风险和优点 2)征求可行的后续方案 3)结束 (3)总结要点	扮演角色:客户→接收委托的员工 修理工单 介绍信息收集和信息分析情况 介绍工作计划 在实物目标上或借助面向实际的图片实施

(三) 机房作业安全规程

1) 进入机房检修时，必须先切断电源，并挂上“有人工作，切勿合闸”的警告牌。

2) 机房内各预留孔必须盖好，防止机器零件、工具、杂物等掉入孔中，以免发生坠落、伤人事故。对于已装好的电梯，当维修人员从这些孔洞探视井道时，也应预防笔、螺钉旋具、各类杂物等落入井道。

3) 在控制屏上临时短接门锁检查电路时，应有两人监护，一旦故障排除后，应立即拆除短接线。

4) 清理校对控制屏时，一般不准带电操作，凡不能停电必须带电清理时，须用在铁皮口处包扎橡皮的干燥漆刷清理，不得用金属构件接触带电部位，更不准用回丝或手清理。

5) 盘车操作时，需先将总电源切断并由两人以上同时操作，一人扶稳盘车轮，另一人松闸后，将电梯盘车至指定位置，如图 1-34 所示。

盘车流程图如图 1-35 所示。

6) 当钢丝绳在运转的轮两边工作时，严禁用手直接擦洗，维修人员应站在轿顶，用钢丝刷进行清洗，如图 1-36 所示。

7) 维修保养时严禁在机房里将门锁短接做载人使用，机房检修试车时应关闭好层门和轿门，预防乘客进入轿厢。

8) 接触 MOS 电路的印制电路板时，必须用手触摸静电带以消除静电。

1.3 电梯机房设备维护保养任务实施

一、任务准备

做好安全防范。所有进入施工现场人员，都必须穿好工作服、防护鞋，戴好安全帽，系

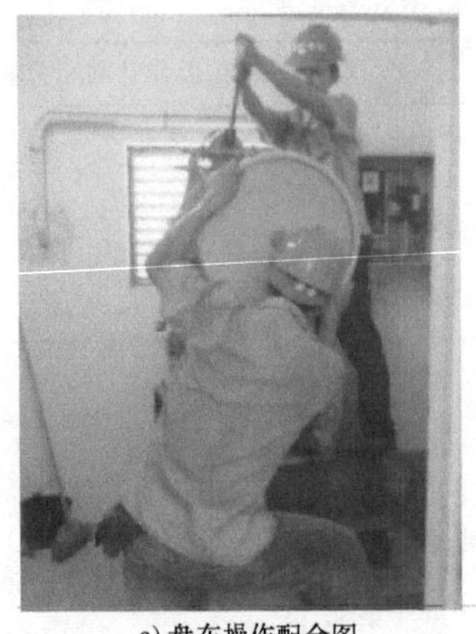
a) 盘车操作配合图

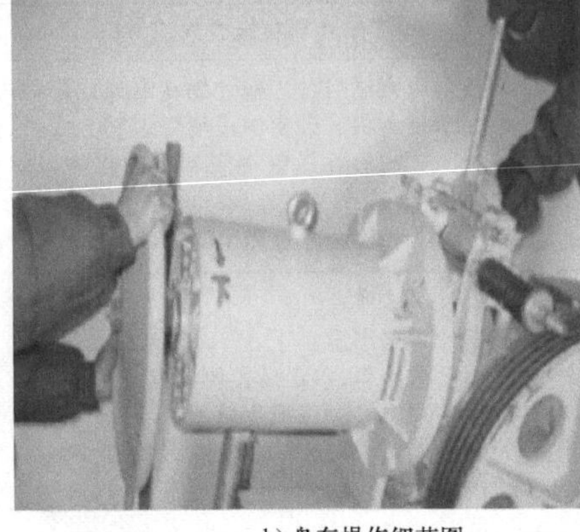
b) 盘车操作细节图

图 1-34 盘车操作

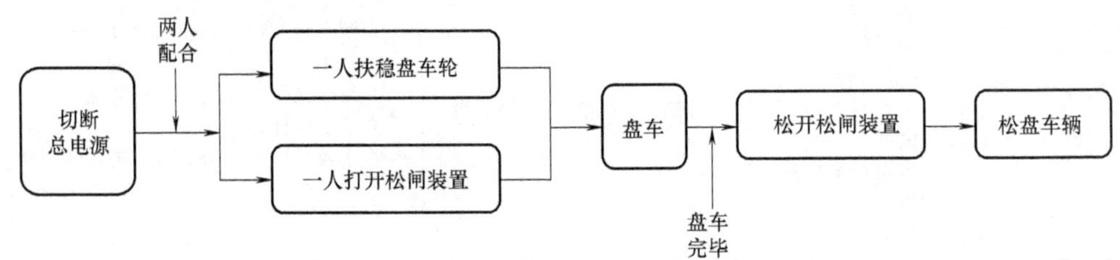

图 1-35 盘车流程图

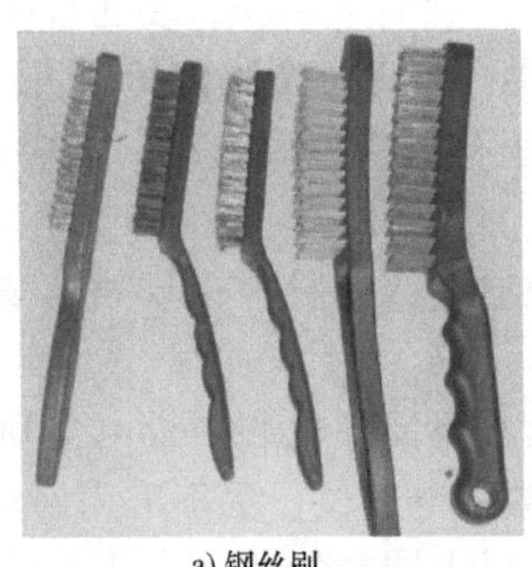
a) 钢丝刷

b) 清洗

图 1-36 清洗钢丝绳

好安全带。施工准备包括工具的准备和物料的准备，工具和物料的规格和质量应符合有关要求，损坏的工具要及时更换。

根据电梯机房设备的运行与维护工作流程要求，查询电梯机房设备的运行与维护工具单的内容，与电梯仓库管理员进行沟通，从仓库领取相关工具、材料和仪器。在老师的指导下，了解相关工具和仪器的使用方法，检查工具、仪器是否能正常运行，选择合适的材料，并准备电梯机房设备的运行与维护所需的工具。

为了按专业要求进行维修，必须为电梯机电维修工提供大量不同类型和尺寸的工具。图 1-37 所示的工具属于通用工具，此外还需要从工具室领取专用工具和特殊工具，这些工具通常可用于某一电梯品牌，有时仅用于特殊的电梯。

工具、小部件和辅助材料可以按规定整齐摆放在工具车内，如图 1-38 所示。使用一个工具车，每类工具在工具车中占据一个空间。

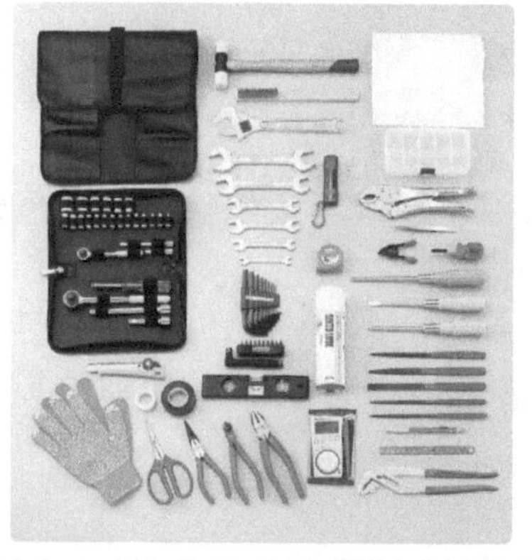
图 1-37 通用工具

图 1-38 工具车

工具使用后必须仔细清洁，然后放回规定的位置。将工具整齐有序地摆放可节省寻找工具的时间。

必须确保工具处于完好且安全的状态。若工具有损坏（如手柄损坏、刀具断裂、扳手开口宽度变大、锉刀手柄或锤子未安装到位、錾子头部边缘磨损、台虎钳沟槽磨损等），则可能导致电梯事故或造成设备损坏。此外还会妨碍工作且花费较多时间。

在电梯机房设备维护保养中可能用到的工具有：活扳手、呆扳手、钢直尺、塞尺、卡簧钳、红外温度仪、线坠、螺钉旋具、卷尺、游标卡尺、护栏、万用表等。

1. 塞尺

（1）塞尺的定义和种类　塞尺（feeler gauge）是一种检验间隙用的薄片式量具，由具有准确厚度尺寸的单片或成组的薄片组成，又称测微片或厚薄规。塞尺的外形有 A 型和 B 型两种，如图 1-39 所示。

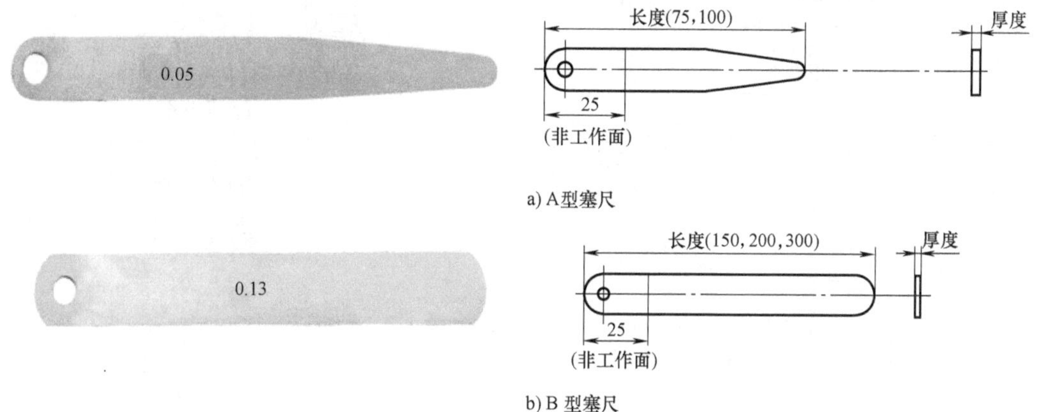

a) A型塞尺

b) B 型塞尺

图 1-39 塞尺

塞尺主要用于检查如电梯制动器制动带（瓦）与制动轮、电梯滑动导靴与导轨、电梯层门偏心轮与门导轨、汽车活塞与气缸、齿轮啮合等两个结合面之间的间隙。

（2）塞尺的组成　塞尺主要由塞尺片、连接件和保护板三部分组成，如图 1-40 所示，其各部分作用见表 1-7。

（3）塞尺的使用

1）打开塞尺，观察塞尺片表面，见表 1-8。

2）根据间隙的情况，选用相适应的塞尺片进行测量，如图 1-41 所示。

2. 红外温度仪

(1) 红外温度仪的组成　红外温度仪由显示屏、切换开关、电池盖、电池、探头和扳机（测量开关）等组成，如图 1-42 所示。

(2) 红外温度仪显示　红外温度仪显示主要由当前温度值（280.8℃）、最高温度显示（328.8℃）、发射率符号和数值（$E=0.98$）、SCAN（扫描）或 HOLD（保持）、MAX 图标、背光开启符号、电池低电量符号和激光“启动”符号（RVG）组成，如图 1-43 所示。

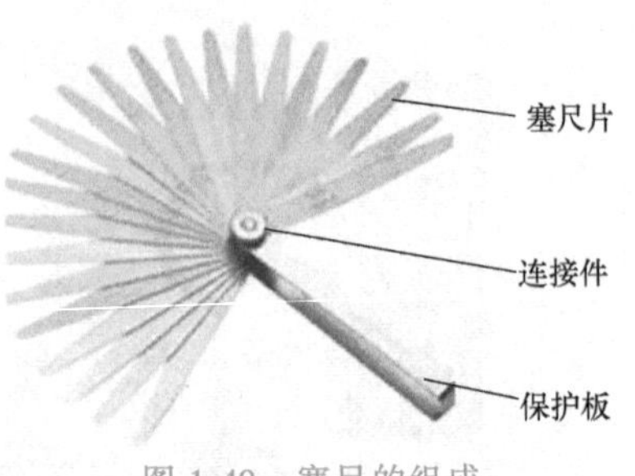

图 1-40　塞尺的组成

表 1-7　塞尺各部分作用

名　称	作　用
塞尺片	用于测量抱闸、层门间隙
连接件	用于连接不同规格的塞尺片
保护板	用于存放塞尺片

表 1-8　观察塞尺片表面

序　号	现　象	处理办法
1	有生锈或异物	用白布蘸取酒精溶剂擦去塞尺表面锈迹，再涂上防锈油
2	有折弯或损坏	需要去除（更换）损坏的塞尺片
3	塞尺表面的文字不清晰	用干净的布将塞尺的文字表面擦拭干净

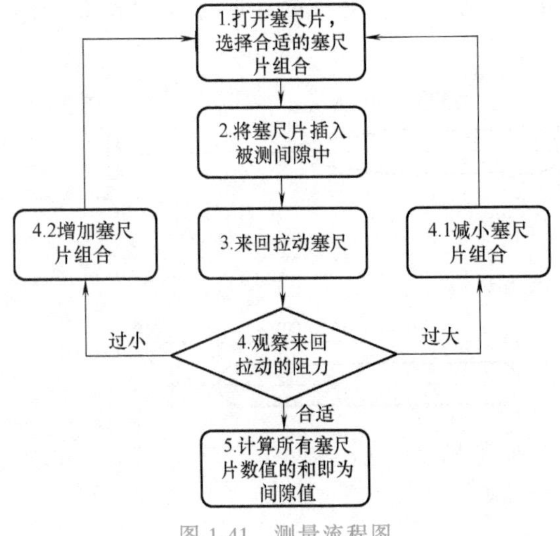

图 1-41　测量流程图

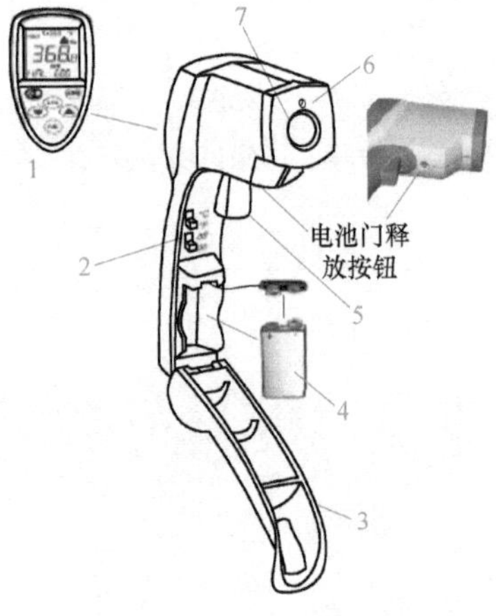

图 1-42　红外温度仪

1—显示屏　2—切换开关　3—电池盖　4—电池　5—扳机（测量开关）　6—激光　7—探头

二、电梯安全操作规范

为保护电梯安装维修人员在维修保养、过程中的生命安全与身体健康，预防事故的发生，电梯安全操作规范适用于所有的电梯维修保养工作。

安全部门负责本公司电梯施工的安全检查与监督，发现安全隐患，及时开具事故隐患整

改通知单，责令维修负责人限期整改，并制订电梯维修安全操作规程及有关管理规定，及时对维修保养人员进行安全教育。

工程部门负责组织专业人员对维修保养工作进行安全技术交底和现场安全检查，确保维修保养人员的人身安全和设备安全。

安全员对安装现场和劳动防护用品进行安全检查，发现隐患应及时报告安全科。

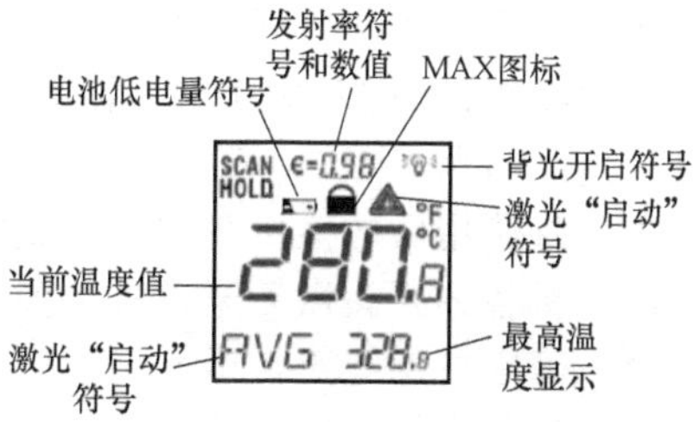

图 1-43　红外温度仪显示

电梯维护人员必须遵守国家有关法律、法规和电梯维修保养安全操作规程及有关规定，按规定使用劳动防护用品。

（一）电梯安全管理制度

《电梯运行与维护》课程课堂管理规范：

1）上课期间不得打闹嬉戏。

2）上课期间不得玩手机（游戏、短信、微信、听歌、看小说等）。

3）上课期间不得听各种音乐。

4）未经老师允许不得进入电梯实训场地。

5）实训设备未经老师同意不得触摸、使用。

6）若有紧急情况发生（受伤、有物件掉入井道内等），应立即报告老师。

7）上课不得穿拖鞋、高跟鞋、各种凉鞋。

8）上课不得穿各种短裤，必须穿工服和长裤。

9）上课不得戴耳环、项链、手链、脚链。

10）为使自身条件处于良好状态，应保证上课前一天有足够的睡眠时间，以最佳健康状态面对作业。

11）电梯实训期间必须遵循电梯维修保养安全管理规定要求，若发现违反规定者，则按照相关规定进行处理。

12）安全生产，人人有责。

（二）电梯运行与维护安全操作规程

1. 电梯维修人员施工前的准备工作

维修人员到工地后，须由维修负责人将现场情况和注意事项向组员进行详细讲解。

1）上岗前应穿戴好规定的劳动保护用品及采取必要的安全防护措施。

2）施工前要认真检查工具，如果工具损坏，必须修复或更换后，才可进行施工，并及时清理好工作场地的杂物。

3）检验人员和电气安装人员，必须穿好绝缘鞋，选择安全位置以防触电等事故发生。

4）施工现场要配备必要的消防器材，如灭火器等。

5）在使用起重设备时，应先检查起重葫芦，必须认真检查链条、销子等是否正常，钢丝绳夹头、吊钩是否牢固，起重规定负荷与起重工件重量是否匹配。

注意：良好的准备工作是完成工程的重要保证，在施工前应认真做好。

2. 电梯维护保养阶段

1）在首层放置“电梯检修”的警示牌，必要时每层均放置。

2）人员着装整齐，系好衣扣及袖口，不允许穿拖鞋和凉鞋工作。

3）严禁无关人员进入机房，在电梯底层和轿厢部位，装设安全栏或围上明显警告标记，在中央写上“禁止入内”的字样。

4）保养时严禁快车运行。

5）工作前严禁饮酒，工作中严禁吸烟。

3. 电梯维护保养完工清理阶段

1）厅门保养完毕，整理清洁工具，查看有无丢失。

2）将使用后的擦机布放入回收袋，严禁乱丢，轿顶不准放任何用具。

3）将各种开关恢复至正常位置。

4）确定电梯能正常运行后，应在正常情况下每层开关门一次。

5）保养工作完毕，填写记录。

4. 电梯维修保养工作岗位职责

1）熟悉和掌握电梯维修保养的具体要求和技术，认真完成领导安排的维修保养任务。

2）电梯维修工定期对所辖范围内的电梯进行检修、调试，并对维修保养的质量负责，使电梯处于良好状态。

3）严格遵守电梯维修保养安全操作规程，严禁违章作业。

4）积极提高服务质量，尽量做到用户满意。

5）积极完成公司交办的其他任务。

6）电梯维护人员要把安全工作放在首位，秉承能让用户、乘客安全、舒畅、高质使用电梯的宗旨。

7）电梯维护人员要严格执行《特种设备安全法》的有关规定。

8）电梯维护人员应严格遵守技监局制定的安全规范，并不断学习专业安全生产知识，不断提高安全生产意识。

（三）电梯机房安全标识

电梯机房安全标识见表 1-9。

表 1-9　电梯机房安全标识

标　识	含　义	标　识	含　义
	当心机械伤人		当心触电
	电梯维修 暂停使用		注意安全
	必须佩戴 安全帽		必须穿防护鞋
机房重地 闲人免进	电梯机房 闲人免进		禁止乱打按钮

（四）现场安全检查

安全检查是为了保证公司安全生产，确保有效实施安全标准化，查证在生产过程及安全管理中可能存在的隐患、有害、危险因素或缺陷等，以确定隐患、有害、危险因素或缺陷的存在状态，以及它们转化为事故的条件，以便于制订整改措施，消除或控制隐患、有害及危险因素。

安全检查的要求：

1）安全检查要按规定的检查计划进行检查，有变更时要有变更说明。

2）参加安全检查的人员应按时间、地点、检查路线进行检查，不得随意变更检查时间、地点和检查路线。

3）参加安全检查的人员，应严格按照检查表的检查细则进行检查。

4）进行安全检查时，不能影响正常的生产经营活动。

5）参加安全检查的人员应戴好安全帽、穿好工作服和穿不带铁钉的安全鞋。

6）进行安全检查时，语言要文明，严禁说脏话或使用轻蔑的语言。

7）检查人员进入生产区域，禁止影响操作人员的正常操作。

8）检查出的问题要及时整理汇总，并反馈给有关部门、班组或个人，督促其按要求整改。

三、任务实施

（一）机房运行与维护前设置

机房运行与维护前设置见表1-10。

表1-10　机房运行与维护前设置

序号	步骤名称	运行与维护步骤图示	运行与维护说明
1	放置护栏		在电梯层站（基站）和轿内设置护栏
2	运行轿厢至顶层		召唤至顶楼，并确定是否至顶楼
3	查看维护记录		进入机房，查看维护记录，并检查维护记录及机房维护情况
4	确认轿厢内无人		使用机房对讲系统与电梯轿厢联系，确保轿厢内无人

（续）

序号	步骤名称	运行与维护步骤图示	运行与维护说明
5	检查控制柜 各开关和按钮	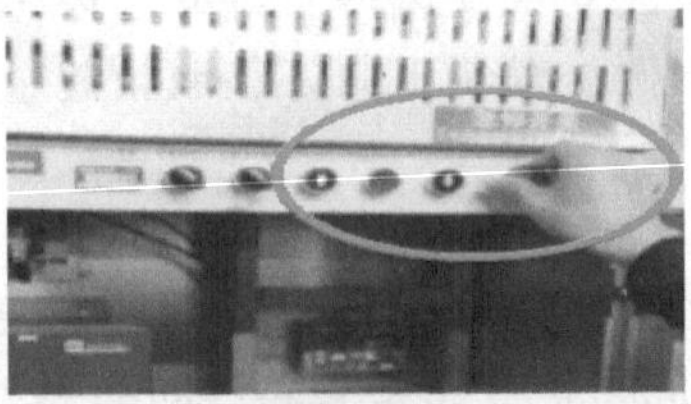	检查控制柜各开关和按钮是否正常，打下控制柜急停开关
6	检查控制柜电压		1）断开控制柜电源 2）用万用表检查各端子电压
7	锁好控制柜		锁好控制柜，关闭控制柜门
8	检查电源箱电源		1）断开电源箱主电源 2）关好电源箱

实操视频

（二）实施曳引机的运行与维护

曳引机的运行与维护见表1-11。

表1-11 曳引机的运行与维护

序号	实训名称	运行与维护步骤图示	运行与维护说明
1	检查曳引机电源		用万用表检查电动机三相电压
2	清洁灰尘与油污		用吸尘器、抹布、刷子清洁曳引机

(续)

序号	实训名称	运行与维护步骤图示	运行与维护说明
3	检查漏油	 C D B A E F	检查曳引机的蜗杆伸出端、轴承端是否渗漏油
4	检查松动		检查曳引机所有螺栓、电动机接线、编码器接线、制动器接线是否松动
5	检查温度		1)检查电动机温度 2)测量制动带温度 3)检查减速箱温度 4)判断温升是否合格
6	检查制动器动作状态		1)安装盘车轮 2)一人扶住盘车轮,另一人检查制动器各部件运行是否灵活
7	检查制动器间隙		1)测量数据 2)检查间隙是否小于0.7mm
8	检查制动轮		1)无漏油情况 2)生锈不超标 3)磨损不超标

（续）

序号	实训名称	运行与维护步骤图示	运行与维护说明
9	润滑		定期对曳引机各个部件进行润滑
	经验寄语：曳引机轴承和制动臂销轴三个月润滑一次，制动器铁心半年润滑一次。减速箱采用电梯齿轮润滑油，半年检查一次		
10	检查油位		1）先将油尺取出，用抹布清洁表面，再将油尺放入减速箱约10s，再次将油尺取出，油位应在两个刻度线之间 2）检查油位是否在油镜中间
11	检查曳引轮		1）检查曳引轮外观：油漆是否合格，是否生锈 2）检查曳引轮轮槽磨损（磨损量不超过1mm） 3）测量磨损值，判断磨损情况
12	检查曳引轮铅垂度		1）测量铅垂1 2）测量铅垂2 3）判断铅垂度是否合格，铅垂不超过2mm

（三）实施控制柜的运行与维护

控制柜的运行与维护见表1-12。

（四）实施限速器的运行与维护

限速器的运行与维护见表1-13。

表 1-12 控制柜的运行与维护

序号	实训名称	运行与维护步骤图示	运行与维护说明
1	清洁控制柜、电气设备、连接件		用吹风机、抹布、刷子清洁控制柜、变频器、继电器、接触器等附件,保持控制柜清洁,无灰尘
2	检查接线松动情况		检查变频器接线、主板(微机板)接线、继电器接线、接触器接线、I/O 接线端子、电源接线、控制装置接线是否良好,无松动
3	检查绝缘电阻		1)动力回路、安全电路绝缘电阻≥0.5MΩ 2)控制回路、信号回路绝缘电阻≥0.25MΩ

表 1-13 限速器的运行与维护

序号	实训名称	运行与维护步骤图示	运行与维护说明
1	打开并清洁限速器防护罩		限速器防护罩应整洁、无灰尘、无污垢
2	清洁限速器内部的灰尘、油脂		清洁限速器内部的灰尘、油脂,保持限速器内部清洁
3	检查限速器运动部件		检查限速器各个部件的运动状态,润滑限速器各个运动部件,保持各个部件运动正常,无异响

（续）

序号	实训名称	运行与维护步骤图示	运行与维护说明
4	检查限速器绳槽的磨损		1)测量限速器绳槽的磨损值 2)判断绳槽的状态是否合格
5	检查限速器的漆封(铅封)	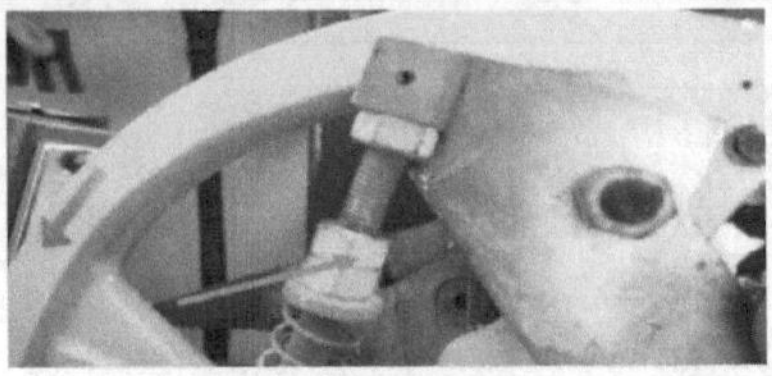	检查漆封(铅封)是否完整
6	检查限速器的电气开关和触发状态		1)利用万用表检查电气开关是否有效 2)检查限速器的触发状态是否有效
7	复位限速器	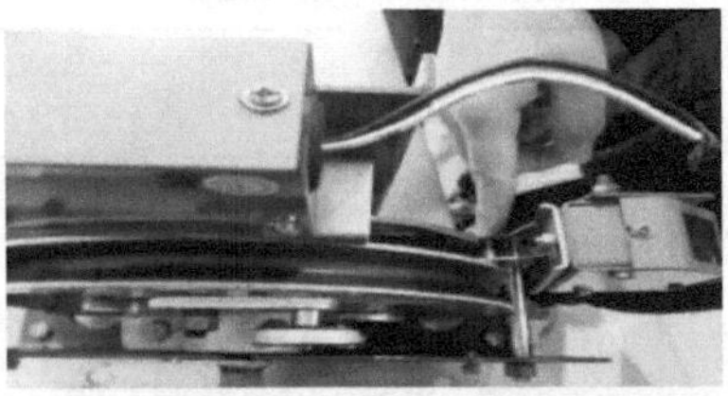	复位限速器的机械和电气装置
8	合上限速器防护罩		将限速器防护罩复位、螺钉拧好

（五）实施电梯机房其他设备的运行与维护

机房其他设备的运行与维护见表1-14。

表1-14　机房其他设备的运行与维护

序号	实训名称	运行与维护步骤图示	运行与维护说明
1	检查机房通道的通行和照明	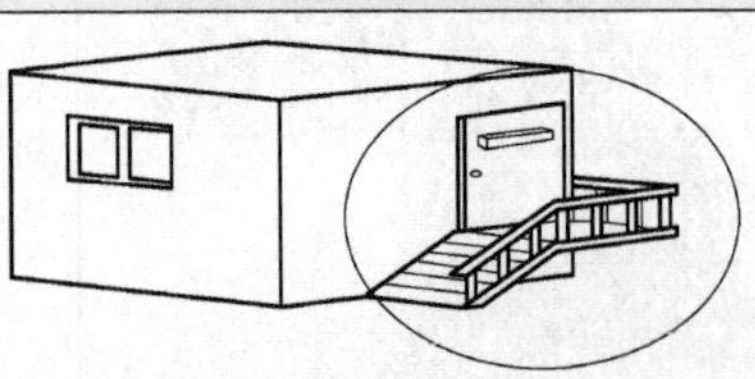	1)机房出入口无异物 2)机房出入口照明正常

（续）

序号	实训名称	运行与维护步骤图示	运行与维护说明
2	检查机房大门的门锁和标识	 机房重地闲人免进	1）机房门锁关闭正常 2）机房门上警示标识“机房重地闲人免进”清晰
3	检查机房照明		检查机房照明是否正常
4	检查、清洁机房通风装置	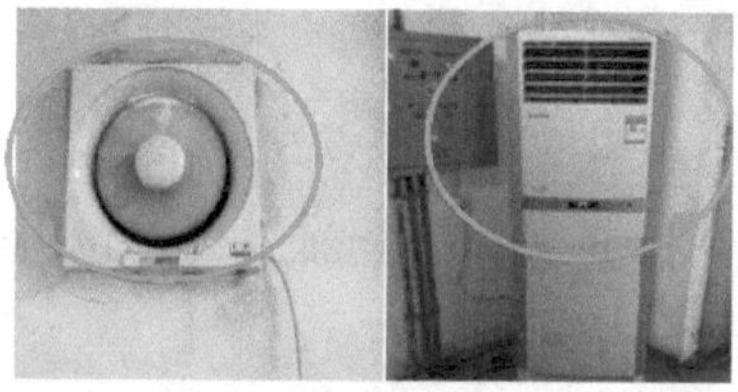	检查、清洁机房通风，包括门窗、通风装置、空调等
5	检查机房温度	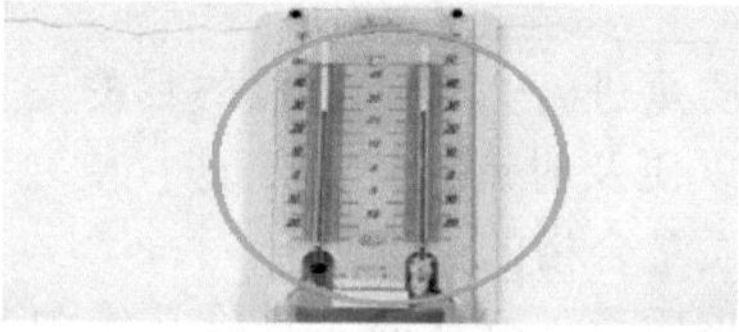	机房的正常温度为5～40℃
6	检查机房应急照明	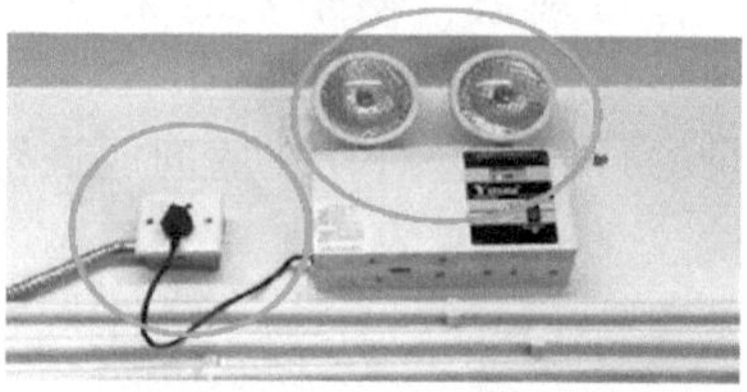	拨开应急照明电源，检查应急照明工作状态
7	检查盘车装置	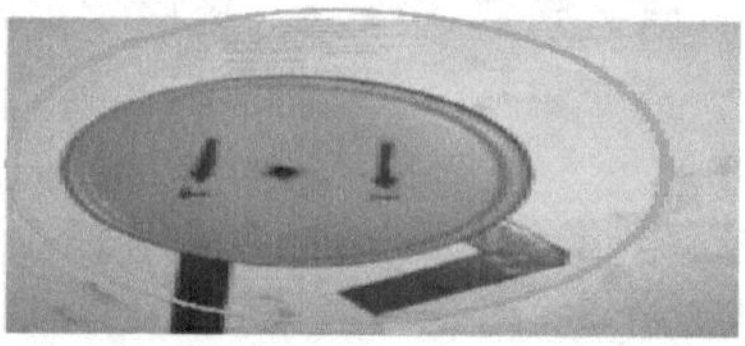	检查盘车装置是否完好
8	检查灭火器		1）机房应配备灭火器 2）检查机房内灭火器是否在使用有效期以内

（续）

序号	实训名称	运行与维护步骤图示	运行与维护说明
9	检查三方通话装置	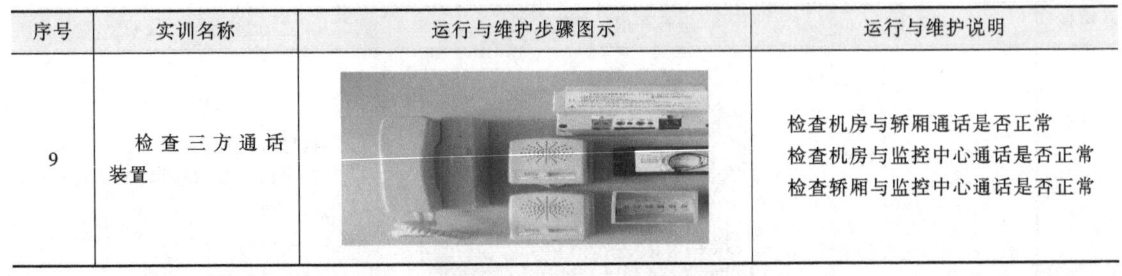	检查机房与轿厢通话是否正常 检查机房与监控中心通话是否正常 检查轿厢与监控中心通话是否正常

四、电梯机房设备维护保养实施记录表

实施记录表是对修理过程的记录，保证维护保养任务按工序正确执行，对维护的质量进行判断，完成附表6电梯机房设备维护保养实施记录表的填写。

1.4 工作验收、评价与反馈

一、工作验收表

维护保养工作结束后，电梯维护保养工确认是否所有部件和功能都正常。维护站应会同客户对电梯进行检查，确认电梯维护保养工作已全部完成，并达到客户的修理要求。完成附表1电梯机房设备运行与维护工作验收表。

二、自检与互检

在修理过程中，各小组对维护质量进行自检。自检的目的是及时了解维护设备是否符合质量标准要求，是否偏离了标准，以便及时调整维护工艺，使之符合规定要求。这是维护过程中一道最早的检验工序，是维护质量合格的保证。

在修理过程中，各小组应对维护质量进行互检。互检是维护工人之间相互进行检查。互检的目的是及时发现相互之间的不合格现象，便于及时采取补救措施，从而保证维护的品质。

最后，教师对各小组的维护质量进行检查，对存在的问题进行记录，并进行进一步指导。完成附表2电梯机房设备维护的自检、互检记录表。

三、小组总结报告

同学们以小组形式，通过演示文稿、展板、海报、录像等形式，向全班展示、汇报学习成果，完成附表3小组总结报告。

应总结以下问题：

1）通过电梯机房设备维护过程学到了什么（包括专业技能和技能之外的东西）？

2）展示最终完成的成果并说明其优点。

3）维护保养质量存在问题吗？若有问题，是什么问题？是什么原因导致的？下次该如何避免？

4）讨论本组的成果以什么形式展示？

四、小组评价

各小组可以通过各种形式，对整个任务完成情况的工作总结进行展示，以组为单位进行

评价，完成附表4小组评价表。

五、填写评价表

维护保养工作结束后，维护人员完成附表5总评表，并对本次维护保养工作打分。

1.5 知识拓展——故障实例

故障实例1：曳引机水平方向振动超差，且振动频率与电动机转速相吻合。

故障分析：

1）曳引机底座安装面不平，造成底座强迫变形，破坏了曳引机的几何精度。

2）电动机轴与蜗杆轴的同轴度超标。

排除方法：

1）取下钢丝绳，调整曳引机底座安装面。如果曳引机底座安装有橡胶垫，更换橡胶垫或调整橡胶垫的压紧量。

2）重新调整电动机轴与蜗杆轴的同轴度。

故障实例2：电动机发出有节奏的敲鼓声，且频率与电动机转速相吻合。

故障分析：

曳引机底座安装倾斜致使电动机轴向前或向后窜动，电动机轴与电动机轴承或轴承盖发生碰撞。

排除方法：

调整底座使曳引机处于水平位置。

1.6 思考与练习

一、填空题

1. 电梯曳引机通常由________、________、________、机架构成。
2. 制动器松闸时其间隙应均匀，且应该________。
3. 限速器轮的节圆直径与绳的公称直径之比最小不应小于________。
4. 曳引传动是靠________实现的，容易造成打滑现象。
5. 常用的曳引轮绳槽有________槽、________槽和带切口半圆槽三种。
6. 限速器的动作速度应为额定速度的________%。
7. 电梯动力与控制线路应分离敷设，从进机房电源起零线和接地线应________，接地线的颜色为________绝缘电线。
8. 电梯应当至少每________进行一次清洁、润滑、调整和检查。
9. 曳引电动机按供电类型可以分为________和________两种。
10. 电梯曳引轮、导向轮对铅垂线的偏差，在空载或满载工况时均不大于________mm。

二、简答题

1. 机房控制柜运行与维护的要点有哪些？
2. 测量过程中塞尺片是越多越好？还是越少越好？为什么？
3. 制动器保养检查的要点有哪些？

任务2 井道设备的运行与维护

【必学必会】

通过本部分课程的学习，你将学习到：

1. 知识点

1）理解电梯井道的结构、组成和各部件的作用。

2）了解电梯层门、导轨、钢丝绳、终端保护装置的类型、结构和作用。

3）掌握曳引钢丝绳清洁、润滑及调整的方法。

4）理解企业的维护保养业务流程、管理单据及特别注意事项。

5）了解井道设备维护与保养安全操作规程，使学生养成良好的职业素养。

2. 技能点

1）会搜集与使用相关的电梯维护保养资料。

2）会制订维护保养计划和方案。

3）会实施井道设备的检查、清洁及润滑。

4）能正确填写相关技术文件，完成井道设备的维护和保养。

【任务分析】

1. 重点

1）会实施层门、导轨、钢丝绳、终端保护装置的检查、清洁、润滑与调整的操作。

2）会撰写维修保养工作总结，填写维修保养单。

2. 难点

1）能展开组织讨论，具备新技术的学习能力。

2）能够根据工作需求合理调配人员。

3）能够两人配合完成井道设备的维护和保养。

2.1 研习电梯井道设备的结构与布置

一、认识电梯井道

（一）电梯井道的定义

井道（Well）：保证电梯轿厢和对重安全运行所需的建筑空间。

电梯井道由井道壁、顶面和底面组成，如图1-44所示，是供电梯轿厢和对重运行的空间，通常位于建筑物的内部，一般有混凝土、砖或钢三种结构。

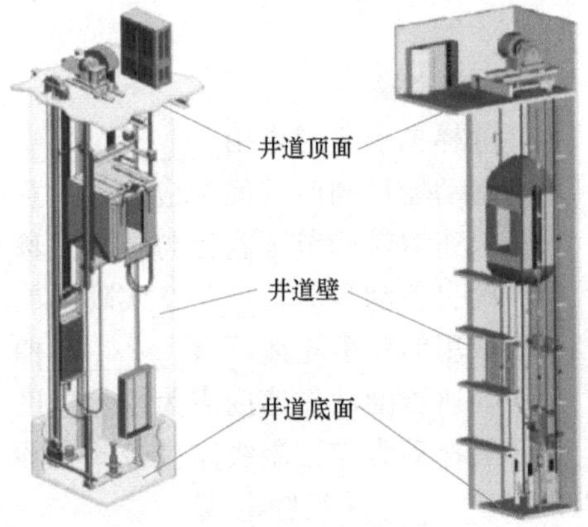

图1-44 电梯井道

小知识：电梯井道垂直度的要求

1）当电梯行程高度小于或等于30m时，垂直度为0~25mm。

2）当电梯行程高度大于30m且小于或等于60m时，垂直度为0~35mm。

3）当电梯行程高度大于60m且小于或等于90m时，垂直度为0~50mm。

4）当电梯行程高度大于90m时，允许偏差应符合土建布置图要求。

(二) 电梯井道的布置方式和相关尺寸

1. 电梯井道布置方式分类

电梯井道布置方式可以按机房位置分类和按对重位置分类等。

电梯井道布置方式分类见表 1-15。

表 1-15　电梯井道布置方式分类

项　目	内　容	
图示		
机房类型	有机房电梯井道	无机房电梯井道
图示	对重 轿厢 井道壁 层门	对重 轿厢 井道壁 层门
对重类型	对重后置式井道	对重侧置式井道

2. 电梯井道相关尺寸

电梯井道相关尺寸有井道总高、顶层高度、提升高度（行程)、底坑深度、井道深度、井道宽度等，电梯井道布置如图 1-45 所示。

630~1000kg 电梯井道尺寸见表 1-16。

表 1-16　630~1000kg 电梯井道尺寸

载重 /kg	井道宽度 /mm	井道深度 /mm	轿厢净宽 /mm	轿厢净深 /mm	开门宽度 /mm
630	1900	1900	1300	1200	800
800	2050	2000	1400	1350	800
900	2200	2100	1600	1400	900
1000	2200	2200	1600	1500	900

注：开门方式为中分。

二、电梯井道设备的结构、组成和各部件的作用

电梯井道设备主要包括层门、轿厢与对重、层站召唤装置、曳引钢丝绳、导轨与导轨支架、终端保护装置等部件。

(一) 层门

层门设在电梯层站入口处，根据需要，井道在楼层处设 1 个或 2 个出入口。层门的作用

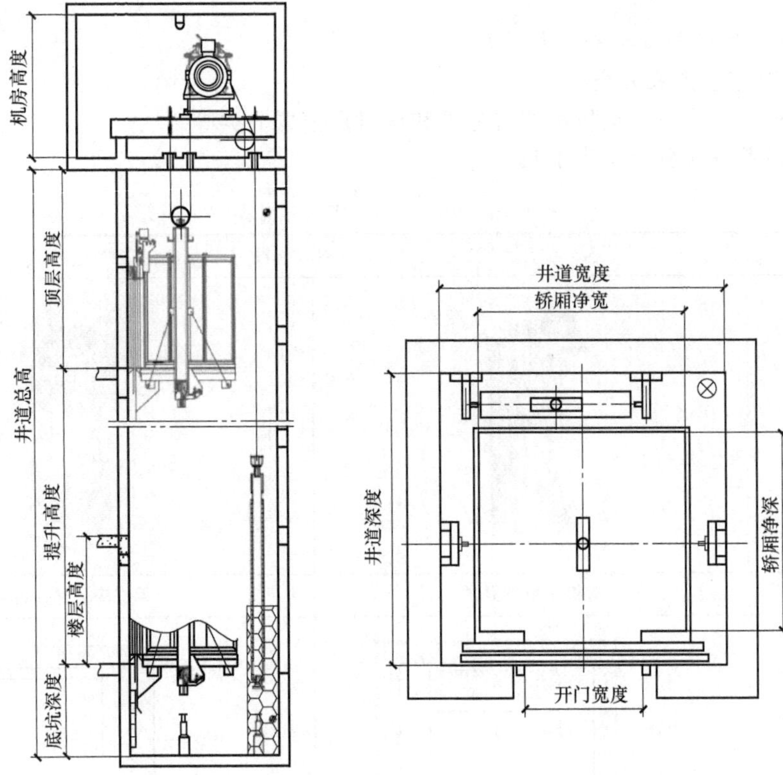

图 1-45　电梯井道布置

是阻止人跌落电梯井道或被井道设备伤害，如图 1-46 所示。

图 1-46　电梯层门

1. 层门的开门方式

一般电梯门向井道两侧或单侧，以滑动的方式进行开门，即滑动门。滑动门按其开门方向又可分为中分式门和旁开式门两种。

(1) 中分式门　门由中间分开。开门时，左右门扇以相同的速度向两侧滑动；关门时，则以相同的速度向中间合拢，如图 1-47 所示。

中分式门按其门扇多少，可分为两扇中分式和四扇中分式。四扇中分式用于开门宽度较大的电梯，此时单侧两个门扇的运动方式与双扇旁开式相同。

(2) 旁开式门　门由一侧向另一侧推开或由一侧向另一侧合拢。按照门扇数量的不同，可分为单扇旁开式、双扇旁开式和三扇旁开式，如图 1-48 所示。

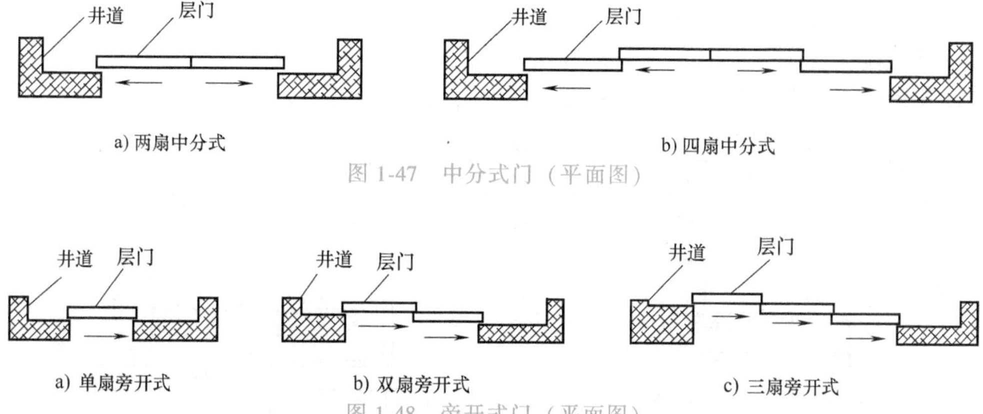

a) 两扇中分式　　b) 四扇中分式

图 1-47　中分式门（平面图）

a) 单扇旁开式　　b) 双扇旁开式　　c) 三扇旁开式

图 1-48　旁开式门（平面图）

小知识：旁开门式

1）当旁开式门为双扇时，两个门扇在开门和关门时各自的行程不相同，但运动的时间却必须相同，因此两扇门的速度有快慢之分。速度快的称快门，反之称慢门，所以双扇旁开式门又称双速门。

2）旁开式门按开门方向，又可分为左开式门和右开式门。区分的方法是：人站在候梯厅面对层门，门向右开的称为右旁开门，门向左开的称为左旁开门。

2. 层门的结构与组成

电梯的层门一般均由门框、门扇、导轨、滑轮、地坎、门锁等组成。层门由门滑轮悬挂在导轨架上，下部通过门滑块与地坎配合，如图 1-49 所示。

（二）层站召唤装置

根据层站位置和上、下行按钮配置情况，电梯层站召唤装置可分为底层召唤装置、中间楼层召唤装置和顶层召唤装置，如图 1-50 所示。

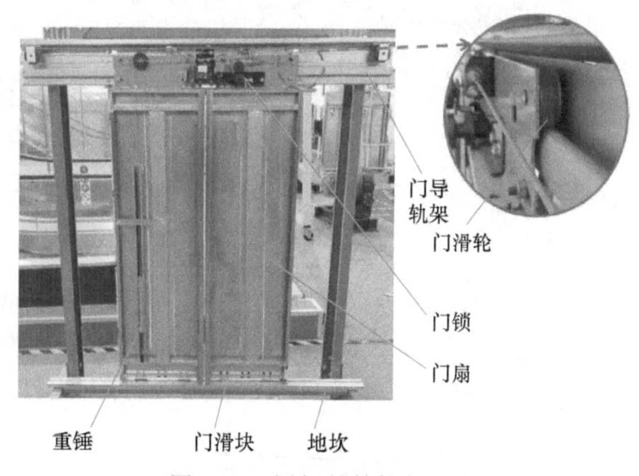

图 1-49　层门的结构与组成

a) 底层召唤装置

b) 中间楼层召唤装置

c) 顶层召唤装置

图 1-50　电梯层站召唤装置

小知识：门锁与电气安全触点的安装要求

1）轿门地坎与门联锁滚轮的间隙为 8mm±2mm。

2）客梯门联锁滚轮与门刀的间隙为 *B*±2mm，如图 1-51 所示。

梯型	*A*/mm	*B*/mm
HVF	115.5	10
客梯/货梯	111.5	8

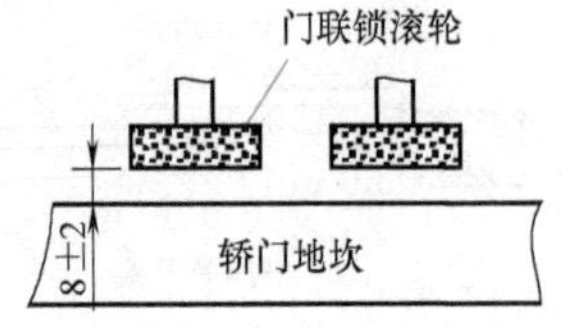

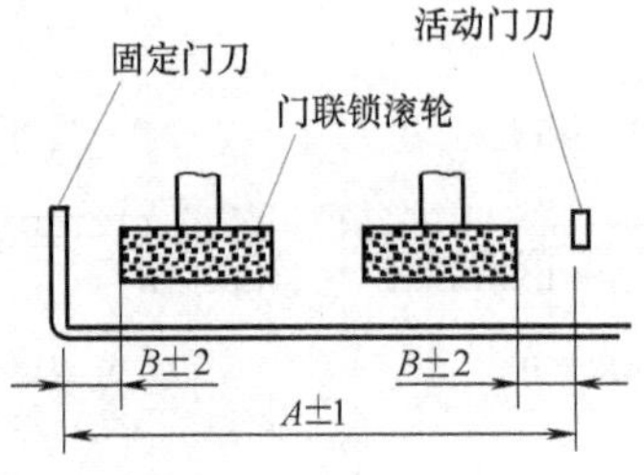

图 1-51　轿门地坎、门刀与门联锁滚轮的距离

A—门刀打开时固定门刀与活动门刀之间的距离

B—门刀打开时门刀与门联锁滚轮之间的间隙

3）门锁钩与门锁座的间隙调整为 3mm±1mm。

4）门锁钩与门锁座的啮合余量为 11mm±1mm，如图 1-52 所示。

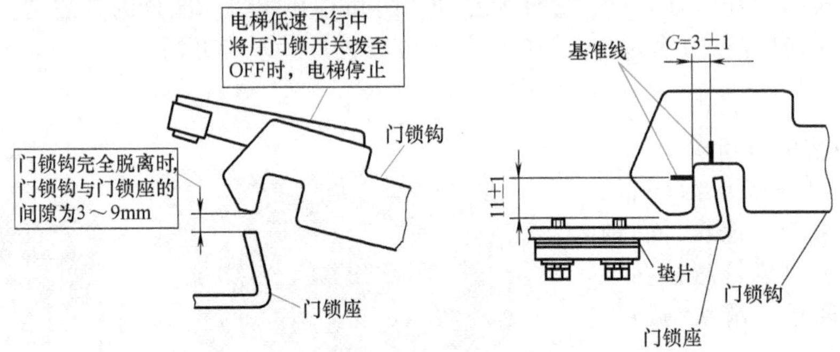

图 1-52　门锁调整

5）门锁钩的啮合余量为 7~10.5mm 时，电气安全触点接通。

6）门锁电气安全触点的超行程为 4mm±1mm，如图 1-53 所示。

7）在门下端最不利点施加约 50kg 的力仍无法打开门锁。

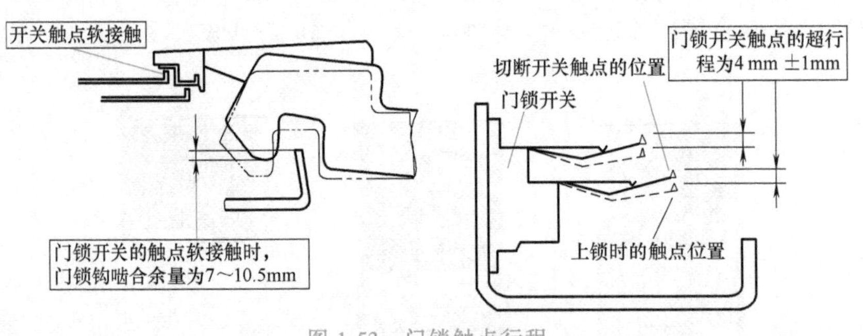

图 1-53　门锁触点行程

（三）曳引钢丝绳

电梯曳引钢丝绳用于悬挂轿厢和对重，并利用曳引轮与曳引钢丝绳之间的摩擦力驱动轿厢和对重运行。曳引钢丝绳是重要的电梯部件，也是易损件之一，如图 1-54 所示。

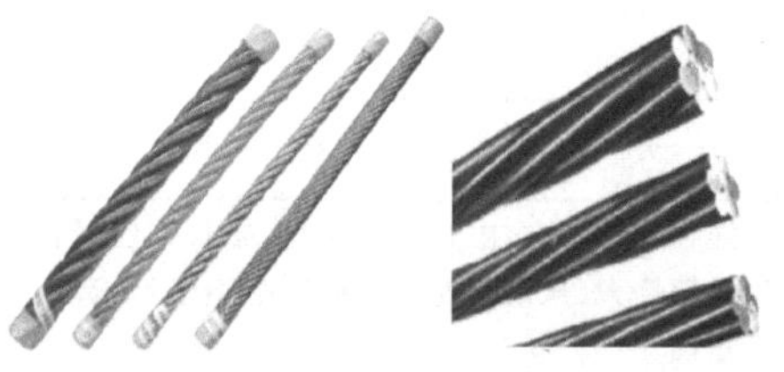

图 1-54 电梯曳引钢丝绳

1. 钢丝绳的组成

钢丝绳主要由钢丝、绳股、绳芯组成，如图 1-55 所示。

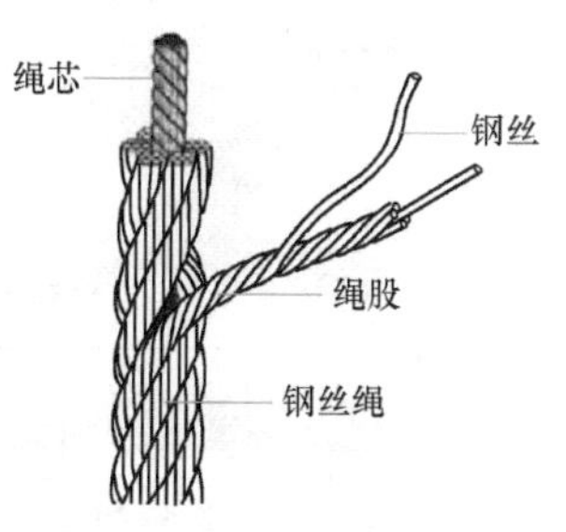

图 1-55 钢丝绳的组成

（1）钢丝 钢丝是钢丝绳的基本强度单元，要求有很高的强度和韧性。

（2）绳股 绳股是将若干根钢丝并合，加捻或编织在一起的具有一定长度、粗度和强度的制绳用半成品。相同直径与结构的钢丝绳，股数越多抗疲劳强度就越高。电梯用钢丝绳的股数多是 8 股或 6 股两种。

（3）绳芯 绳芯是被绳股所缠绕的挠性芯棒，起到支撑、固定绳股的作用。绳芯分纤维绳芯和金属绳芯两种，电梯用钢丝绳多是纤维绳芯，这种绳芯不仅能增加钢丝绳的柔软性，还能起到存储润滑油的作用。

2. 钢丝绳的分类

根据钢丝绳股内各层钢丝相互之间的接触状态可分为点接触、线接触、面接触等几种。对于线接触钢丝绳，按照绳股中钢丝的配置方式又可分为西鲁式、瓦林式、填充式（也称密集式）三种，如图 1-56 所示。

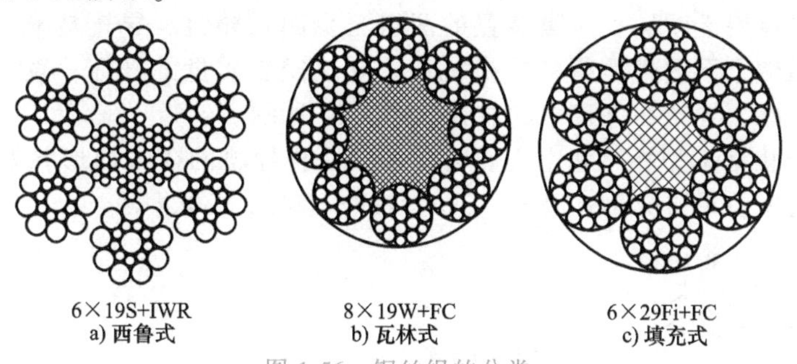

6×19S+IWR a) 西鲁式　8×19W+FC b) 瓦林式　6×29Fi+FC c) 填充式

图 1-56 钢丝绳的分类

小知识：钢丝绳常见故障及处理方法（见表 1-17）

表 1-17 钢丝绳常见故障及处理方法

故障类型	描　述	处理方法
	笼状畸变：当外层绳股发生脱节或变形后比内部绳股长时，就会发生笼状畸变	报废
	绳股挤出：犹如钢丝绳受力不平衡，就会有绳股挤出，同时还会伴随笼状畸变发生	报废
	钢丝挤出：由冲击载荷引起，一部分钢丝或钢丝束在钢丝绳背着滑轮槽的一侧拱起形成环状	报废

（续）

故障类型	描　　述	处理方法
	绳径局部增大：由于绳芯畸变，导致钢丝绳直径发生局部增大，从而使外层绳股产生不平衡，造成定位不正确	报废
	绳径局部减小：由于绳芯的断裂导致钢丝绳直径发生局部减小	报废
	扭结：由于钢丝绳呈环状，在不可能绕其轴线转动的情况下被拉紧而造成的一种变形。其结果是出现捻距不均而引起格外的磨损，严重时钢丝绳将断裂	报废
	机械损伤：由于过大的接触应力而导致机械损伤	报废
	疲劳断裂：由于钢丝绳在过大绳槽中工作或轮槽上有硬点时会导致疲劳断裂	报废
	弯折：钢丝绳在外界影响下发生的角度变形	报废

（四）导轨与导轨支架

1. 导轨

每台电梯均具有用于轿厢和对重装置的两组至少四列导轨。导轨是确保电梯的轿厢和对重装置在预定轨道做上下垂直运行的重要机件。导轨安装质量的好坏，直接影响着电梯的运行效果和乘坐舒适感，导轨在井道中的位置如图 1-57 所示。

常用的电梯导轨有 T 型导轨和空心导轨两种，两种导轨的横截面形状如图 1-58 所示。实心（T 型）导轨每米重量可分为：8kg、13kg、18kg、24kg、30kg 等。

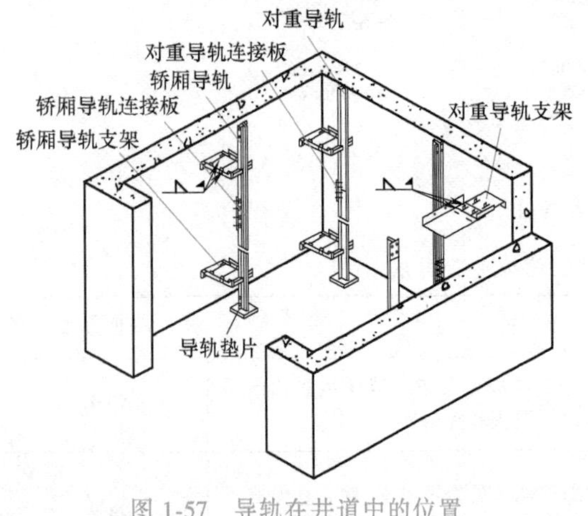

图 1-57　导轨在井道中的位置

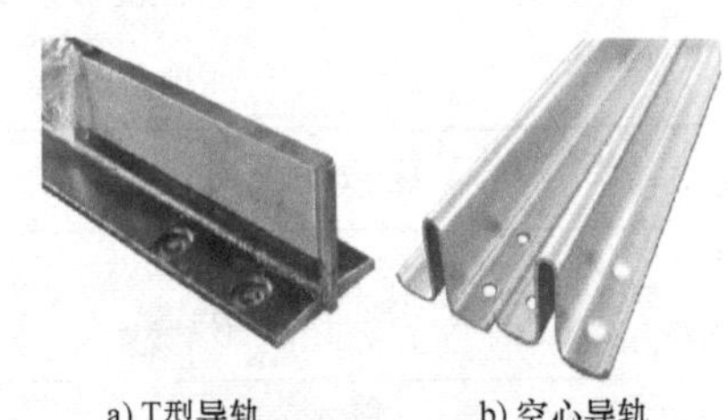

a) T型导轨　　b) 空心导轨

图 1-58　T 型导轨和空心导轨

2. 导轨支架

导轨支架是导轨的支撑件。要求每条导轨至少应有两档导轨支架支撑，但对于最上段导轨，如果长度小于 800mm，则只需用一档导轨支架支撑即可。导轨支架间距不大于 2500mm，

导轨支架如图 1-59 所示。

（五）终端保护装置

电梯终端保护装置由强迫换速开关、限位开关、终端极限开关组成，如图 1-60 所示。

1. 强迫换速开关

强迫换速开关是为防止电梯失控时造成冲顶或蹲底的第一道防线。由上、下两个开关组成，分别装在井道的顶部和底部。当电梯出现失控，轿厢已到达顶层或底层而不能减速停车时，装在轿厢上的开关打板就会随轿厢的运动而与强迫换速开关的动触头接触，打断开关强迫电梯减速停驶。强迫减速开关保护如图 1-61 所示。

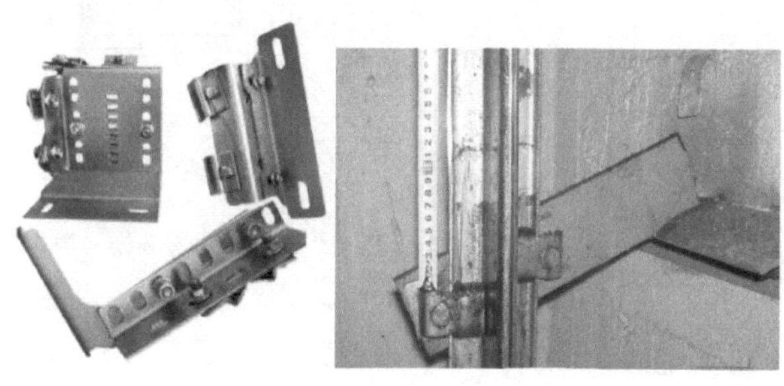

图 1-59 导轨支架

2. 限位开关

限位开关是为防止电梯失控时造成冲顶或蹲底的第二道防线。由上、下两个开关组成，分别装在强迫换速开关的上、下方。当轿厢地坎超过顶层、底层地坎一定距离时，限位开关动作，切断运行方向继电器，限制电梯继续运行，这时电梯只能应答层楼反方向召唤信号，如图 1-62 所示。

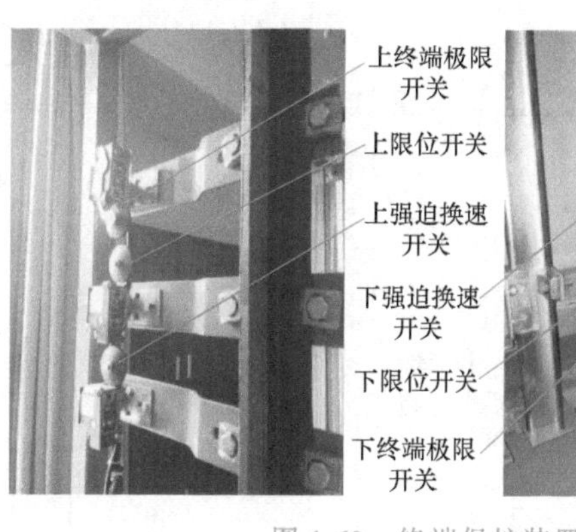

图 1-60 终端保护装置

3. 终端极限开关

当电梯失控后，如果第一、第二道防线均不能使电梯停止运行，轿厢的上、下开关打板

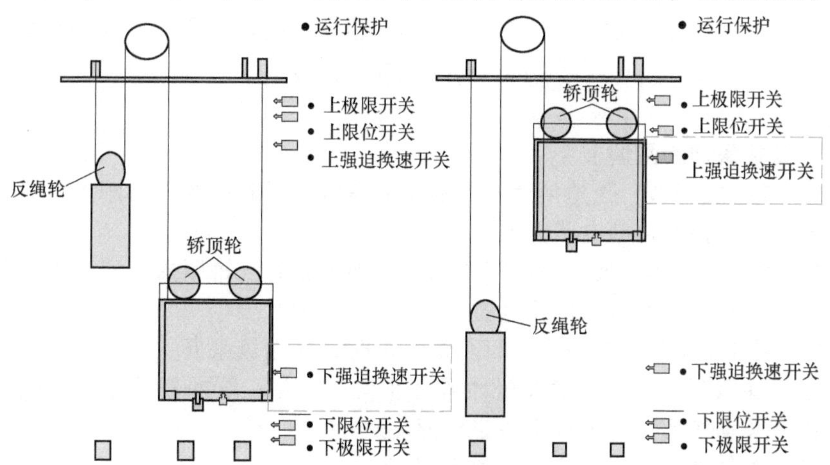

图 1-61 强迫换速开关保护

就会随着电梯的继续运行而碰撞安装在井道内的终端极限开关，断开电梯主电源，迫使电梯立即停止运行，如图 1-63 所示。

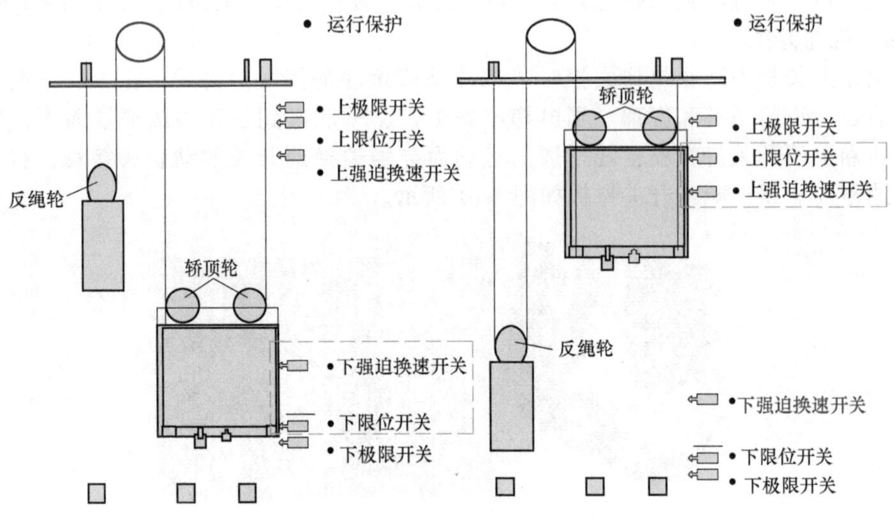

图 1-62　限位开关运行保护

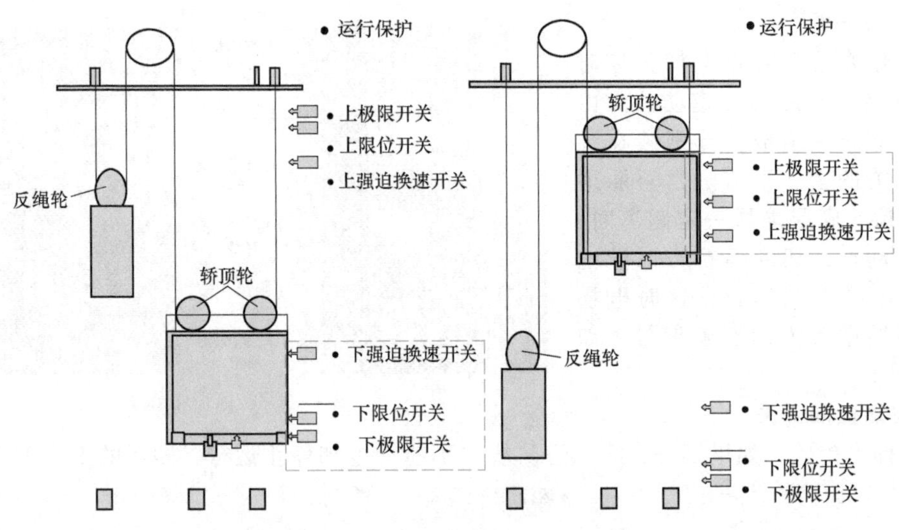

图 1-63　终端极限开关运行保护

小知识：终端保护装置调节

1）强迫换速开关调节：强迫换速开关的调节高度以轿厢在两端站刚进入自动平层区域的同时，切断同方向快车控制电路为准。

2）限位开关调节：当轿厢超越应平层的位置 50mm 时，轿厢撞弓使上限位开关或下限位开关动作，切断电源，使电梯停止运行。

3）终端极限开关调节：当轿厢运行超过终端时，终端极限开关用于切断控制电源。终端极限开关必须在轿厢或对重未触及缓冲器之前动作，并在缓冲器被压缩期间保持动作状态。终端极限开关动作后，电梯应不能自动恢复运行。

终端保护装置外形及结构示意图如图 1-64 所示。

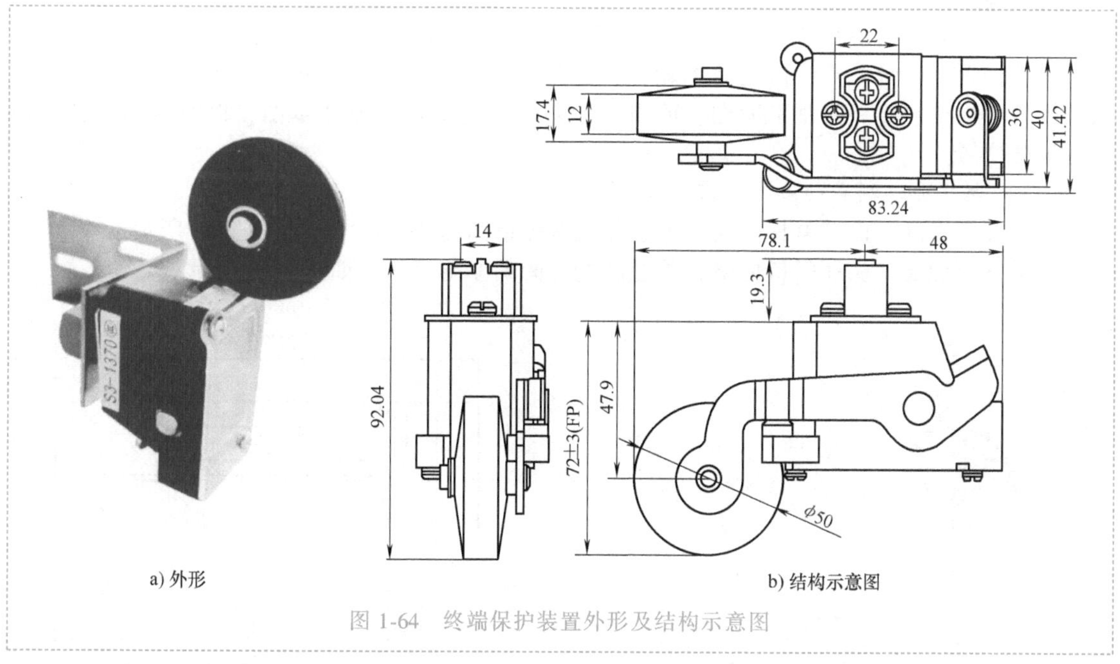

a) 外形　　b) 结构示意图

图 1-64　终端保护装置外形及结构示意图

三、电梯井道的测量

（一）电梯井道测量之前的准备

1. 安全教育

去工地前要对员工进行安全培训，安全第一。在工地上可能会碰到如图 1-65 所示的几种情况。

图 1-65　工地现场可能碰到的情况

2. 预约

去工地前要与用户或施工单位约好时间，这样能得到现场很好地配合，现场如有升降设备可首先测量机房，以节省体力。井道测量预约流程如图 1-66 所示。

3. 着装准备

最好穿长袖上衣、长裤，以免被建筑材料刮伤皮肤。还需要准备安全帽、劳保鞋、手套等防护用品。

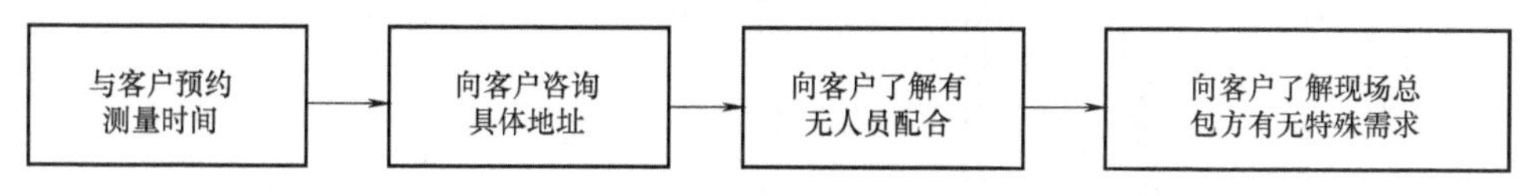

图 1-66　井道测量预约流程

4. 测量工具

一般升降梯测量需要一把 5m 钢卷尺，扶梯需要一把 20m 皮卷尺；如果现场光线较暗，则手电筒必不可少。测量工具如图 1-67 所示。爬高层楼梯时体力消耗较大，可以带一瓶水。千万别忘带纸和笔！

5. 了解现场

到达工地后要向用户或施工单位的技术人员了解现场的情况，以便有目的地准备工具，对特殊结构重点测量。对于占地面积较大，电梯数量较多，井道比较分散的大型项目，在进入现场前可向用户要一张总平面图，或自己绘制一张电梯位置分布草图，以便顺利地找到每个井道的位置。

（二）电梯井道测量的基本内容

（1）井道宽度　面对电梯厅门，测量井道两侧壁间的净空尺寸，如图 1-68 所示。

（2）井道深度　从厅门口内壁到井道后壁之间的净空尺寸，如图 1-68 所示。

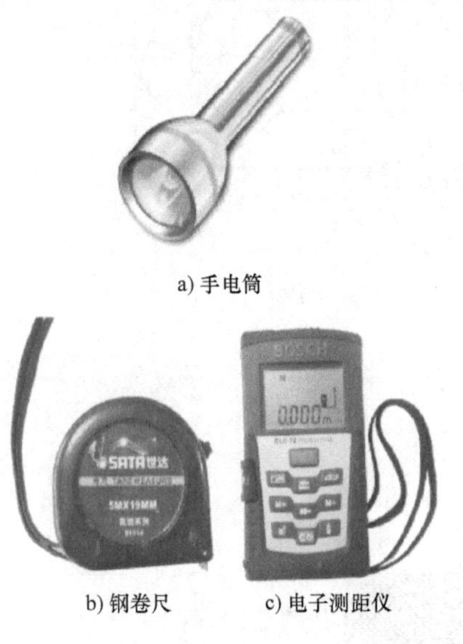

图 1-67　测量工具

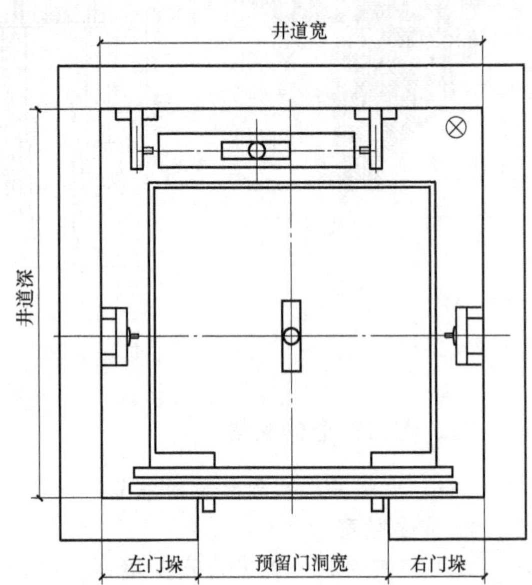

图 1-68　井道宽度和深度

（3）门洞　测量门洞宽度、高度及召唤面板位置尺寸，还要测量左右两侧墙垛的宽度，以此判定门口中心是否位于井道中心，以及偏差多少，如图 1-69 所示。

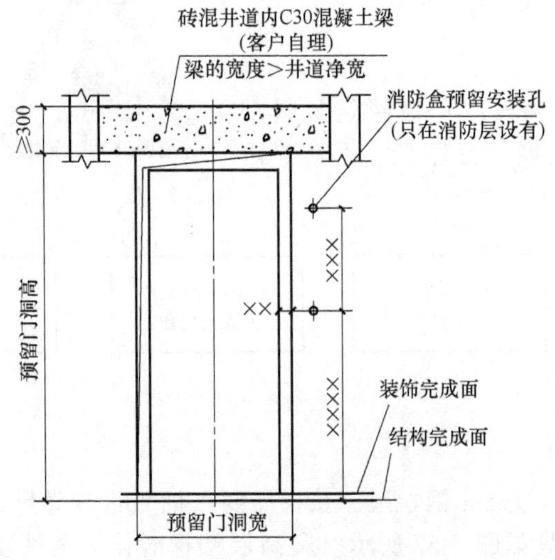

图 1-69　门洞的高度和宽度

（4）层高　在厅门口测量的相邻两层楼板装修完工地面之间的垂直距离为层高。也可在与厅门地面等高的楼梯上下口处测量层高，如图 1-70 所示。

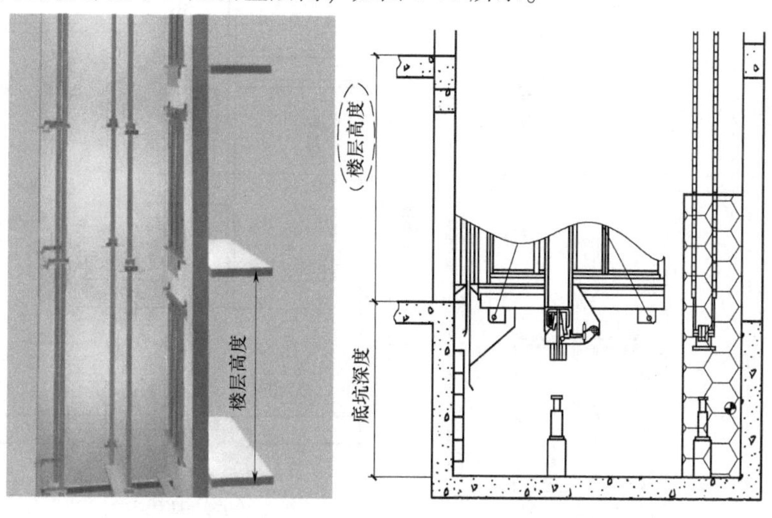

图 1-70　楼层高度

（5）顶层高度　顶层装修完工后地面到井道顶板下平面之间的净尺寸，如图 1-71a 所示。

（6）底坑深度　最低一层装修完工地面到坑底的深度，如图 1-71b 所示。

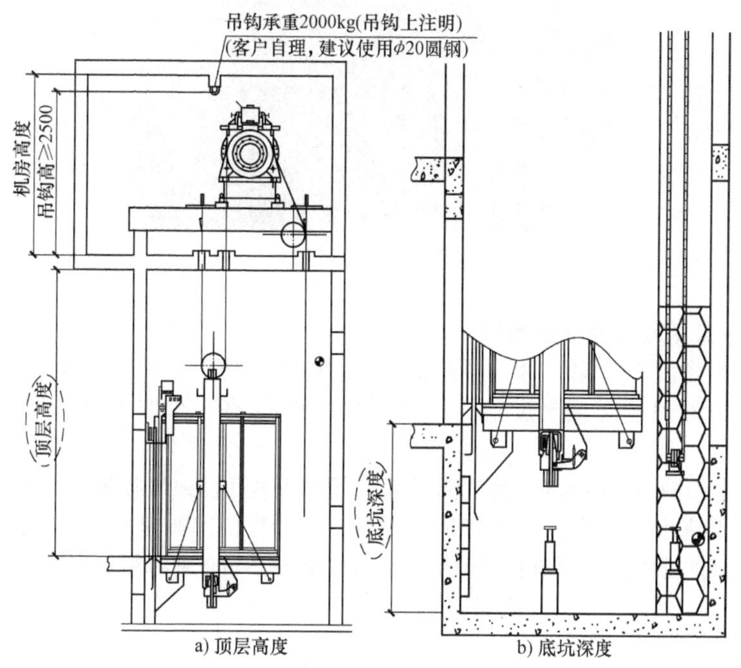

图 1-71　顶层高度和底坑深度

（7）机房　量出机房的平面长度和宽度尺寸，标出机房高度尺寸、吊钩的承重，顶层高度、机房开门位置及尺寸等，如图 1-72 所示。

（8）井道壁结构　砖混结构井道要勘察有无圈梁，如有则须记录圈梁中心间距（一般要求圈梁高度 300mm，最小为 200mm）。还要注意井道的四角有无突出井道内部的立柱，井道内壁有无突出的梁等结构，并做好记录。钢架结构井道要测量钢架间距，如图 1-73 所示。

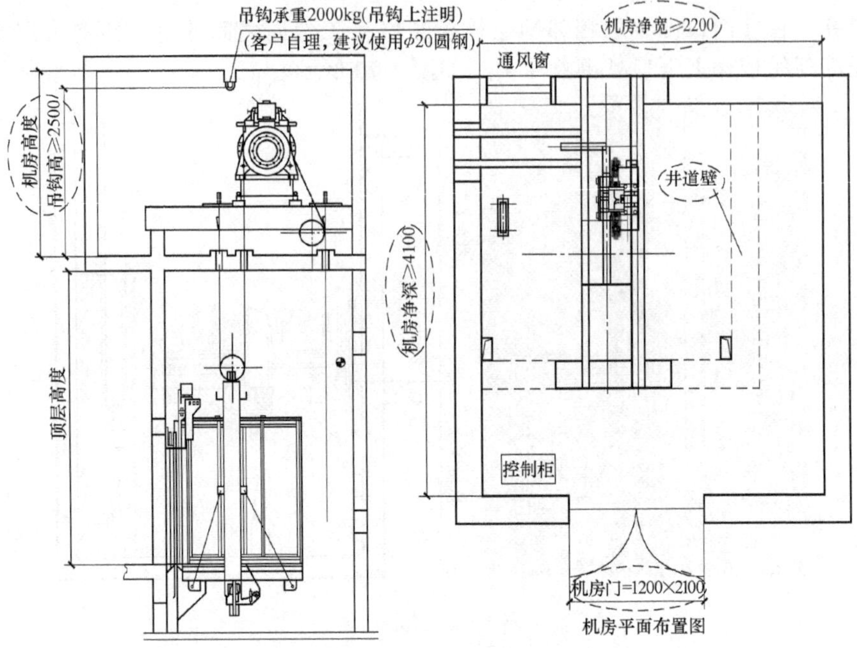

图 1-72　电梯机房

图 1-73　井道壁结构

小知识：电梯井道测量注意事项

1）对井道的宽度和井深，每一层都要测量，防止井道上下偏差过大。

2）门洞上方的钢筋混凝土过梁，一般要求 300mm 高，与墙等厚，与井道等宽，用于安装层门装置。

3）每一层的门洞下方必须有钢筋混凝土梁，用以安装厅门地坎装置，如有牛腿须做记录。

4）门口留洞高度一般为：从装修地面测量，电梯厅门净高度加 100mm。

5）注意观察井道内有无建筑基础等结构突入井道内，如有则必须量出其尺寸，做好记录。

2.2　制订维护保养方案

一、确定工作流程

电梯井道设备运行与维护工作流程图如图 1-74 所示。

二、工作计划的制订

在实际工作之前，预先对目标和行动方案做出选择和具体安排。计划是预测与构想，即

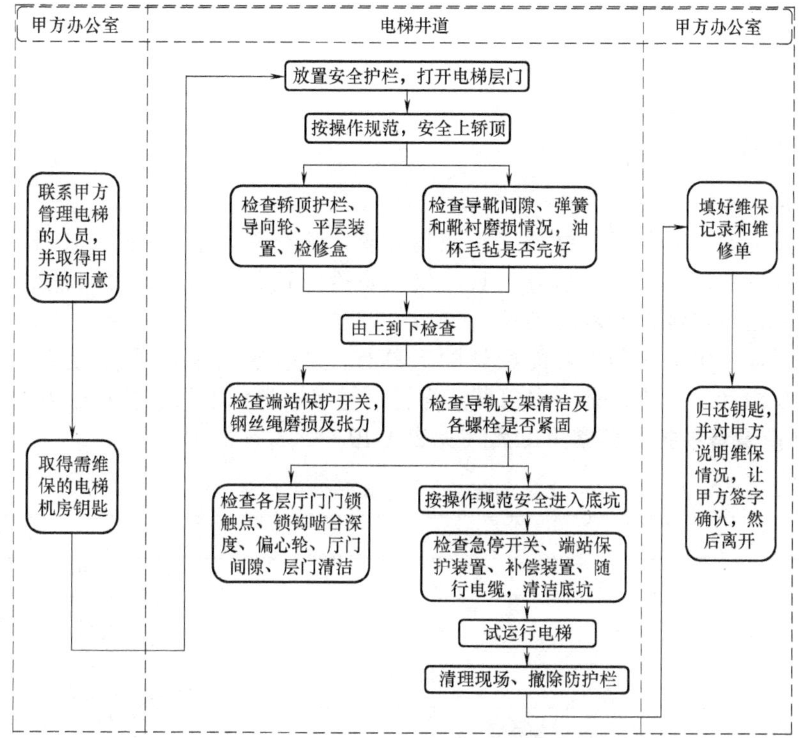

图 1-74 电梯井道设备运行与维护工作流程图

预先进行的行动安排，围绕预期的目标，而采取具体行动措施的工作过程，随着目标的调整进行动态的改变。

电梯井道设备维护工作计划表见表 1-18。

表 1-18 电梯井道设备维护工作计划表

用户名称				合同号	
开工日期		电梯编号		生产工号	
计划维护日期			计划检查日期		
申报技监局	已申报/未申报		申报质监站	已申报/未申报	
维护项目的主要工作内容	1)层站召唤面板及按钮的清洁 2)层门的清洁 3)轿顶安全标示牌的检查 4)层门的拆卸、清洁、更换、安装与调整 5)曳引钢丝绳的清洁 6)轿顶反绳轮的清洁、润滑 7)导轨的清洁、润滑 8)导轨压码的检查、调整 9)上下终端极限开关的检查				
准备工作情况及存在问题					
人员分工	姓名	岗位(工作内容)	负责人	计划完成时间	操作证
项目经理签字(章)				日期：年 月 日	
客户/监理工程师	审批意见： 签字(章) 日期： 年 月 日				

2.3 电梯井道设备维护保养任务实施

一、任务准备

(一) 工具的准备

根据电梯井道设备的运行与维护工作流程要求，从仓库领取相关工具、材料和仪器。了解相关工具和仪器的使用方法，检查工具、仪器是否能正常运行，选择合适的材料，并准备电梯井道设备的运行与维护所需的工具。

在电梯井道设备维护保养中可能用到的工具有：活扳手、呆扳手、钢直尺、塞尺、卡簧钳、线坠、推拉力计、三角钥匙、顶门器、螺钉、卷尺、游标卡尺、护栏、万用表等。

1. 电梯井道设备维护保养常用工具（见表 1-19）

表 1-19　电梯井道设备维护保养常用工具

工具名称	工具认识	使用方法
三角钥匙		1)使用开锁三角钥匙打开层门前请先确认轿厢所在的位置 2)使用三角钥匙开启层门时，必须在层门口设置醒目的“请勿靠近”标识提醒其他无关人员，避免发生跌落事故
顶门器		1)用三角钥匙打开层门，层门开门宽度与门框平齐 2)用顶门器顶住层门，放入地坎槽内，然后拧紧螺栓 3)注意安全，做好保护工作
指针式推拉力计		推拉力计是一种用于推力及拉力测试的力学测量仪器。推拉力计适用于机械、电子、电工、建筑等行业的推拉负荷测试
游标卡尺		游标卡尺是一种测量长度、内外径、深度的量具。游标卡尺由尺身和附在尺身上能滑动的游标尺两部分构成

2. 线坠（磁力线坠）**的使用**

(1) 线坠的组成和作用　线坠，又称铅锤，用于物体的垂直度测量。线坠结构示意图如图 1-75 所示。

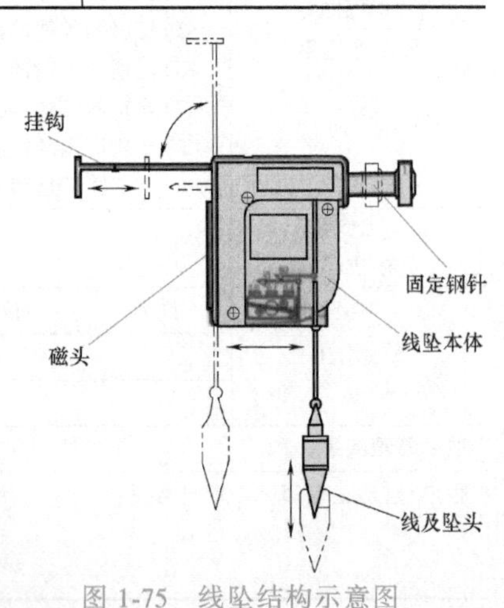

图 1-75　线坠结构示意图

(2) 磁力线坠的使用方法

1) 磁力线坠的使用流程如图 1-76 所示。

2) 磁力线坠的使用注意事项。保持磁力线坠的清洁度，不得沾有腐蚀性的物质，不得用力乱拉乱扯铅锤，不得用铅锤去敲击其他物体。

(二) 物料的准备

在电梯井道设备维护保养中可能用到的物料有：门滑轮、门滑块、E 型垫片、层站召唤按钮、WD-40 除锈剂、棉纱、砂纸、黄油、导轨润滑油等，常用物料见表 1-20。

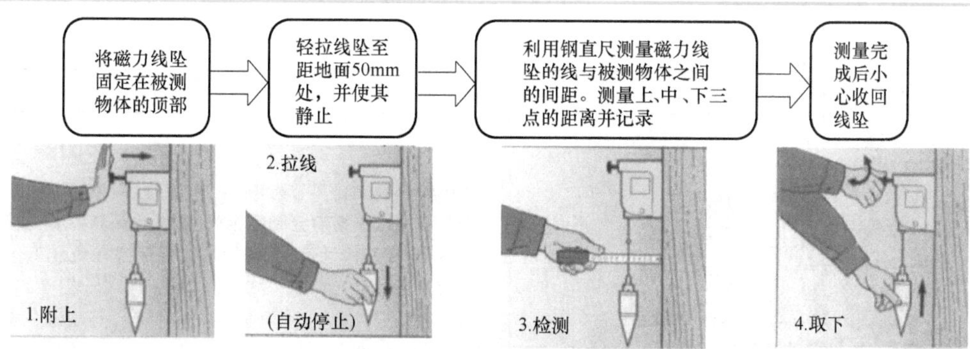

图 1-76 磁力线坠的使用流程

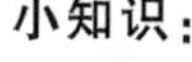

小知识：

指针式推拉力计的使用流程如图 1-77 所示。

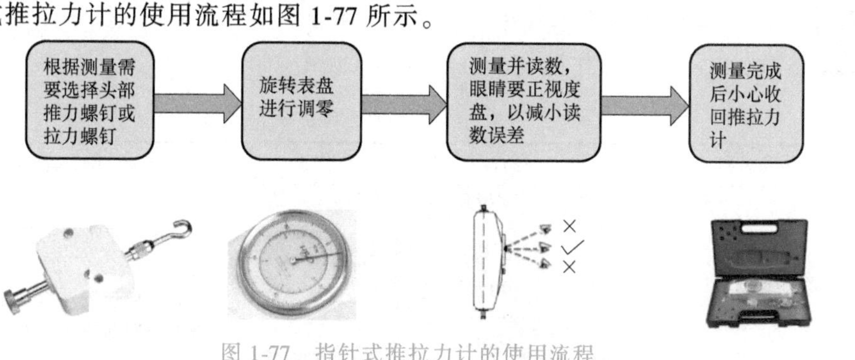

图 1-77 指针式推拉力计的使用流程

表 1-20 电梯井道设备维护保养常用物料

物料认识	使用方法
门滑轮	开门时门扇振动大，开门速度变慢。在开门过程中有噪声及明显的卡阻现象。检查门滑轮，若门滑轮磨损严重，则需要更换门滑轮 注意事项：更换门滑轮时，必须选择型号相同的门滑轮进行更换，最好是同一厂家的产品
门滑块	开门时门扇振动大，开门速度变慢。在开门过程中有噪声及明显的卡阻现象。检查门滑块，若门滑块磨损严重，则需要更换门滑块 注意事项：更换门滑块时，必须选择型号相同的门滑块进行更换，最好是同一厂家的产品
E型垫片	E 型垫片用于调整导轨的垂直度，安装在导轨与导轨支架之间 **注意事项：**调整导轨用垫片不能超过三片，导轨支架和导轨背面间的衬垫不宜超过 3mm 厚。当垫片厚大于 3mm 且小于 7mm 时，要在垫片间点焊，若超过 7mm，应先用与导轨宽度相当的钢板垫入，再用垫片调整

（续）

物料认识	使用方法
WD-40除锈剂	WD-40除锈剂是具有防锈、除湿、除锈、润滑、清洁等功能的无脂非硅类的多用途金属保养剂，能高效保养各类机械设备、精密仪器、零部件，能让金属制品长期保持在最佳工作状态，延长使用寿命

实操视频

二、任务实施

（一）电梯安全操作（安全上下轿顶）

电梯安全操作见表1-21。

表1-21　电梯安全操作

序号	步骤名称	运行与维护步骤图示	运行与维护说明
1	准备工作		在电梯轿厢和底层厅门外放置安全防护栏 将电梯运行至顶层层站，维护人员离开轿厢前按下次高层按钮，使电梯下行
2	观看电梯轿顶位置		使用三角钥匙打开层门，开门宽度约100mm，查看轿顶位置。轿顶比层站高不能高于300mm，低不能低于100mm
3	检验门锁开关		打开层门，开门宽度小于肩宽，观看轿厢是否移动
4	检验急停开关		1）完全打开层门，用顶门器顶住层门
			2）确认急停开关位置，保持重心朝向外，侧身，一手扶住门套，一手按下急停按钮

（续）

序号	步骤名称	运行与维护步骤图示	运行与维护说明
5	检验检修开关		维修人员把检修开关拨动至检修位置
6	上轿顶		维修人员上轿顶，打开轿顶照明开关，并将急停开关恢复正常
7	下轿顶		电梯运行到安全位置，动作急停开关。维修人员打开层门，离开轿顶。维修人员在厅外将检修开关、急停开关恢复正常，并关闭层门

经验寄语：在日常的维护保养过程中，有些维修保养人员为了节约时间忽视门锁开关、急停开关、检修开关的检验，造成了电梯事故。

（二）电梯井道部件的清洁与润滑

电梯井道部件的清洁与润滑见表1-22。

表1-22 电梯井道部件的清洁与润滑

序号	步骤名称	运行与维护步骤图示	运行与维护说明
1	召唤面板及按钮的清洁		用毛刷清洁召唤按钮，用棉纱布清除面板上的灰尘、油污、指纹等
2	层门的清洁		用棉纱布清除门扇上的灰尘、油污、指纹等
3	层门地坎的清洁		用毛刷清扫地坎沟槽内的泥沙、杂物。注意：清除出来的泥沙等不可以直接扫进井道

（续）

序号	步骤名称	运行与维护步骤图示	运行与维护说明
4	层门导轨的清洁	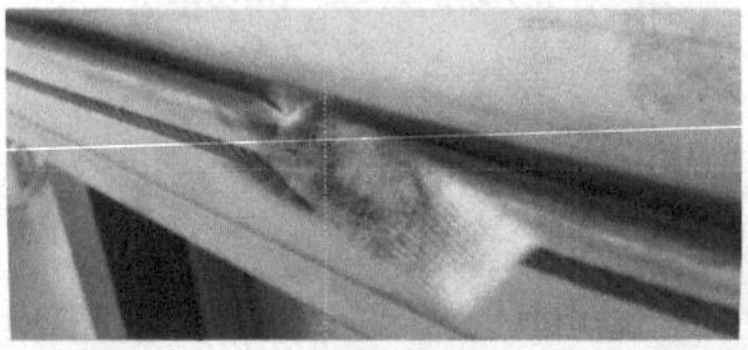	用螺钉旋具、毛刷清除导轨上的油泥。注意：清除出来的油泥等不可以直接扫进井道
5	门锁触点的清洁	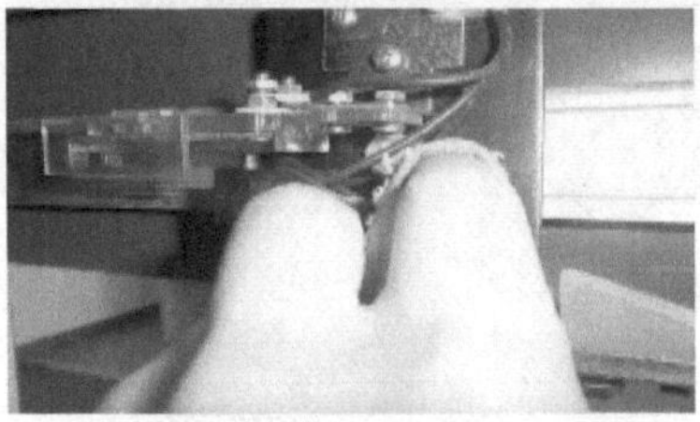	用棉纱布清除门锁触点上的灰尘、油污等。如果门锁触点腐蚀氧化严重，则需要更换门锁触点
6	轿顶反绳轮、钢丝绳的清洁和润滑		用棉纱布清除反绳轮罩上的灰尘、油污。用钢丝刷清除钢丝绳上的油泥。检查钢丝绳的润滑是否足够，有无损坏
7	轿顶护栏的清洁	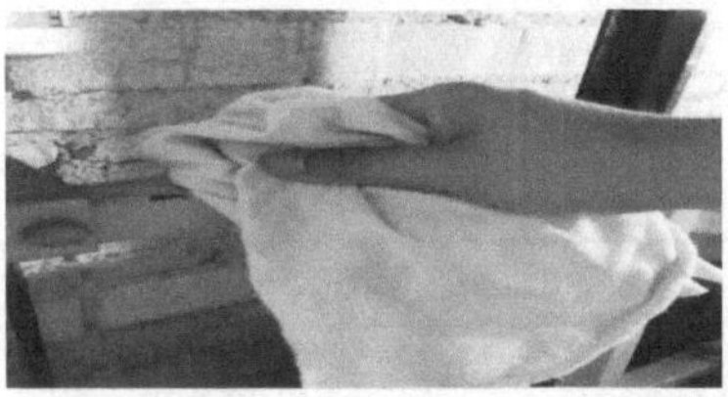	用棉纱布清除轿顶护栏上的灰尘、油污等
8	导轨的清洁和润滑		用毛刷轻轻清除导轨表面的颗粒物。注意检查导轨的润滑情况，若油杯中的润滑油减少，应及时添加润滑油

经验寄语：精细的保养会延长电梯的使用寿命，尤其是门锁触点粘上灰尘或者异物会造成电梯故障，按要求进行保养会减少电梯故障的发生。

（三）召唤按钮的检查与更换

召唤按钮的检查与更换见表1-23。

表 1-23　召唤按钮的检查与更换

序号	步骤名称	运行与维护步骤图示	运行与维护说明
1	召唤按钮的检查	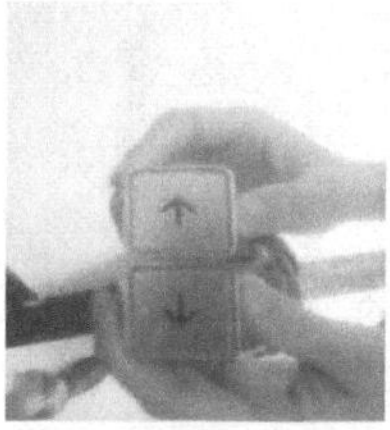 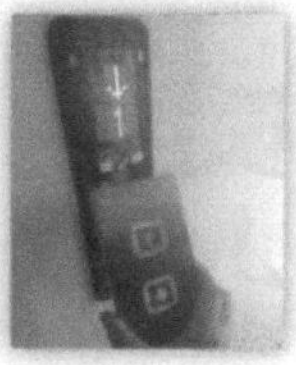	检查各楼层召唤按钮功能是否正常，检查各楼层显示功能是否正常。如果有按钮损坏须及时更换
2	更换召唤按钮	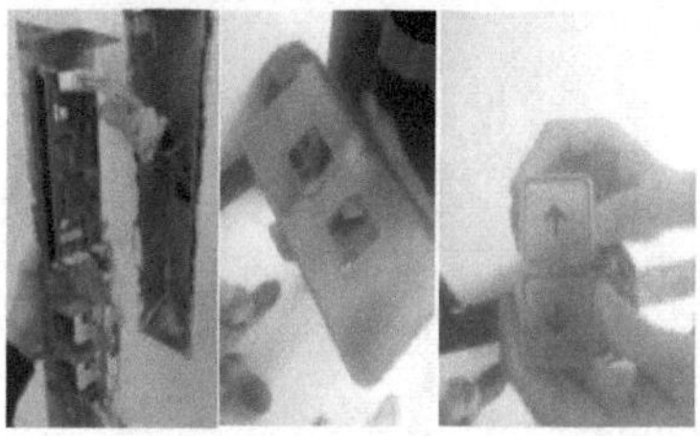	用螺钉旋具拆下按钮面板；从面板上拆下已失效的按钮，注意保护好按钮插接件。按钮更换后，要检查按钮是否有效
3	恢复工位	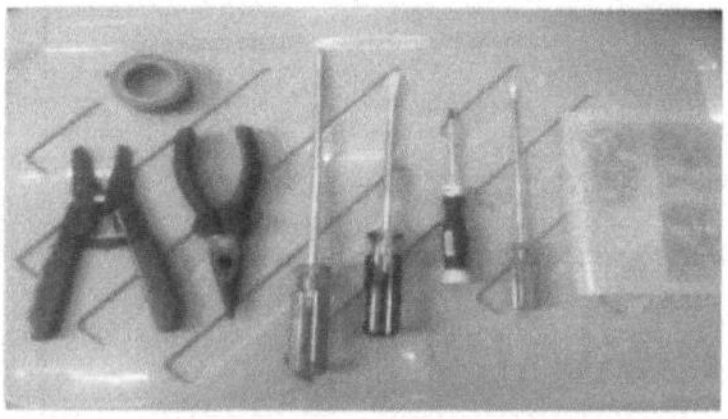	收拾好工位物品，恢复电梯正常运行

经验寄语：层门按钮故障多是因为受潮引起的，因此应待建筑面彻底干燥后再安装层门按钮。

（四）层门装置的检查与调整

层门装置的检查与调整见表 1-24。

表 1-24　层门装置的检查与调整

序号	步骤名称	运行与维护步骤图示	运行与维护说明
1	门扇与门框间隙的检查与调整	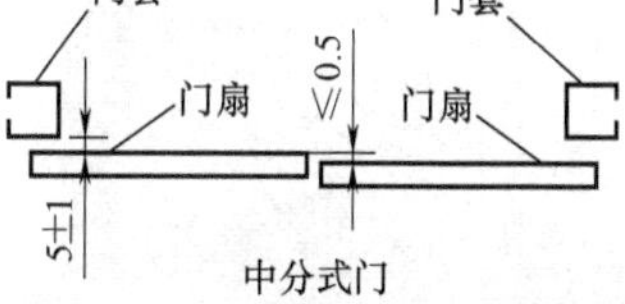 	层门与门框之间的间隙为 1～6mm，门扇对口处的平面度≤0.5mm；如果层门与门框间隙过大或过小，则需要松开门挂板和门扇之间的连接螺栓，调整门扇的位置

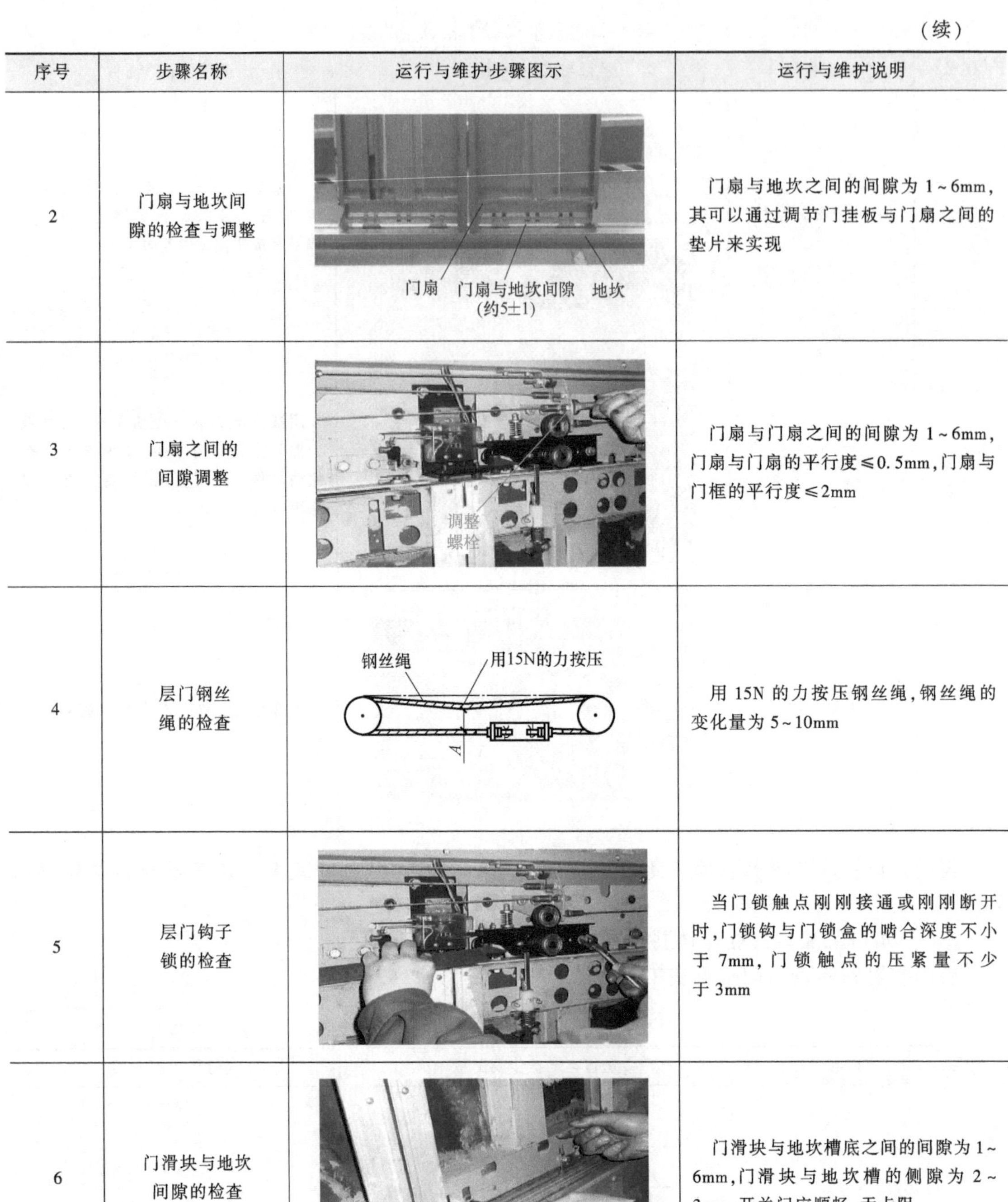

（续）

序号	步骤名称	运行与维护步骤图示	运行与维护说明
2	门扇与地坎间隙的检查与调整	门扇 门扇与地坎间隙（约5±1） 地坎	门扇与地坎之间的间隙为 1～6mm，其可以通过调节门挂板与门扇之间的垫片来实现
3	门扇之间的间隙调整	调整螺栓	门扇与门扇之间的间隙为 1～6mm，门扇与门扇的平行度≤0.5mm，门扇与门框的平行度≤2mm
4	层门钢丝绳的检查	钢丝绳 用15N的力按压 A	用 15N 的力按压钢丝绳，钢丝绳的变化量为 5～10mm
5	层门钩子锁的检查		当门锁触点刚刚接通或刚刚断开时，门锁钩与门锁盒的啮合深度不小于 7mm，门锁触点的压紧量不少于 3mm
6	门滑块与地坎间隙的检查		门滑块与地坎槽底之间的间隙为 1～6mm，门滑块与地坎槽的侧隙为 2～3mm，开关门应顺畅，无卡阻

经验寄语：1）门打开后，若门扇与门框两边不平齐，则可以调节门钢丝绳的连接螺栓。门关闭后，若出现“A”字门或“V”字门，则可以调整门挂板和门扇之间的垫片。

2）为保证层门与地坎的间隙，安装层门时可在其下部垫上 5mm 厚的木块，然后把层门与门挂板连接并预拧紧，最后抽去木块，拧紧层门与挂板的螺栓即可。

（五）层门门滑轮的更换

层门门滑轮的更换见表 1-25。

表 1-25　层门门滑轮的更换

序号	步骤名称	运行与维护步骤图示	运行与维护说明
1	拆下门挂板	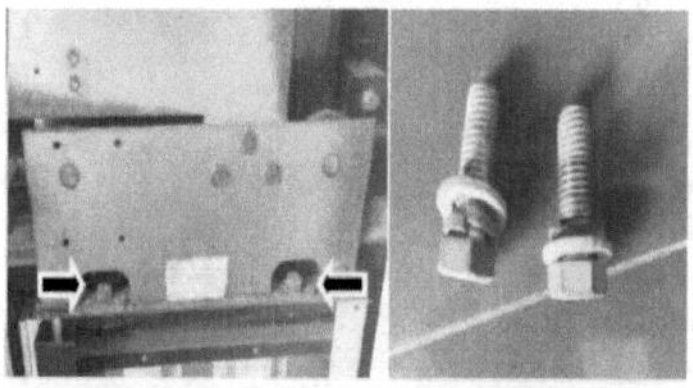	用呆扳手拆下门挂板，将零部件摆放整齐
2	取下门滑轮	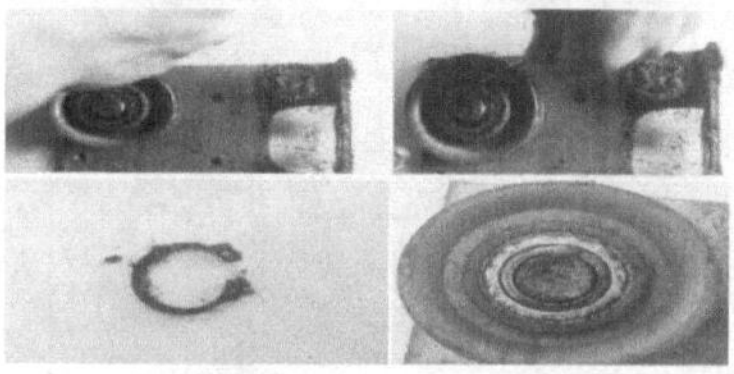	用卡簧钳取出门滑轮卡簧，取下损坏的门滑轮
3	换上新门滑轮	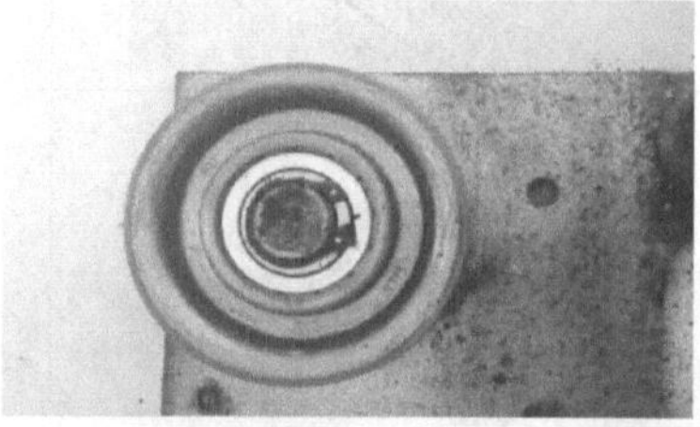	用钢丝刷和棉纱布清除门滑轮底板上的灰尘及油污。换上新的门滑轮，在轴承处涂抹润滑油，然后装回卡簧
4	装回门挂板		安装门挂板、门扇，调整层门
5	电梯复位运行		层门开关灵活，无异响，恢复电梯运行

经验寄语：在更换门滑轮时容易损坏卡簧，因此在做准备工作时需要准备卡簧，以便应急使用。

（六）井道部件的检查

井道部件的检查见表 1-26。

表 1-26　井道部件的检查

序号	步骤名称	运行与维护步骤图示	运行与维护说明
1	护栏标牌的检查		对重安全防护栏固定牢固，无松动迹象，标识清晰可见

（续）

序号	步骤名称	运行与维护步骤图示	运行与维护说明
2	轿顶检修灯的检查		轿顶检修箱标识清晰，检修灯完好无损。对轿顶电气箱和轿顶检修盒进行清洁
3	曳引钢丝绳的检查		将电梯开至中间层，用拉力计对钢丝绳张力进行检查，与平均值的偏差不超过5% 检查钢丝绳是否有生锈、断丝、断股等现象
4	终端保护开关的检查		电梯检修上行或下行，人为动作上限位、上极限开关或下限位、下极限开关，电梯应可靠停止

经验寄语：设在井道上下两端的极限位置保护开关，其应在轿厢或对重接触缓冲器前起作用，并在缓冲器被压缩期间保持其动作状态。

（七）导轨的检查与调整

导轨的检查与调整见表1-27。

表1-27 导轨的检查与调整

序号	步骤名称	运行与维护步骤图示	运行与维护说明
1	导轨距的测量		轿厢导轨顶面间距偏差为0~+2mm，对重导轨顶面间距偏差为0~+3mm
2	导轨垂直度的检查		轿厢导轨对5m铅垂线的偏差不超过0.6mm，对重导轨对5m铅垂线的偏差不超过1.0mm
3	导轨压码的检查		检查各导轨压码是否有松动现象，若有松动用力矩扳手进行紧固

（续）

序号	步骤名称	运行与维护步骤图示	运行与维护说明
4	导轨距的调整		可通过增减导轨与导轨支架之间的垫片来调整导轨距

经验寄语：导轨安装的好坏直接影响到乘用电梯的舒适感，且容易给乘客造成恐慌的情绪，影响品牌名誉。

三、电梯井道设备维护保养实施记录表

实施记录表是对修理过程的记录，保证维护保养任务按工序正确执行，对维护的质量进行判断，完成附表7电梯井道设备维护保养实施记录表的填写。

2.4　工作验收、评价与反馈

一、工作验收表

维护保养工作结束后，电梯维护保养工确认是否所有部件和功能都正常。维护站应会同客户对电梯进行检查，确认电梯维护保养工作已全部完成，并达到客户的修理要求。完成附表1电梯井道设备运行与维护工作验收表。

二、自检与互检

完成附表2电梯井道设备维护的自检、互检记录表。

三、小组总结报告

同学们以小组形式，通过演示文稿、展板、海报、录像等形式，向全班展示、汇报学习成果，完成附表3小组总结报告。

四、小组评价

各小组可以通过各种形式，对整个任务完成情况的工作总结进行展示，以组为单位进行评价，完成附表4小组评价表。

五、填写评价表

维护保养工作结束后，维护人员完成附表5总评表，并对本次维护保养工作打分。

2.5　知识拓展——故障实例

故障实例1：某写字楼一台MAX-1000-CO1.5的电梯，到基站后不能开门。

故障分析：

1）开关回路熔丝烧断。

2）开门限位开关触点接触不良或损坏。

3）开门继电器损坏或其控制回路故障。

4）门机皮带松脱或断裂。

排除方法：

1）更换熔丝。

2）更换限位开关。

3）更换开门继电器或检查其控制回路。

4）调整或更换门机皮带。

故障实例2：某小区一台TKJ 1000/1.6-JX12层12站的电梯，电梯在运行时轿厢有异常或噪声。小区用户对电梯安全感到担忧。

故障分析：

1）导轨润滑不良。

2）导向轮或反绳轮与轴套润滑不良。

3）感应器与隔磁板碰撞。

4）导靴靴衬磨损严重。

5）制动器间隙过大或过小。

排除方法：

1）清洗导轨并加油。

2）清洗更换润滑油脂。

3）调整感应器与隔磁板的位置。

4）更换靴衬。

5）调整制动器间隙。

2.6 思考与练习

一、判断题

1. 钢丝绳使用时间长了会出现锈蚀，所以应每周在表面添加润滑油。（ ）

2. 几根曳引钢丝绳在曳引轮绳槽中滑移只与钢丝绳表面润滑过多有关，与几根钢丝绳在轮槽中的高度是否一致无关。（ ）

3. 门扇具有一定的机械强度，能抵抗手推车之类的冲撞而不会变形。（ ）

4. 为了维护保养好曳引钢丝绳不生锈，可在钢丝绳表面涂上稀释的防锈油。（ ）

5. 安装层门地坎前，先按轿厢开门宽度在每根地坎上做相应的标记，用于校正安装时的左右偏差。（ ）

二、选择题

1. 轿厢不在本层，打开的层门应（ ）。

A. 必须用手关闭　　B. 能自动关闭

C. 必须把轿厢开到本层才能关闭　　D. 必须使用三角钥匙关闭

2. GB 7588—2003要求，客梯层门门扇与门框或门扇之间的间隙不得大于（ ）mm。

A. 6　　B. 8　　C. 10　　D. 30

3. 在层门锁紧元件啮合不少于（ ）mm时，电气触点才能接通。

A. 9　　B. 5　　C. 3　　D. 7

4. 产生和维持层门门锁锁紧动作的力不能由（ ）提供。

A. 电磁　　B. 重力　　C. 永久磁铁　　D. 弹簧

5. 电梯使用补偿绳装置必须符合（ ）。

A. 使用张紧轮　　B. 用重力保持补偿绳的张紧状态

C. 电梯最大提升高度超过30m

D. 用一个电气安全装置来检查补偿绳的最小张紧位置

三、填空题

1. 电梯，服务于建筑物内若干特定的楼层，其轿厢运行在至少两列垂直于________或与铅垂线倾斜角小于________的刚性导轨运动的永久运输设备。

2. 电梯按速度分类主要分为________、________、________、________。

3. 当电梯行程高度小于或等于 30m 时，井道水平尺寸（最小净空尺寸）允许偏差为______；当电梯行程高度小于或等于 60m 时，井道水平尺寸（最小净空尺寸）允许偏差为________；当电梯行程高度小于或等于 90m 时，井道水平尺寸（最小净空尺寸）允许偏差为________。

四、简答题

1. 电梯导轨有什么作用？按导轨截面形状分类，有哪些类型的导轨？

2. 如何对上下终端极限开关进行检查？

任务3 轿厢和对重的运行与维护

【必学必会】

通过本部分课程的学习，你将学习到：

1. 知识点

1）掌握电梯轿厢、对重、门机、门保护装置的结构、组成和各部件的功能。

2）掌握轿厢、对重、导靴拆卸、清洁、润滑、更换与调整的方法。

2. 技能点

1）会根据项目内容及维修资料制定维护保养计划和方案。

2）能够按公司流程领取所需物料及台账记录。

3）会实施轿厢、对重、门机、导靴拆卸、清洁、润滑、更换与调整的操作。

4）能正确填写相关技术文件，完成轿厢和对重的维护和保养。

【任务分析】

1. 重点

1）会实施轿厢、对重、门机、导靴拆卸、清洁、润滑、更换与调整的操作。

2）会撰写维修保养工作总结，填写维修保养单。

3）能正确填写相关技术文件，完成轿厢和对重的维护和保养。

2. 难点

1）能展开组织讨论，具备新技术的学习能力。

2）能够根据工作需求合理调配人员。

3）能够两人配合完成轿厢和对重的维护和保养工作。

3.1 研习轿厢和对重的结构与布置

一、电梯轿厢的基本结构组成及作用

轿厢是载运乘客的部件，为保证轿厢安全、可靠地沿井道上下运动，需要导靴、安全钳、缓冲器等部件。曳引钢丝绳为轿厢的运动提供动力，为了减小曳引钢丝绳的拉力，需要对重平衡轿厢和乘客的重量。电梯轿厢与对重在井道中的位置如图 1-78 所示。

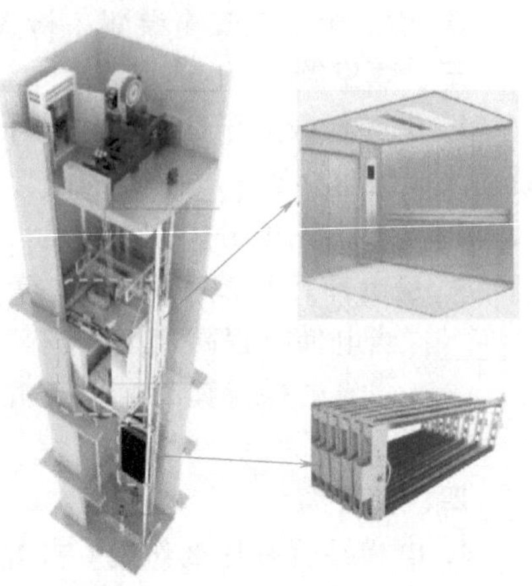
图 1-78 电梯轿厢与对重在井道中的位置

轿厢是电梯中载运乘客或货物的金属结构体。不同用途的轿厢，在结构形式、尺寸、内部装饰灯方面都有不同，轿厢的类型如图 1-79 所示。但轿厢的基本结构相同，都是由轿厢架、轿顶、轿底、轿壁、轿门等部件构成的。为了乘客的安全和舒适，其内部净高至少为 2m。轿厢的结构如图 1-80 所示。

（一）轿厢架

轿厢架（轿架）是固定轿厢的框架，也是承受电梯轿厢重量的构件。它是轿厢的骨架，因此不仅对轿厢架钢材的强度要求高，而且对构架的结构等要求也很高，其牢固性要好，要保证电梯运行过程中，万一产生超速而导致安全钳夹住导轨制停轿厢或轿厢下坠与底坑内缓冲器相撞时，不致发生损坏情况。轿厢架总装图如图 1-81 所示。

轿厢架由上梁、立柱、下梁等构成，各个部分之间采用焊接或螺栓紧固连接，一般上梁和下梁各用两根 16~30 号槽钢制成，立柱用槽钢或者角钢制成。上梁和下梁的四角有供安装导靴和安全钳用的平板，立柱侧有供安装限位开关打板的支架。上梁组件和下梁组件如图 1-82 所示。

a) 客梯轿厢

b) 货梯轿厢

c) 观光电梯轿厢

d) 别墅电梯轿厢

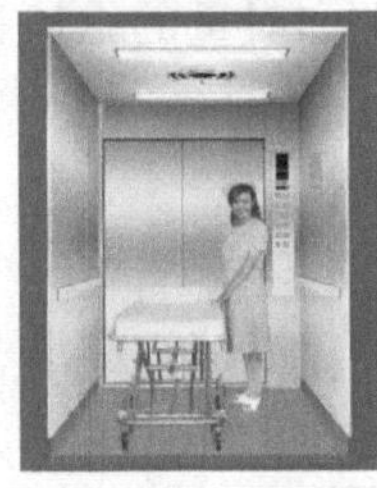
e) 病床电梯轿厢

f) 汽车电梯轿厢

图 1-79 轿厢的类型

图 1-80 轿厢的结构

上梁、下梁有时也会采用钢板（厚度一般为 3~8mm）折弯成形代替槽钢。其优点是重量轻、成本低、制作效率高。其中上、下梁有两种不同的结构形式：一种是将槽钢做背靠背形式放置；另一种是将槽钢做面对面形式放置。轿厢架的结构可分为对边形（见图 1-83a）和对角形（见图 1-83b）两种，对边形轿厢架适用于一边设置轿门的电梯，受力情况较好；对角形轿厢架适用于相邻两边设置轿门的电梯，但受力的条件较差。

图 1-81 轿厢架总装图

（二）轿厢体

一般电梯的轿厢体是由轿壁、轿顶、轿底、轿门等构成一个封闭的空间。轿厢的承载构件是轿底，轿底安装在轿厢架下梁的底框架之上，如图 1-84 所示。

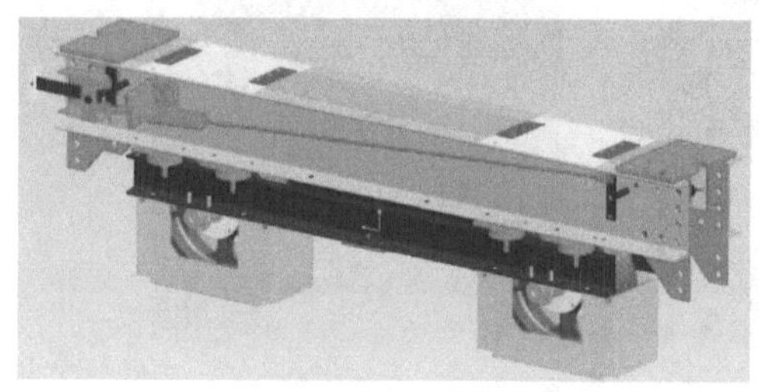

a) 上梁组件

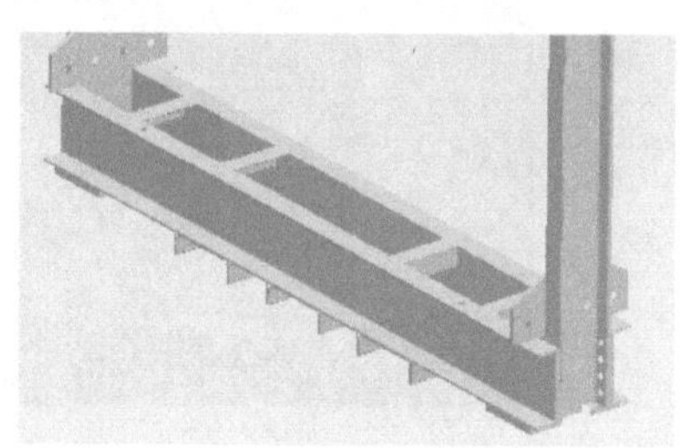

b) 下梁组件

图 1-82 上梁组件和下梁组件

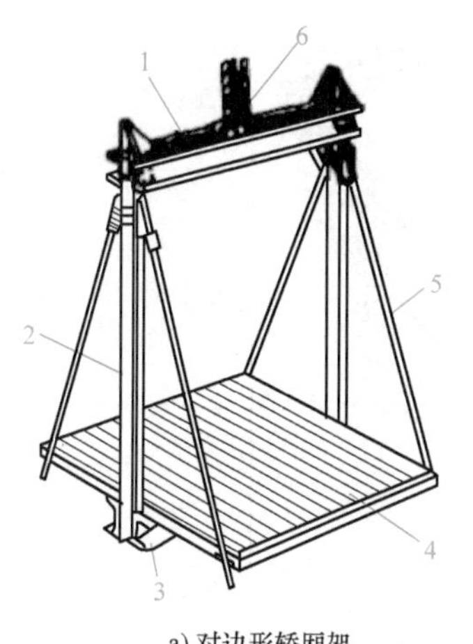

a) 对边形轿厢架

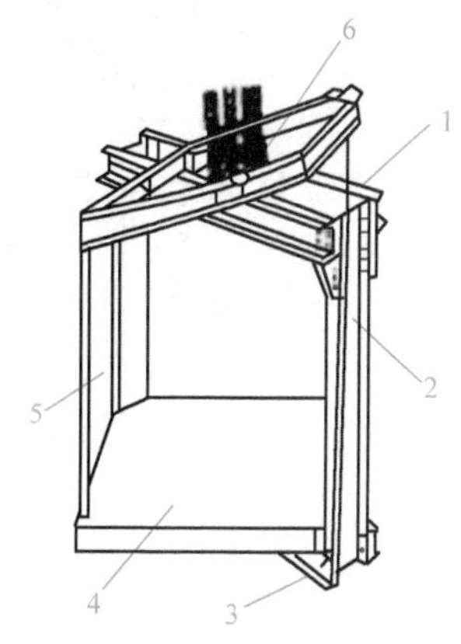

b) 对角形轿厢架

图 1-83 轿厢架结构

1—上梁 2—立柱 3—下梁 4—轿厢地板 5—斜拉杆 6—绳头组合

轿厢体的其他部分依次安装在轿底上，并用四根拉杆平衡负荷。轿底承受全部载重，轿壁和轿顶则起保护轿内乘客或货物的作用。轿厢体由不易燃和不产生有害气体和烟雾的材料制成。为了乘客的安全和舒适，要求轿厢入口和内部的净高度不得小于 2m。

1. 轿底

轿底（轿厢底）是轿厢支撑负载的组件，它包括地板、框架等构件，框架由规定型号及尺寸的槽钢和角钢焊接而成，一般将 2~3 个框架拼装起来构成轿底框架，在轿底框架上再铺焊地板。对于普通乘客电梯，在轿底框架上常铺一层无纹钢板后再铺一层塑料地板或大理石，形式多种多样，如图 1-85 所示。对于高级客梯，在轿底框架上铺设一层木板，然后在木板上铺放一块地毯。

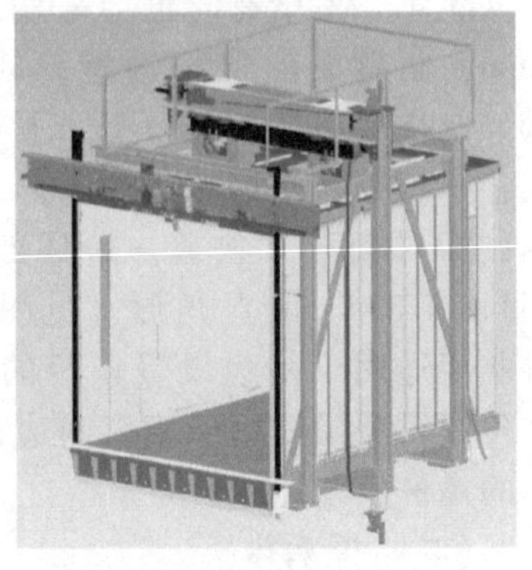
图 1-84　轿厢体与轿厢架

轿底的前沿应设有轿门地坎及护脚板（挡板），如图 1-86 所示，以防乘客在层站将脚插入轿厢底部造成挤压，甚至坠入井道。按国标规定：轿门地坎上均需装设护脚板，其宽度应等于相应层站入口的整个净宽度。护脚板的垂直部分以下应呈斜面向下延伸，斜面与水平面的夹角应大于 60°，该斜面在水平面上的投影深度不得小于 20mm；护脚板垂直部分的高度不应小于 750mm。

图 1-85　普通乘客电梯轿底

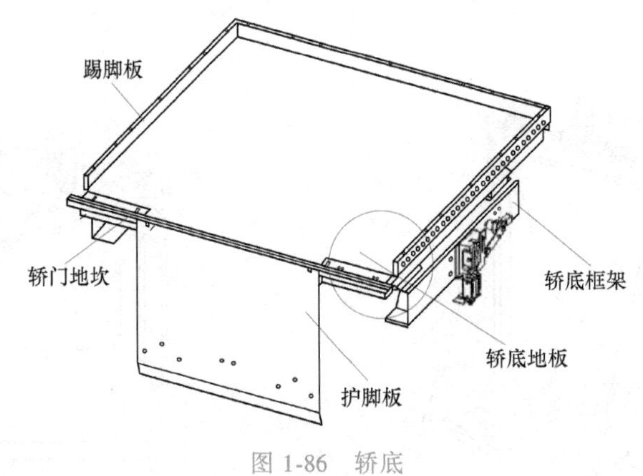

图 1-86　轿底

小知识：客梯轿底（见图 1-87）

客梯的轿厢大多设计成活络轿厢，这种轿厢的轿顶、轿底与轿架之间不用螺栓固定，在轿顶上通过四个滚轮限制轿厢在水平方向上做前后和左右摆动。而轿底的结构比较复杂，需有一个用槽钢和角钢焊接成的轿底框，这个轿底框通过螺栓与立柱连接，在轿底框的四个角各设置一块厚度为 40～50mm、大小约为 80mm×200mm 的弹性橡胶。客梯轿底和一般轿底结构相似，将与轿顶和轿壁紧固成一体的活动轿底放置在轿底框的四块弹性橡胶上。由于这四块弹性橡胶的作用，轿厢能随载荷的变化而上下移动。若在轿底再装设一套机械和电气的检测装置，就可以检测电梯的载荷情况。若把载荷情况转变为电信号送到电气控制系统，就可以避免电梯在超载的情况下运行，减少事故的发生。

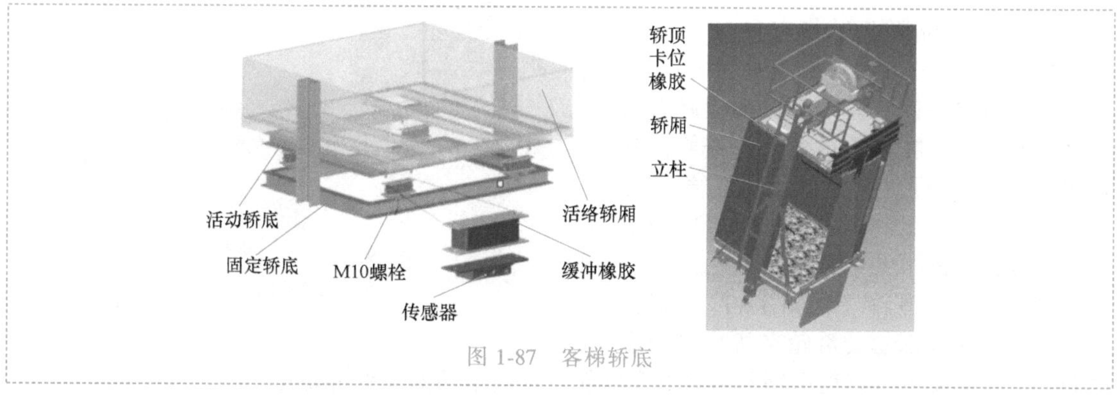

图 1-87　客梯轿底

2. 轿壁

轿壁（轿厢壁）多采用厚度为 1.2~1.5mm 的由金属薄板制成槽钢形式，壁板的两头分别焊一根加强肋做堵头。轿壁间以及轿壁与轿顶、轿底间多采用螺钉紧固成一体。壁板长度与电梯的类型及轿壁的结构形式有关，宽度一般不大于 1000mm。为了提高轿厢壁板的机械强度，减少电梯在运行过程中的噪声，在壁板的背面点焊用薄板压成的加强肋，如图 1-88 所示。

图 1-88　轿厢壁板

观光电梯的轿壁可使用厚度不小于 10mm 的夹层玻璃制作。在距轿厢地板 1.1m 高度以下，若使用玻璃做轿壁，则应在 0.9~1.1m 的高度设一个扶手，这个扶手应牢固可靠，如图 1-89 所示。

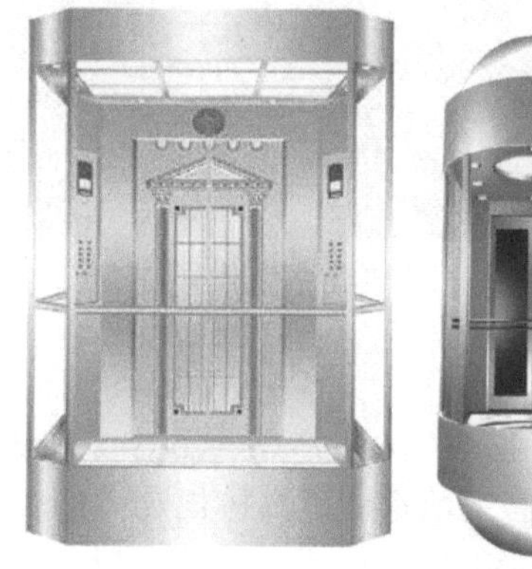

图 1-89　观光电梯的轿壁和扶手

小知识：

轿壁应具有足够的机械强度，国标规定：用 300N 的力，均匀分布在 $5cm^2$ 的圆形或方形面积上，沿轿厢内向轿厢外方向垂直作用于轿壁的任何位置上，轿壁应无永久变形，且弹性变形不大于 15mm。

3. 轿顶

除观光电梯外，一般电梯轿顶的结构与轿壁相仿，用薄钢板制成。轿顶上装有照明灯、轿顶检修装置、轿顶反绳轮、轿顶护栏等。有的电梯轿顶上还装有恒流风扇或空调。

（1）轿顶检修装置　为保证检修人员进行检修运行，在轿顶设置有检修箱，其内包含检修/运行（自动）开关、急停开关、门机开关、照明开关和供检修用的电源插座等，如图 1-90 所示。

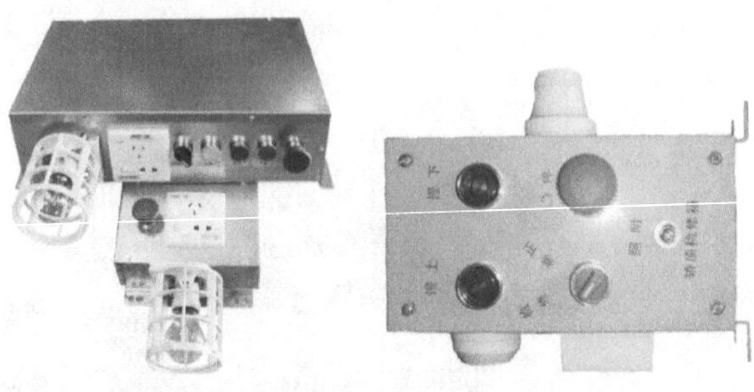

图 1-90　轿顶检修装置

（2）轿顶反绳轮（见图 1-91）　其包括设置在轿厢顶部的动滑轮和机房里的定滑轮，根据需要可以将曳引钢丝绳绕过反绳轮，构成不同的曳引传动比。

（3）轿顶护栏　轿顶护栏是为防止维修人员不慎坠落井道而设置的，如图 1-92 所示。

图 1-91　轿顶反绳轮

图 1-92　轿顶护栏

小知识：轿厢面积

轿厢的有效面积指轿厢壁板内侧实际面积，GB 7588—2003《电梯制造与安装安全规范》对轿厢的有效面积与额定载重量、乘客人数都做了具体规定，见表 1-28。

表 1-28　乘客人数与最小有效面积

乘客人数	轿厢最小有效面积/m²	乘客人数	轿厢最小有效面积/m²	乘客人数	轿厢最小有效面积/m²	乘客人数	轿厢最小有效面积/m²
1	0.28	6	1.17	11	1.87	16	2.57
2	0.49	7	1.31	12	2.01	17	2.71
3	0.60	8	1.45	13	2.15	18	2.85
4	0.79	9	1.59	14	2.29	19	2.99
5	0.98	10	1.73	15	2.43	20	3.13

注：超过 20 位乘客时，每超出一位增加 0.115m^2 的面积。

小知识：电梯轿厢承载乘客数量的计算

根据 GB 7588—2003 的“8.2.3 乘客数量”可知，轿厢载客人数按每人 75kg 计算。由此可知，电梯载客人数 n 为

$$n=\frac{Q}{75\text{kg}}$$

式中 n——载客人数，计算结果向下圆整到最近的整数；

Q——轿厢额定载荷（kg）。

【例 1-1】 一乘客电梯，其额定载荷为 800kg，求其载客人数是多少人？

解：

$$n=\frac{Q}{75\text{kg}}=\frac{800}{75}=10.7=[10] \text{ 人}$$

4. 轿门

轿门也称轿厢门，是为了确保安全，在轿厢靠近层门的侧面，设置供司机、乘用人员和货物出入的门。

轿门按结构形式分为封闭式轿门和网孔式轿门两种，如图 1-93 所示。按开门方向分为左开门、右开门和中分开门三种。医梯和客梯的轿门均采用封闭式轿门。货梯的轿门可以是网状的或带孔的形式。网状孔或板孔的尺寸在水平方向不得大于 10mm，垂直方向不得大于 60mm。

a) 封闭式轿门

b) 网孔式轿门

图 1-93 封闭式轿门和网孔式轿门

封闭式轿门的结构形式与轿壁相似。由于轿门常处于频繁的开、关过程中，所以在客梯和医梯轿门的背面常做消声处理，以减少开关门过程中由于振动所引起的噪声。大多数电梯的轿门背面除做消声处理外，还装有防夹的装置，这种装置在关门过程中，能防止门扇撞击乘客。常用的防夹装置有安全触板、红外线光幕等，如图 1-94 所示。

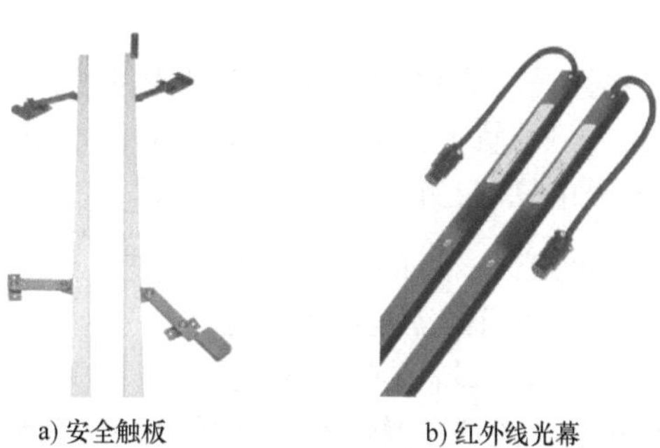

a) 安全触板　　b) 红外线光幕

图 1-94 防夹装置

(1) 安全触板　在自动轿门的边沿上，装有在轿门关闭运行方向上超前伸出一定距离的活动的安全触板，当超前伸出轿门的安全触板与乘客或障碍物接触时，通过与安全触板相连的连杆机

构使装在轿门上的微动开关动作，立即切断电梯的关门电路并接通开门电路，使轿门立即开启。安全碰撞力应不大于 5N。安全触板防夹装置如图 1-95 所示。

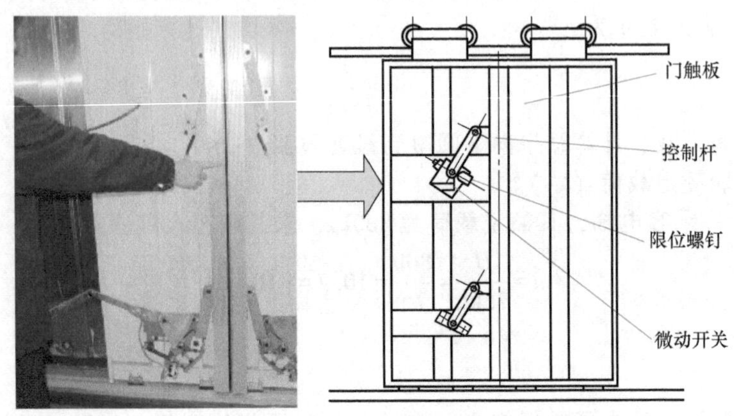

图 1-95　安全触板防夹装置

（2）红外线光幕（见图 1-96）　在轿门门口处两侧对应安装红外线发射装置和接收装置。发射装置在整个轿门水平发射 40~90 道或更多道红外线，在轿门门口处形成一个光幕门。当人或物将光线遮住时，门便自动打开。该装置灵敏、可靠，控制范围大，是较理想的防夹装置。但它也会受强光干扰或尘埃附着的影响产生不灵敏或误动作。因此，其经常与安全触板组合使用。

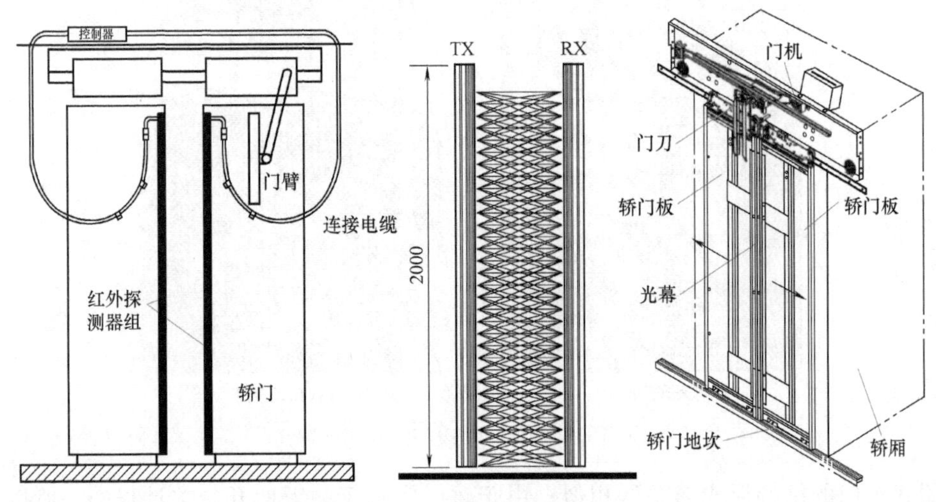

图 1-96　红外线光幕

封闭式轿门与轿厢及轿门地坎的连接方式是：轿门上方设置有吊门滚轮，通过吊门滚轮挂在轿门导轨上，轿门下方装设有门滑块，门滑块的一端插入轿门地坎的沟槽内，使门在开、关过程中只能在预定的垂直面上运行。

小知识：轿门的维修保养工艺

1. 轿门的安全技术检查

1）要求轿门应平整立直，开、关轻便灵活，无跳动、摆动和噪声，门滑轮的滚动轴承和其他摩擦部位及所有运动部分都应润滑，每周加油一次。

2）轿门若是用薄钢板制成，内外表面都应喷漆保护，遇漆剥落时，则应补漆防锈。

3）轿门的电气控制回路应灵敏可靠，只有在电梯门锁锁紧，电气触点完全闭合接通的情况下才能运行，反之电梯则应无法起动运行。

4）安全触板反应灵敏，安全可靠。

2. 轿门的维护保养和调整

1）轿门地坎的水平度不应超过1/1000。

2）轿门导轨的地坎槽在导轨两端和中间三处间距的偏差均不应超过±1mm，即导轨与地坎槽应尽可能保持平行。

3）轿门导轨不能扭斜，其铅垂度不应超过0.5mm。

4）轿门门扇的门滑块插入地坎槽后，其与地坎门在高度方向上的间隙应为5mm±1mm。

5）调整滚轮架上的偏心挡轮与导轨下端面间的间隙不应大于0.5mm，使门扇在运行时平稳，无跳动现象。

6）轿门的门扇与轿厢前壁、门扇与门扇之间的间隙均应不超过6mm。

7）中分式门的门扇相互平行，门缝的尺寸在整个可见高度上均不应大于2mm。

8）折叠式门扇的快门与慢门之间的重叠部位为20mm。

9）开门刀与各层门地坎之间的间隙为5~8mm，门联锁滚轮与轿厢地坎之间的间隙均应为5~8mm。

10）轿门是电梯的安全保护装置，防止人员坠入井道或与井道相撞受伤，造成事故，它是维修保养工作一个较重要的组成部分，应予以重视。

（三）开关门机构

电梯开关门系统的好坏直接影响电梯的运行可靠性。开关门系统是电梯故障的高发区，提高开关门系统的质量是电梯从业人员的重要目标之一。通过广大从业人员的努力，电梯开关门系统的质量已有明显提高。近年来，常见的自动开关门机构有直流调压调速驱动及连杆传动、交流调频调速驱动及同步带传动和永磁同步电动机驱动及同步带传动等三种形式。

1）直流调压调速驱动及连杆传动开关门机构（见图1-97）。在我国这种开关门机构从20世纪60年代末至今仍广泛采用，按开门方式又分有中分式和双折式两种。由于直流电动机具有调压调速性能好、换向简单方便等特点，一般通过减速带轮及连杆机构传动实现自动开关门。

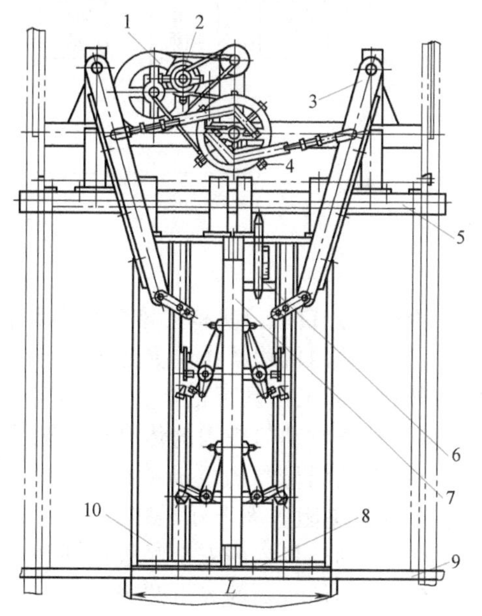

图1-97　直流调压调速驱动及连杆传动开关门机构

1—减速带轮　2—开关门电动机　3—拨杆　4—开关门调速开关　5—门导轨　6—门刀　7—安全触板　8—门滑块　9—轿门踏板　10—轿门

2）交流调频调速驱动及同步带传动开关门机构。这种开关门机构利用交流调频调压调速技术对交流电动机进行调速，利用同步带进行直接传动，省去了复杂笨重的连杆机构，降低了开关门机构的功率，提高了开关门精度和运行可靠性等。它是一种比较先进的开关门机构，其外形结构如图1-98所示。

3）永磁同步电动机驱动及同步带传动开关门机构。这种开关门机构使用永磁同步电动机直接驱动开关门机构，同时使用同步带直接传动，不但保

图 1-98 交流调频调速驱动及同步带传动开关门机构外形结构示意图

1—轿门地坎 2—轿门滑块 3—轿门门扇 4—门刀 5—门轮 6—门导轨 7—同步带 8—光电测速装置 9—门机控制箱 10—门电动机 11—门位置开关

留了变频同步开关门机构的低功率、高效率的特点，而且大幅度减小了开关门机构的体积。它特别适用于无机房电梯的小型化要求。

开关门机构的工作原理如图 1-99 所示。

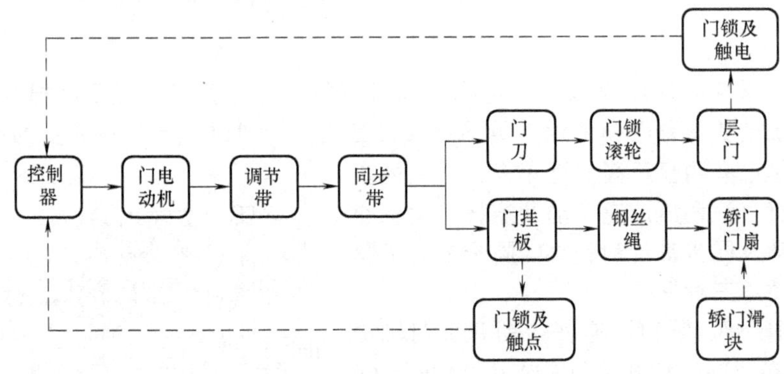

图 1-99 开关门机构的工作原理

小知识：自动门机构的维修保养和调整

1）自动门机构动作应灵活可靠，各传动部件在每次保养时均应检查，并加油润滑，了解各转动轴承工作是否正常。带轮是否有裂痕，各线缆是否有断线及端子脱落的情况。

2）检查自动门机构的传动带情况，是否有磨损、裂纹，张力是否过大或过小。

3）自动门机构的电动机，在工作时轴承处是否有异响，其绕组与接线端子接触应可靠，其绝缘电阻应大于 0.5MΩ。

4）自动门机构的安全触板微动开关应保持良好的工作状态，确保其动作正常。

5）自动门机构的光电装置工作应正常，检查发光器、感光器的固定是否牢固，连接线是否完好。

6）自动门机构的门刀工作应正常，且在开启或关闭时无异响，确认门刀能正常工作的尺寸是，当轿门开启时，门刀间隙为（38.5±0.5）mm；当轿门关闭时为（63±1）mm。门刀与门球之间的运转间隙为（9±4）mm，门刀与候梯厅地坎之间的间隙为（8±1）mm。

7）自动门机的关门限位开关、开门限位开关工作应灵活可靠，应确认在门完全关闭或开启位置，轿门限位开关的橡皮和支架设定为微接触状态。

8）自动门机构的关门器（DCL-30开关）应工作正常，检查其橡胶轮、轴是否有异响，接触点是否良好。

（四）导靴

导靴安装在轿厢架和对重架上，每台电梯的轿厢和对重各安装四套导靴，分别安装在上梁两侧和轿厢底部安全钳座下方，对重架四角的对重梁的底部和上部。导靴是确保轿厢和对重沿着导轨上下运行的装置，也是保持轿门地坎、层门地坎、井道壁及操作系统各部件之间的稳定位置关系的装置，其安装位置如图1-100所示。

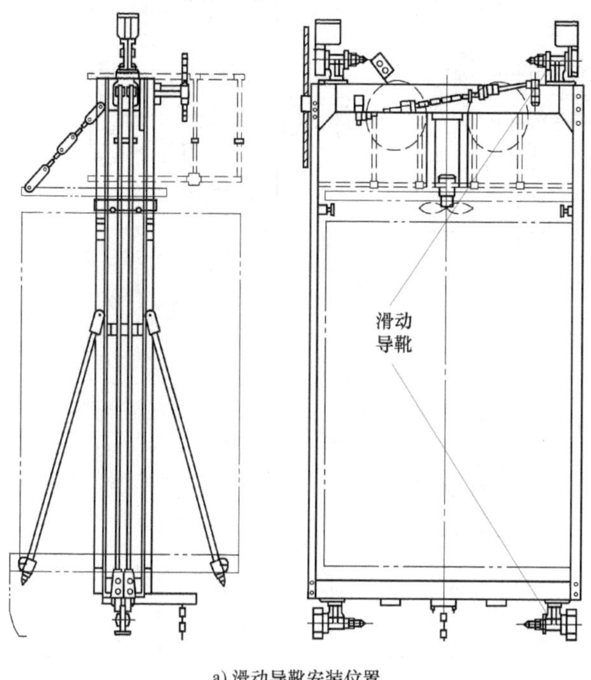

a）滑动导靴安装位置

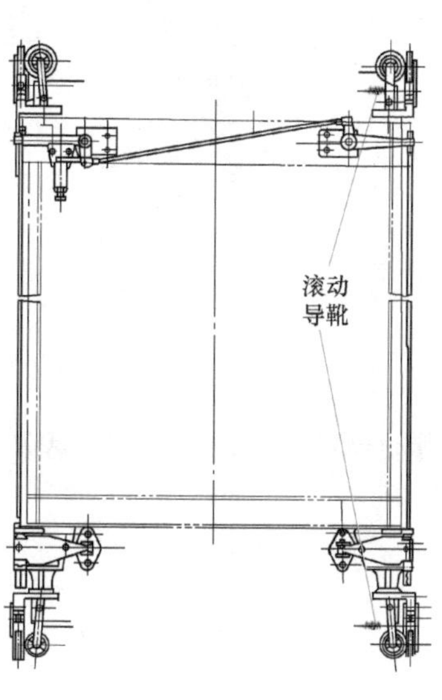

b）滚动导靴安装位置

图1-100　导靴安装位置

电梯产品中常用导靴有滑动导靴和滚动导靴两种。滑动导靴上部有油杯，可以减少靴衬与导轨之间的摩擦力，如图1-101所示。

（1）滑动导靴　滑动导靴有刚性滑动导靴和弹性滑动导靴两种。

滑动导靴应注意解决好润滑问题。刚性滑动导靴的结构比较简单，用于额定载重量在3000kg以上，运行速度$v \leq 0.63m/s$的轿厢和对重导靴。刚性滑动导靴是由铸铁件刨削加工而成，如图1-102a所示。

在实际应用中，还有带尼龙靴衬的刚性导靴，这种导靴常被作为额定载重量在3000kg以下，运行速度$v \leq 0.63m/s$的客梯、医梯、货梯等的对重导靴。带尼龙靴衬的刚性滑动导靴如图1-102b所示。

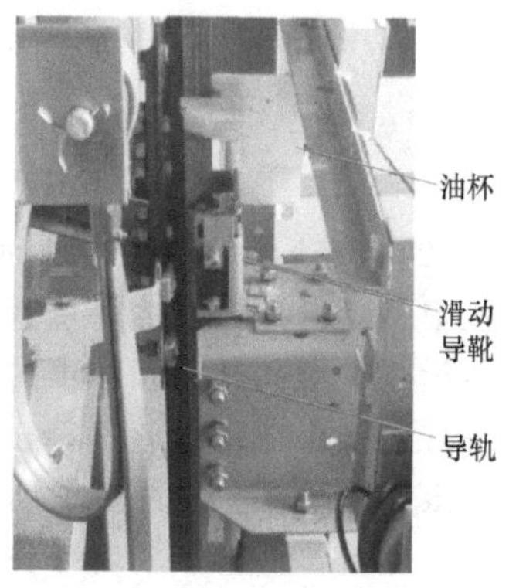

图1-101　滑动导靴与油杯

额定载重量在2000kg以下，$1.0m/s < v < 2.0m/s$的轿厢和

对重导靴，多采用性能比较好的弹性滑动导靴，如图 1-103 所示。

为了提高电梯的乘坐舒适感，减少运行过程的噪声，无尼龙靴衬的刚性导靴与导轨接触面处应有比较高的加工精度，并定期涂抹适量的润滑油。采用弹性滑动导靴的轿厢和对重装置，在导靴上设置导轨加油盒，通过油捻在电梯上、下运行过程中，给导轨工作面涂适量的润滑油脂。

a) 铸铁刚性滑动导靴

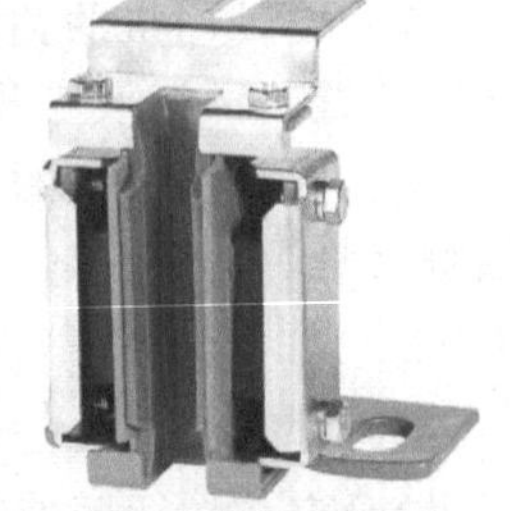
b) 带尼龙靴衬的刚性滑动导靴

图 1-102　刚性滑动导靴

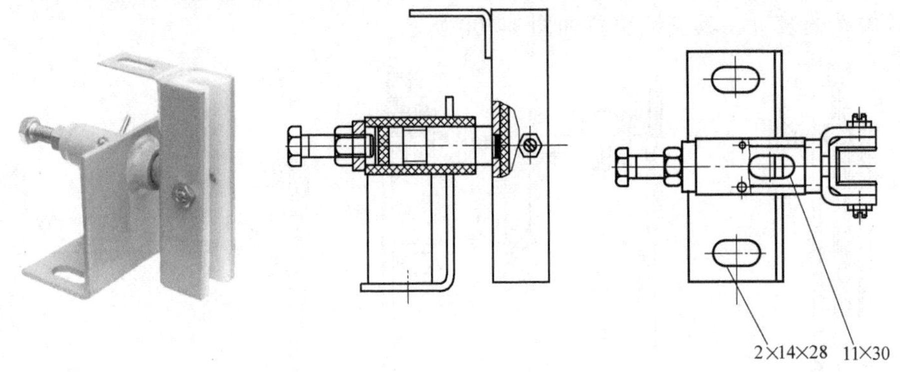

图 1-103　弹性滑动导靴

滑动导靴维修保养工艺流程图如图 1-104 所示。

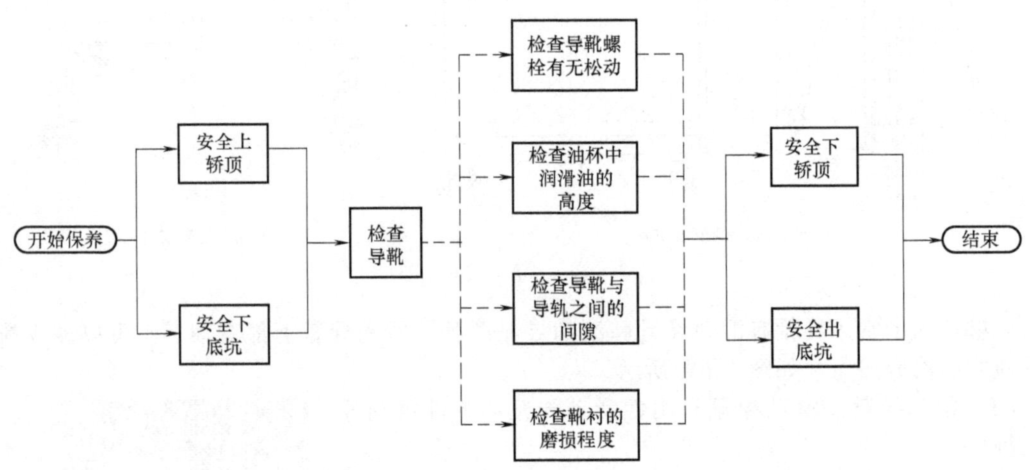

图 1-104　滑动导靴维修保养工艺流程图

（2）滚动导靴　刚性滑动导靴和弹性滑动导靴的材料无论是铸铁还是尼龙，在电梯运行过程中，靴衬与导轨之间总有摩擦力的存在，这个摩擦力不但增加了曳引机的负荷，而且是轿厢运行时引起振动和噪声的原因之一。为减少导轨与导靴之间的摩擦力，节省能量，提高乘坐舒适感，在运行速度 $v>2.5\text{m/s}$ 的高速电梯中，常采用滚动导靴取代弹性滑动导靴。

滚动导靴主要由两个侧面导轮和一个端面导轮构成，如图 1-105 所示，三个滚轮从三个方向卡住导轨，使轿厢沿着导轨上下运行。当轿厢运行时，三个滚轮同时滚动，以保持轿厢在平衡状态下运行。为了延长滚轮的使用寿命，减少滚轮与导轨工作面之间在做滚动摩擦运行

图 1-105 滚动导靴

时所产生的噪声，滚轮外缘一般由橡胶制作，使用中不需要润滑。

滚动导靴维护保养工艺流程如图 1-106 所示。

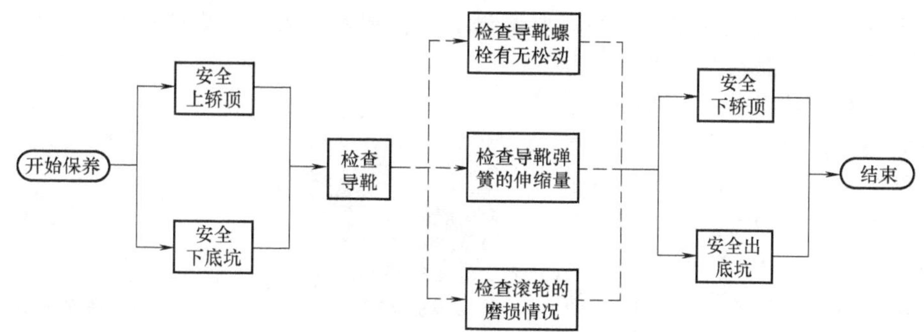

图 1-106 滚动导靴维护保养工艺流程

二、电梯对重的基本结构组成及作用

对重装置位于井道内，通过曳引钢丝绳与轿厢连接。在电梯运行过程中，对重通过对重导靴在对重导轨上滑行，起到平衡作用。当对重与电梯负载匹配时，可起到以下作用：

1）平衡轿厢的重量和部分电梯载重，减少电动机功率消耗。

2）减小曳引轮与钢丝绳之间的摩擦曳引力，延长钢丝绳寿命。

3）当电梯在“冲顶”或“蹲底”时，使电梯失去曳引条件，避免冲击井道顶部和底坑，从而保障电梯安全。

对重装置主要由对重块和对重架组成，如图 1-107 所示。对重装置分为无对重轮式和有对重轮式两种。其中，无对重轮式常用于曳引比为 1∶1 的电梯，有对重轮（反绳轮）式常用于曳引比为 2∶1、4∶1 的电梯。

1. 对重架

对重架是用槽钢或 3~5mm 厚的钢板折压成槽钢形后和钢板焊接而成的。由于使用场合不同，对重架的结构形式也略有不同。根据不同的曳引方式，对重架可分为用于 2∶1 曳引驱动系统的有轮对重架和用于 1∶1 曳引驱动系统的无轮对重架两种，如图 1-108 所示。

当电梯的额定载重量不同时，对重架的槽钢和钢板的规格也不相同。用不同规格的槽钢做对重架时，必须用与槽钢槽口尺寸相对应的

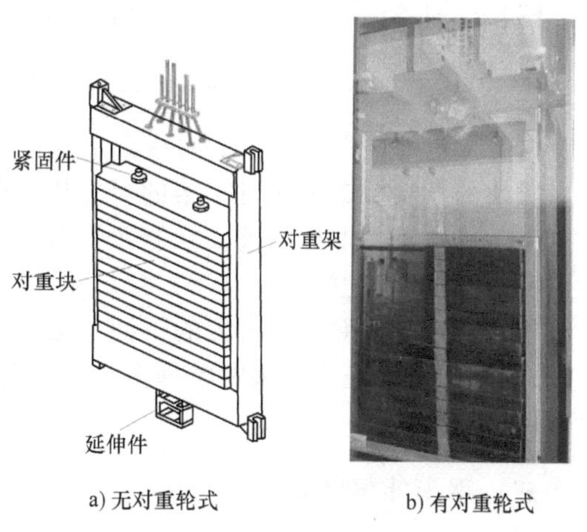

a) 无对重轮式　b) 有对重轮式

图 1-107 对重装置

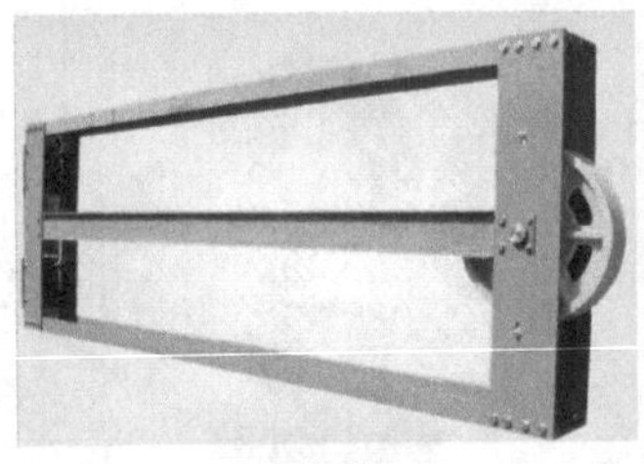
a) 有轮对重架

b) 无轮对重架

图 1-108 对重架

对重块。

2. 对重块

20世纪末电梯对重块多采用铁质材料灌制而成，近些年来，为降低成本，多数电梯厂家开始采用水泥沙石浇灌制作对重块。为避免对重块在搬运过程中发生断裂，需先制作钢体结构，然后再将水泥沙石浇灌注钢体结构中。对重块的大小以便于安装或维修人员搬动为宜。一般每块质量在20~75kg，如图1-109所示。在安装时，对重块放入对重架后应用压板压紧，以防止电梯运行过程中对重块晃动而产生噪声。

a) 水泥对重块

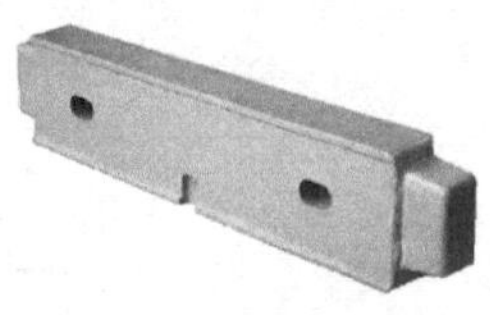
b) 铸铁对重块

图 1-109 对重块

为了使对重装置能对轿厢起最佳的平衡作用，必须正确计算对重装置的总重量。对重装置的总重量与电梯轿厢本身的净重和轿厢的额定载重量有关，计算公式如下：

$$P_D = G + QK_P$$

式中 P_D——对重装置的总重量（kg）；

G——轿厢净重（kg）；

Q——电梯的额定载重量（kg）；

K_P——平衡系数（一般取0.4~0.5）。

【例1-2】 有一台电梯的额定载重量为1000kg，轿厢净重为1200kg，若取平衡系数为0.5，求对重装置的总重量 P_D 为多少？

解： 已知 $G=1200\text{kg}$，$Q=1000\text{kg}$，$K_P=0.5$，将其代入公式，得

$$P_D = G + QK_P = (1200+1000\times0.5)\text{kg} = 1700\text{kg}$$

安装人员安装电梯时，首先根据电梯随机技术文件计算出对重装置的总重量，再根据每个对重块的重量确定放入对重架的对重块数量。对重装置过轻或过重，都会给电梯的调试工作带来困难，影响电梯的整机性能和使用效果，甚至造成冲顶或蹲底事故。

3. 对重的布置方式

根据对重与轿厢相对位置的不同，可以将布置方式分为对重后置式和对重侧置式，如图1-110所示。一般而言，乘客电梯多采用对重后置的方式；货梯、观光梯、无机房电梯多采用对重侧置的方式。

三、平衡补偿装置

电梯在运行中，轿厢侧和对重侧的钢丝绳以及轿厢下的随行电缆的长度在不断变化。随

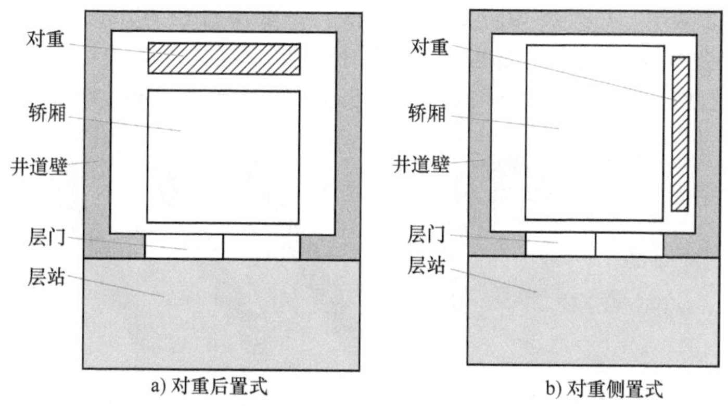

图 1-110 对重的布置方式

着轿厢和对重位置的变化，总重量将轮流地分配到曳引轮的两侧。

当电梯提升高度超过 30m，或建筑物楼层数超过 10 层时，悬挂在曳引轮两侧的曳引钢丝绳的重量不能再忽略不计了。为了减小电梯传动中曳引轮所承受的载荷差，减小曳引机的输出功率，提高电梯的曳引性能，宜采用补偿装置，用以平衡曳引钢丝绳的偏重。

补偿装置应悬挂在轿厢与对重底部的中间，在电梯升降时，其长度的变化正好与曳引绳长度的变化相反。当轿厢位于最高层时，曳引绳大部分位于对重侧，而补偿链（绳）大部分位于轿厢侧；而当轿厢位于最低层时，情况与上正好相反，这样轿厢一侧和对重一侧就起到了平衡的补偿作用，平衡补偿示意图如图 1-111 所示。

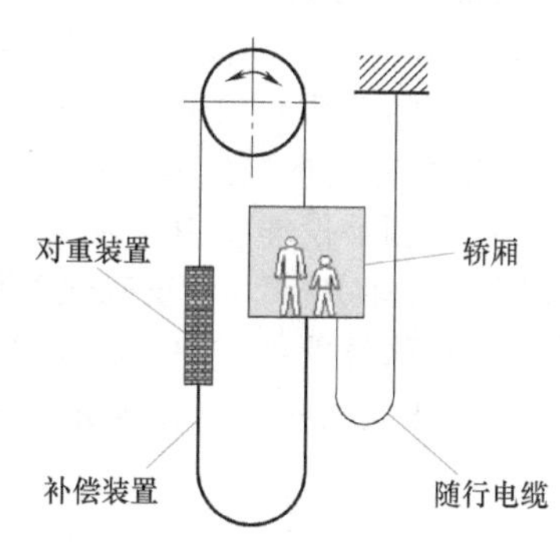

图 1-111 平衡补偿示意图

平衡补偿装置有补偿链、补偿绳和补偿缆三种，如图 1-112 所示。

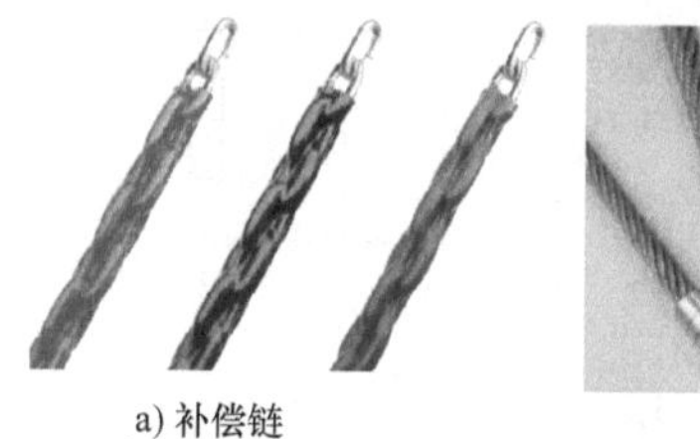

a) 补偿链

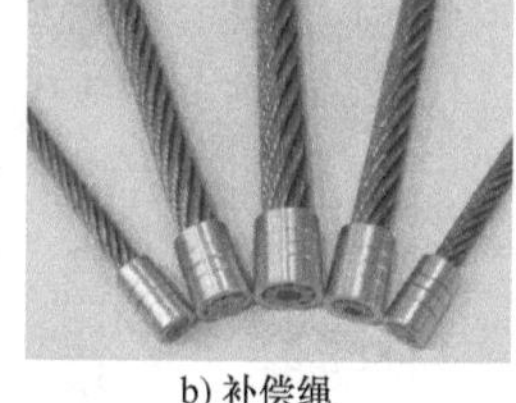

b) 补偿绳

c) 补偿缆

图 1-112 平衡补偿装置

小知识：平衡补偿装置的安装要求

1）补偿链与补偿绳应悬挂，以消除其内应力与扭转力。

2）安装补偿链时应涂油，以减少噪声。

3）补偿链长度应使电梯轿厢冲顶或蹲底时不致拉断或与底坑相碰，补偿链的最低点离开底坑地面应大于 100mm。

4）带有张紧装置的补偿绳必须设置防跳装置和行程开关，以便电梯轿厢冲顶或蹲底时触及开关，切断电梯控制回路，使电梯停止运行。

1. 补偿链

补偿链以铁链为主体，一般在铁链环中穿麻绳，或在铁链外包上聚氯乙烯塑料，以减少运行中铁链碰撞引起的噪声。另外，为防止铁链掉落，一端用直径为6mm的钢丝绳与轿厢底进行固定，另一端用直径为6mm的钢丝绳与对重底进行固定，这样能减少运行时铁链互相碰撞引起的噪声。补偿链一般用在运行速度小于或等于2.5m/s的电梯上。常用补偿链如图1-113所示。

图1-113　常用补偿链

2. 补偿绳

补偿绳以钢丝绳为主体，通过钢丝绳卡钳、挂绳架（及张紧轮）悬挂在轿厢或对重底部。补偿绳常用在运行速度大于1.75m/s的电梯上。常见的补偿绳安装形式包括单侧补偿、双侧补偿和对称补偿，如图1-114所示。

1）单侧补偿连接中，一端与轿厢底部连接，另一端连接在井道中部，其结构如图1-114a所示。单侧补偿连接结构简单，适用于楼层较低的井道。

2）双侧补偿连接中，轿厢和对重底部各装一套补偿装置，另一端连接在井道中部，其结构如图1-114b所示。由于双侧补偿连接需增加井道空间位置，因此使用并不广泛。

3）对称补偿连接中，补偿装置的两端分别与轿厢和对重的底部连接，用张紧装置张紧补偿绳，其结构如图1-114c所示。因对称补偿连接不需要增加额外井道空间，所以使用广泛。

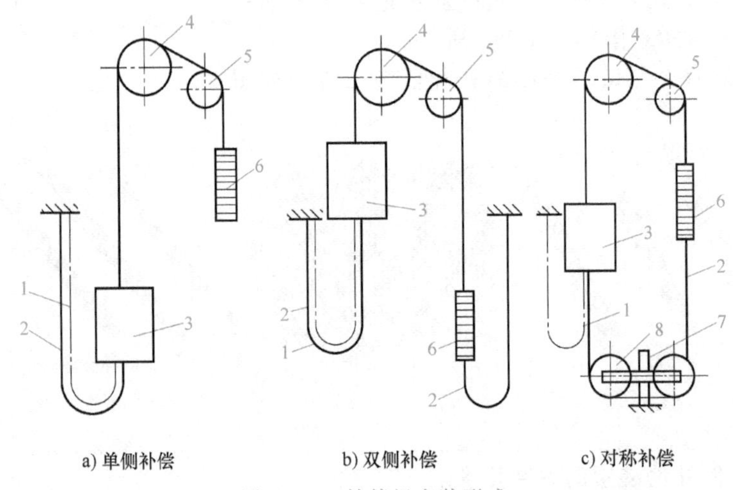

图1-114　补偿绳安装形式

1—电缆　2—补偿装置　3—轿厢　4—曳引轮　5—导向轮　6—对重　7—支架　8—张紧轮

3. 补偿缆

补偿缆是最近几年发展起来的新型的、高密度的补偿装置。补偿缆中间为由低碳钢制成的链条，中间填塞物为金属颗粒以及聚乙烯与氯化物混合物，形成圆形保护层，链套采用具有防火、防氧化的聚乙烯护套。这种补偿缆质量密度高，运行噪声小，可适用各种中、高速电梯的补偿装置，图1-115所示为补偿缆截面。

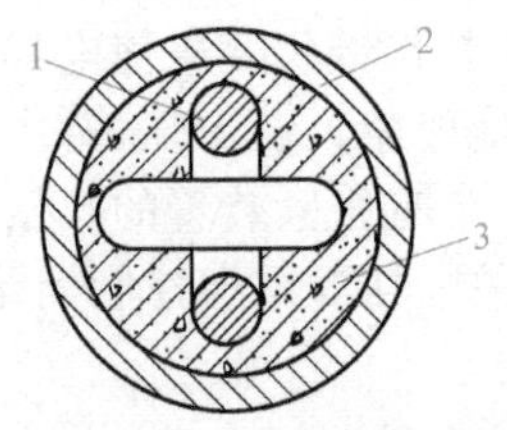

图1-115　补偿缆截面

1—链条　2—护套　3—金属颗粒和聚乙烯混合物

测一测、画一画：

电梯维护保养人员在进行电梯维护保养过程中，往往会碰到零部件损坏的情况，有些零部件需要测量尺寸并绘制简图，以便采购人员购买。因此，对零部件进行简单的尺寸测量与绘制是维护保养人员必备的技能。现场实际测量对重框并画出简图，如图 1-116 所示。

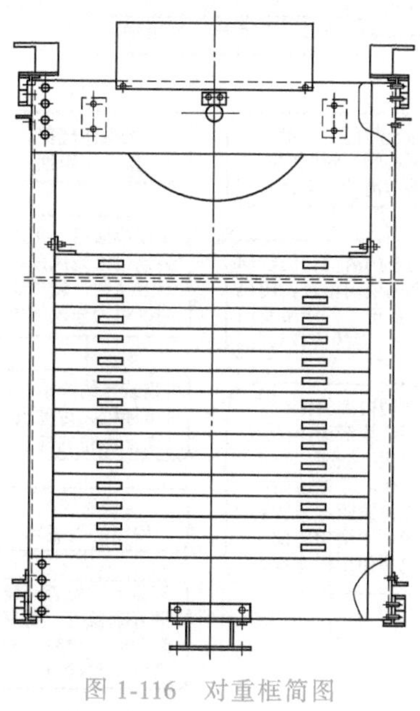

图 1-116 对重框简图

3.2 制订维护保养方案

一、读取电梯轿厢和对重保养计划表

电梯维护保养工每个月都会从维修站领取电梯井道设备维护保养计划表，包括维护保养人员、维护保养日期、维护保养时间、地点、客户名称、生产工号、电梯型号、作业类别等信息。通过查询维护保养计划，了解本月维护保养内容，见表 1-29。

表 1-29 电梯维护保养任务书（轿厢和对重）

<table>
<tr><td colspan="4">1. 工作人员信息</td></tr>
<tr><td colspan="2">维护人员</td><td colspan="2"></td><td colspan="2">维护时间</td><td colspan="2"></td></tr>
<tr><td colspan="8">2. 电梯基本信息</td></tr>
<tr><td colspan="2">电梯型号</td><td colspan="2"></td><td colspan="2">电梯参数</td><td colspan="2"></td></tr>
<tr><td colspan="2">用户单位</td><td colspan="2"></td><td colspan="2">用户地址</td><td colspan="2"></td></tr>
<tr><td colspan="2">联系人</td><td colspan="2"></td><td colspan="2">联系电话</td><td colspan="2"></td></tr>
<tr><td colspan="8">3. 工作内容</td></tr>
<tr><td>序号</td><td colspan="3">项 目</td><td>序号</td><td colspan="3">项 目</td></tr>
<tr><td>1</td><td colspan="3">对重框架的清洁、检查</td><td>5</td><td colspan="3">轿顶设备的清洁、检查</td></tr>
<tr><td>2</td><td colspan="3">对重块的清洁、检查</td><td>6</td><td colspan="3">轿厢内部的清洁、检查</td></tr>
<tr><td>3</td><td colspan="3">导靴的清洁、润滑及检查</td><td>7</td><td colspan="3">轿厢平层功能的检查</td></tr>
<tr><td>4</td><td colspan="3">导靴靴衬的拆卸、更换及调整</td><td>8</td><td colspan="3">轿门的清洁、检查及调整</td></tr>
</table>

二、确定工作流程

电梯轿厢和对重运行与维护工作流程图如图 1-117 所示。

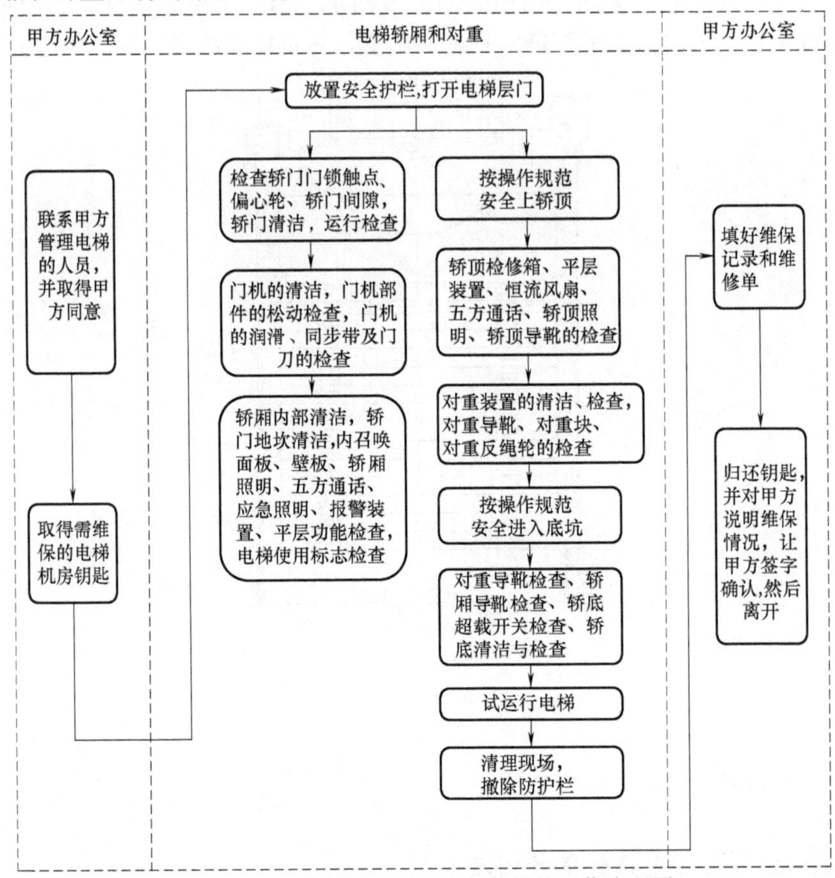

图 1-117 电梯轿厢和对重运行与维护工作流程图

三、工作计划的制订

在实际工作之前，预先对目标和行动方案做出选择和具体安排。计划是预测与构想，即预先进行的行动安排，围绕预期的目标，而采取具体行动措施的工作过程，随着目标的调整进行动态的改变。

电梯轿厢和对重维护工作计划表见表 1-30。

表 1-30 电梯轿厢和对重维护工作计划表

用户名称				合同号	
开工日期		电梯编号		生产工号	
计划维护日期			计划检查日期		
申报技监局	已申报/未申报		申报质监站	已申报/未申报	
维护项目的主要工作内容	1)对重框架的清洁、检查 2)对重块的清洁、检查 3)导靴(滑动导靴)的清洁、润滑及检查 4)导靴靴衬(滑动导靴)的拆卸、更换及调整 5)轿顶设备的清洁、检查 6)轿厢内部的清洁、检查 7)轿厢平层功能的检查 8)轿门的清洁、检查及调整 9)轿门门机的清洁、检查、润滑及调整				

（续）

准备工作情况及存在问题					
人员分工	姓名	岗位(工作内容)	负责人	计划完成时间	操作证
项目经理签字(章)					日期： 年 月 日
客户/监理工程师 审批意见： 签字(章) 日期： 年 月 日					

3.3 电梯轿厢和对重维护保养任务实施

一、任务准备

（一） 工具的准备

根据电梯轿厢和对重的运行与维护工作流程要求，从仓库领取相关工具、材料和仪器。了解相关工具和仪器的使用方法，检查工具、仪器是否能正常运行，选择合适的材料，并准备电梯轿厢和对重的运行与维护所需的工具。

在电梯轿厢和对重维护保养中可能用到的工具有：活扳手、呆扳手、直角尺、斜塞尺、三角钥匙、顶门器、螺钉旋具、照度计、毛刷、水平仪等，见表1-31。

表1-31 电梯轿厢和对重维护保养常用工具

工具名称	工具认识	使用方法
毛刷		1)新毛刷首次使用前应先将刷毛用温水浸泡 2)在以后的重复使用中,用前也可先将刷毛浸水清洗后再使用,这样做可防止刷毛分叉不顺。如果是用来刷油脂类,就可先用洗洁精之类的清洁剂清洗;如果是用来刷水性类,使用温热的清水清洗即可
直角尺		1)使用前,应先检查各工作面和边缘是否有损伤,将直角尺工作面擦净 2)使用时,将直角尺靠放在被测工件的工作面上,注意轻拿、轻靠、轻放,防止弯曲变形
斜塞尺		1)将斜塞尺插入被测间隙,与被测间隙面接触,无法前推时的读数即为被测间隙 2)测量完毕,将斜塞尺装袋保存

1. 水平仪

水平仪是一种测量小角度的常用量具。在机械行业和仪表制造中，用于测量相对于水平位置的倾斜角、设备安装的水平位置和垂直位置、机床类设备导轨的平面度和直线度等。常见的水平仪有框式水平仪和水平尺，如图1-118所示。

水准器是水平仪的主要工作部件，它是一个封闭的弧形玻璃管，管内装有流动性好的液体，如乙醚、乙醇或两者的混合液，并留有一定的空气，形成气泡，如图 1-119 所示。

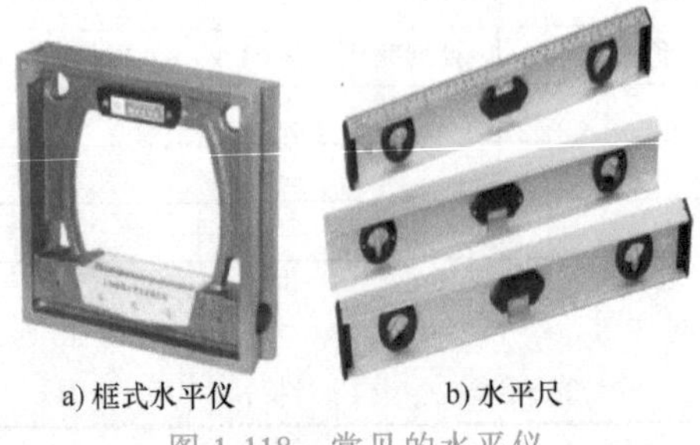

a) 框式水平仪　　b) 水平尺

图 1-118　常见的水平仪

图 1-119　水准器

当水平仪的工作面处于水平位置时，气泡位于水准器中央；当水平仪的工作面倾斜时，气泡就偏向高的一端，从而实现水平的测量。

小提示：水平仪的使用注意事项

1）测量前，应认真清洗测量面并擦干，检查测量面是否有划伤、锈蚀、毛刺等缺陷。

2）检查零位是否正确。如果零位不准，应对可调式水平仪进行调整，调整方法如下：将水平仪放在平板上，读出气泡管的刻度，这时在平板的平面同一位置上，再将水平仪左右反转 180°，然后读出气泡管的刻度。若读数相同，则水平仪的底面和气泡管平行，若读数不一致，则使用备用的调整针，插入调整孔后，进行上下调整。

3）测量时，应尽量避免温度的影响，水准器内液体受温度影响较大，因此，应注意手热、阳光直射、哈气等因素对水平仪的影响。

4）使用中，应在垂直水准器的位置上进行读数，以减少视差对测量结果的影响。

2. 照度计

照度计（或称勒克斯计）是一种专门测量照度的仪器仪表，就是测量物体被照明的程度，也即物体表面所得到的光通量与被照面积之比。照度计通常由硒光电池或硅光电池配合滤光片和微安表组成，如图 1-120 所示。

光电池是把光能直接换成电能的光电器件。当光线射到硒光电池表面时，入射光透过金属薄膜 4 到达半导体硒层 2 和金属薄膜 4 的分界面 3 上，在分界面上产生光电效应。所产生光生电流的大小与光电池受光表面上的照度有一定的比例关系。这时，如果接上外电路，就会有电流通过，电流值从以勒克斯（lx）为刻度的微安表上指示出来。光电流的大小取决于入射光的强弱。

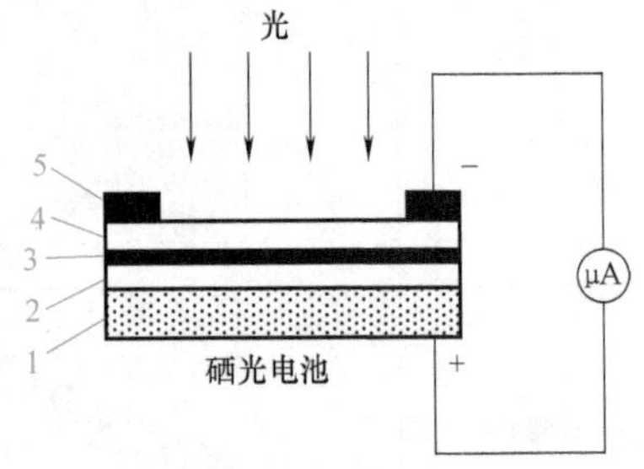

图 1-120　硒光电池照度计原理图

1—金属底板　2—硒层　3—分界面　4—金属薄膜　5—集电环

照度计的使用步骤见表 1-32。

表 1-32　照度计的使用步骤

图　示	步骤描述
	1) 正确装好电池

（续）

图　示	步骤描述
	2）按开机按键开机，开机后进入测量状态
	3）最大值、最小值和当前测量模式的选择，一般选择当前测量模式
	4）单位 FC 和 LUX 的选择，国内选择 LUX，即勒克斯。都选择好后即可测量照度
	5）使用完毕后，关机取出电池，放回包装盒保存

（二）物料的准备

在电梯轿厢和对重维护保养中可能用到的物料有：导靴靴衬、油杯、润滑油、WD-40 除锈剂、抹布、砂纸等，常用物料见表 1-33。

表 1-33　电梯轿厢和对重维护保养常用物料

物料认识	使用方法
导靴靴衬(滑动导靴)	靴衬安装在导靴内，以减轻电梯与导轨的摩擦，选用的都是高分子高耐磨型复合型塑料
油杯	油杯装在滑动导靴上，通过油杯的油捻在电梯上、下运行过程中给导轨工作面涂上适当的润滑油脂
导轨润滑油	润滑油是用在各种类型汽车、机械设备上以减少摩擦、保护机械及加工件的液体或半固体润滑剂，主要起润滑、辅助冷却、防锈、清洁、密封和缓冲等作用

二、任务实施

（一）轿顶设备的清洁及检查

轿顶设备的清洁及检查见表1-34。

表1-34 轿顶设备的清洁及检查

序号	步骤名称	运行与维护步骤图示	运行与维护说明
1	放置安全护栏，安全上轿顶	 	1）在电梯底层和轿厢摆放好安全护栏 2）按安全上轿顶的流程进行上轿顶作业
2	清洁轿顶		用抹布和吸尘器对轿顶各装置的灰尘、油污等进行清洁
3	轿顶螺栓的检查		检查轿顶各螺栓有无松动或者脱落现象，若有松动用呆扳手进行紧固
4	轿顶护栏螺栓的检查		检查轿顶护栏各螺栓有无松动或者脱落现象，若有松动用呆扳手进行紧固
5	轿顶检修箱的检查		1）检查轿顶检修箱螺栓有无松动或者脱落现象，若有松动用呆扳手进行紧固 2）检查轿顶检修箱连线有无松动

（续）

序号	步骤名称	运行与维护步骤图示	运行与维护说明
6	轿顶风扇、照明的检查		1）检查轿顶风扇是否正常运行 2）检查轿顶随行灯是否正常
7	轿厢导靴的检查	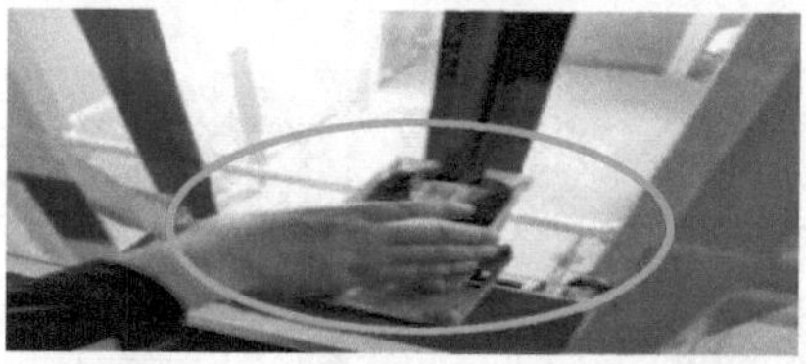	1）检查导靴上油杯中的油量是否符合要求 2）检查靴衬的磨损情况
8	五方通话系统的检查		检查轿顶五方通话系统是否正常
9	平层感应装置功能的检查		1）检查平层感应器的接线是否牢固 2）检查隔磁板与感应装置的位置是否符合要求

经验寄语： 滑动导靴工作面需要加润滑油，滚动导靴不能加润滑油

（二）对重装置的清洁及检查

对重装置的清洁及检查见表1-35。

表1-35　对重装置的清洁及检查

序号	步骤名称	运行与维护步骤图示	运行与维护说明
1	对重装置螺栓的检查	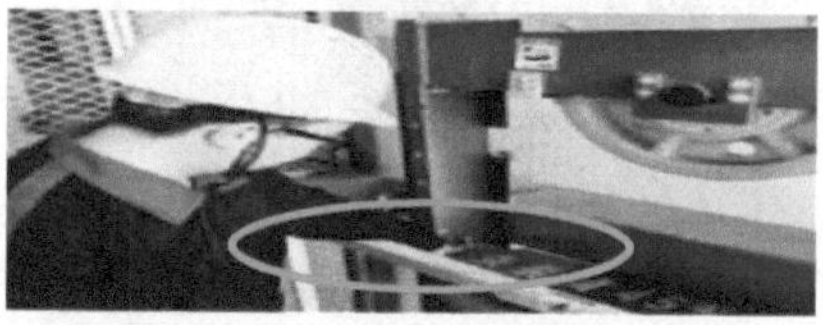	检查对重装置各螺栓有无松动
2	对重导靴的检查	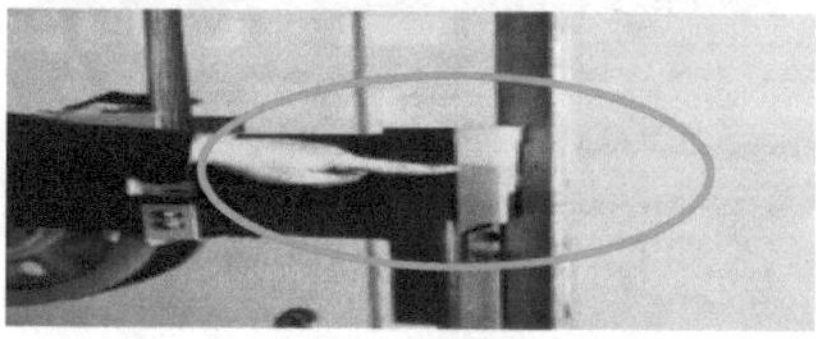	1）检查油杯中的油量是否符合要求 2）检查靴衬的磨损情况

（续）

序号	步骤名称	运行与维护步骤图示	运行与维护说明
3	对重块的紧固检查	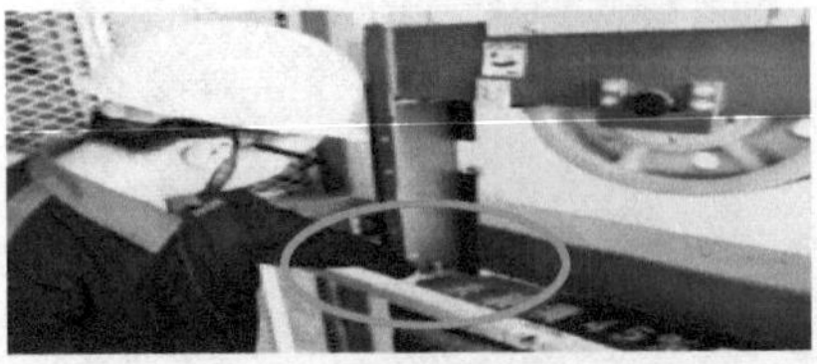	检查对重块压紧装置有无松动
4	对重反绳轮的检查	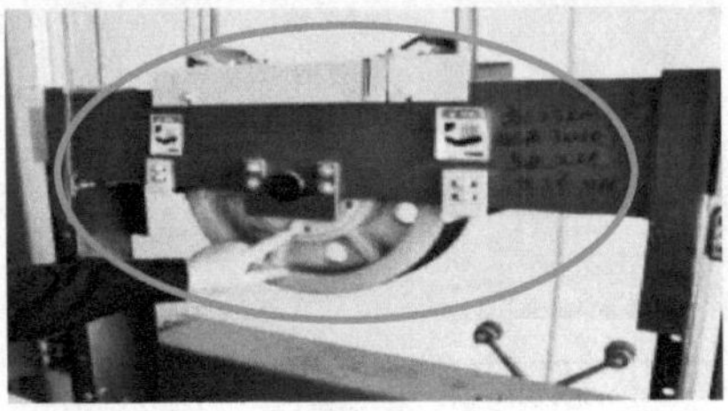	1)检查对重反绳轮各螺栓有无松动情况 2)对反绳轮轴承进行润滑

经验寄语：对重面对轿厢的一侧，一般会标记出数字，并在对重架上标出对重块的总块数，以便维修保养人员进行对重块的检查

（三）轿厢内部设备的清洁及检查

轿厢内部设备的清洁及检查见表 1-36。

表 1-36 轿厢内部设备的清洁及检查

序号	步骤名称	运行与维护步骤图示	运行与维护说明
1	电梯使用标志的检查	 电梯使用标志 The Elevator and Escalator Identification 注册代码 登记机关 使用管理责任单位 使用单位设备编号 制造单位 维保单位 检验单位 下次检验日期 年 月 应急救援电话：	检查电梯使用标志上信息是否完整
2	轿厢内部设备的清洁		用抹布和吸尘器对轿厢壁板、内召唤面板、扶手、地板等进行清洁
3	轿门地坎的清洁	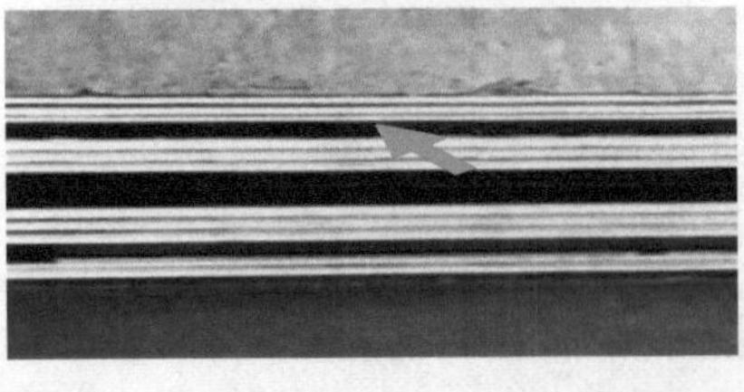	用毛刷对轿门地坎进行清洁，在清洁轿门地坎垃圾时，不允许把垃圾直接扫进井道

（续）

序号	步骤名称	运行与维护步骤图示	运行与维护说明
4	内召唤面板的检查	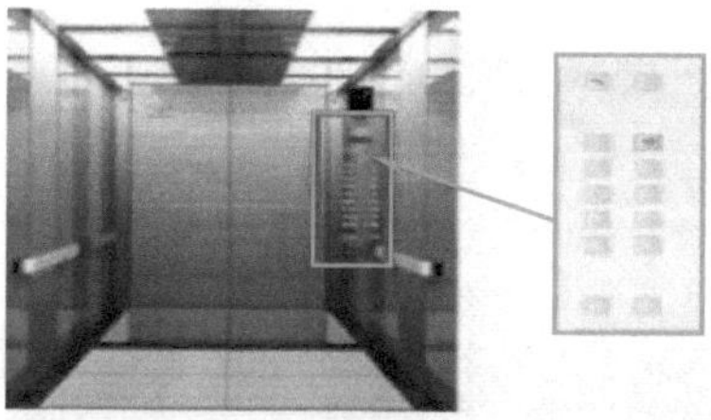	检查各召唤按钮有无松动，按钮指令是否有效、显示是否正常，楼层及方向显示功能是否正常
5	轿厢照明的检查		1）检查轿厢照明灯是否正常工作，照度能否达到 50lx 2）检查轿厢照明开关是否正常
6	应急照明的检查		1）关闭轿厢正常照明 2）检查应急照明能否自动起动，应急照明功率为 1W，工作时间为 1h
7	五方通话、警铃的检查		检查五方通话、警铃功能是否正常
8	轿厢平层功能的检查		电梯平层准确度应在±5mm 范围内

（四）轿门装置的清洁及检查

轿门装置的清洁及检查见表 1-37。

表 1-37 轿门装置的清洁及检查

序号	步骤名称	运行与维护步骤图示	运行与维护说明
1	轿门的检查		门扇应无变形、无凹陷或者凸出损坏，门滑块在地坎槽内运行灵活

（续）

序号	步骤名称	运行与维护步骤图示	运行与维护说明
2	轿门间隙的检查		客梯门扇与门扇、门扇与门框、门扇与地坎的间隙为 1～6mm，无 A 字门和 V 字门
3	门保护装置的检查		在上、中、下三个位置测试门保护装置功能是否正常
4	门机的清洁		用抹布和毛刷清洁门机的各个部件
5	门机部件的润滑		对门机轴承和运动部件连接处进行润滑
6	同步带的检查	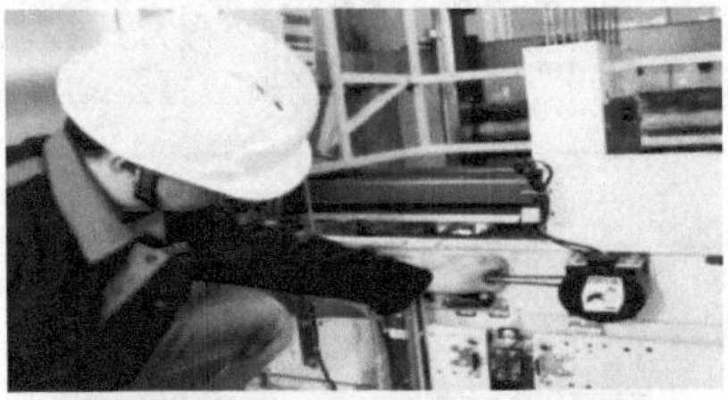	用 1kg 的力按压同步带，上下同步带之间的间隙为 55～65mm，检查同步带的张紧是否符合要求
7	门刀的检查	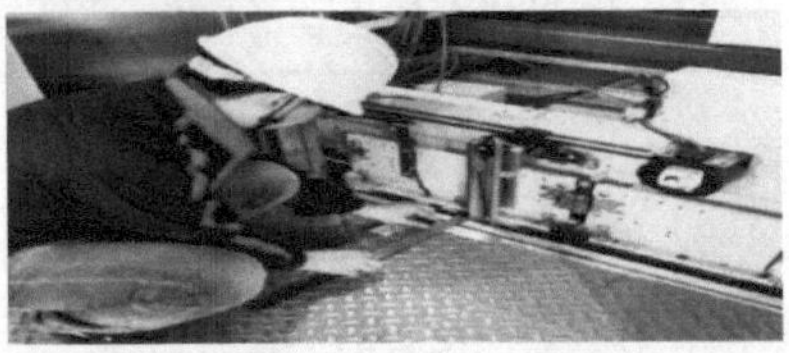	1）门刀动作灵活 2）门刀与层门地坎的间隙为 5～10mm
8	轿门运行的检查	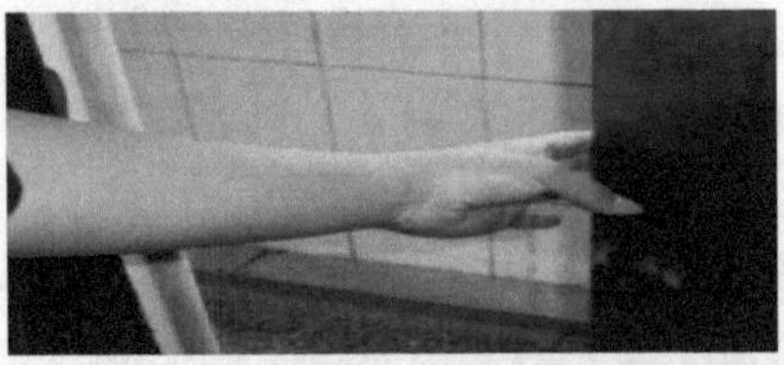	轿门运行灵活、无碰撞、无卡阻、无噪声

经验寄语： 轿门是电梯的重要安全部件，因此在维修保养中要按照要求进行保养，切不可粗心大意

三、电梯轿厢和对重维护保养实施记录表

实施记录表是对修理过程的记录，保证维护保养任务按工序正确执行，对维护的质量进行判断，完成附表8电梯轿厢和对重维护保养实施记录表的填写。

3.4 工作验收、评价与反馈

一、工作验收表

维护保养工作结束后，电梯维护保养工确认是否所有部件和功能都正常。维护站应会同客户对电梯进行检查，确认电梯维护保养工作已全部完成，并达到客户的修理要求。完成附表1电梯轿厢和对重运行与维护工作验收表。

二、自检与互检

完成附表2电梯轿厢和对重维护的自检、互检记录表。

三、小组总结报告

同学们以小组形式，通过演示文稿、展板、海报、录像等形式，向全班展示、汇报学习成果，完成附表3小组总结报告。

四、小组评价

各小组可以通过各种形式，对整个任务完成情况的工作总结进行展示，以组为单位进行评价，完成附表4小组评价表。

五、填写评价表

维护保养工作结束后，维护人员完成附表5总评表，并对本次维护保养工作打分。

3.5 知识拓展——故障实例

故障实例1： 某小区一台TKJ 1000/1.75-JXW的2∶1有机房乘客电梯。关闭厅、轿门后电梯不能起动，需要对电梯进行维修。

故障分析：

1）厅、轿门联锁开关接触不良或损坏。

2）电源电压过低。

3）制动抱闸未松开。

排除方法：

1）检查修复厅、轿门联锁开关。

2）检查电源电压并修复。

3）调整制动器。

故障实例2： 某小区一台TKJ 1000/1.5-JXW的2∶1有机房乘客电梯。按开关按钮不能自动开门，小区住户对电梯的安全感到担忧，需要对电梯进行维修。

故障分析：

1）开关门按钮熔丝烧断。

2）关门继电器损坏或关门回路有故障。

3）关门第一限位开关触点接触不良。

4）安全触板卡死或开关损坏。

5）门区光电保护装置故障。

排除方法：

1）更换熔丝。

2）更换继电器或检查关门回路并修复。

3）更换限位开关。

4）调整安全触板或更换触板开关。

5）修复或调整光电保护装置。

3.6 思考与练习

一、判断题

1. 当轿厢门未装机械门锁，局部高度不大于500mm的距离时，轿厢地坎与井道壁的水平距离也不可以大于150mm。（ ）

2. 采用滚动导靴的导轨工作面上绝对不允许加润滑脂。（ ）

3. 清洁导轨油垢时，除了清除导轨上的脏污外，还应拆下导靴衬清洗。（ ）

4. 当发现导靴衬单边磨损严重时，只需局部更换磨损的导靴便可继续运行。（ ）

5. 电梯运行噪声主要是由机械振动和环境共振引起的。（ ）

二、选择题

1. 对重和轿厢的重量相等时，电梯处于平衡状态，此时轿厢内的载荷应为（ ）。

A. 空载　B. 半载　C. 满载　D. 超载

2. 曳引式电梯的平衡系数应为（ ）。

A. 0.2~0.25　B. 0.3~0.5　C. 0.4~0.5　D. 0.45~0.6

3. 电梯常用的补偿装置有补偿链、补偿绳和（ ）三种。

A. 补偿块　B. 补偿线　C. 补偿缆　D. 补偿环

4. 一台载货电梯，额定载重量为1000kg，轿厢自重为1200kg，设平衡系数为0.5，对重的总重量应为（ ）kg。

A. 1500　B. 1700　C. 2000　D. 2200

三、填空题

1. 电梯轿厢通常由________和________两部分组成。

2. 在轿顶的任何位置上，应能承受________个带有一般常用工具的安装或维修人员的重量，而不发生永久变形。

3. 电梯对重装置通常由________和________两部分组成。

四、简答题

1. 电梯导靴有什么作用？导靴安装在电梯的什么位置？

2. 试叙述对本次任务与实训操作的认识、收获与体会。

任务4 底坑设备的运行与维护

【必学必会】

通过本部分课程的学习，你将学习到：

1. 知识点

1）能描述电梯底坑设备运行与维护方案的格式和内容。

2）熟悉安全钳、限速器张紧轮、缓冲器的基本结构与维护方法。

3）理解安全钳、限速器张紧轮、缓冲器运行与维护的技术标准。

2. 技能点

1）会根据项目内容及维修资料制订维修方案。

2）会按维修技术规范完成底坑设备的检查与维护，达到底坑设备的技术标准。

3）会填写维修记录表格及维修台账。

【任务分析】

1. 重点

1）会实施安全钳、限速器张紧轮、缓冲器的拆卸、清洁以及部件的更换与调整的操作。

2）会撰写维修保养工作总结，填写维修保养单。

3）能正确填写相关技术文件，完成底坑设备的维护和保养。

2. 难点

1）能展开组织讨论，具备新技术的学习能力。

2）能根据工作需求合理调配人员。

3）能够两人配合完成底坑设备的维护和保养。

4.1 研习电梯底坑设备的结构与布置

一、认识电梯底坑

（一）了解底坑设备的基本组成及作用

底坑（Pit）在井道的底部，是电梯最低部分，底坑里有缓冲器、下极限开关、爬梯、限速器张紧装置以及急停开关盒等设备，在运行与维护中，占据着非常重要的地位。底坑的基本组成与布置示意图如图1-121所示。下面我们来认识电梯底坑，从不同角度观察底坑，可以看到不同的设备。

1）从层站往底坑观察，视角图如图1-122所示。

2）从底坑往轿厢底部观察，视角图如图1-123所示。

3）从底坑往轿厢周围观察，视角图如图1-124所示。

（二）底坑的土建要求

井道下部应设置底坑，除缓冲器座、导轨座及排水装置外，底坑的底面应光滑平整不得渗水，底坑不得作为积水坑使用，如图1-125所示。

如果没有其他通道，为了便于检修人员安全地进入底坑地面，应在底坑内设置一个从厅门进入底坑的永久性装置，此装置不得凸入电梯运行的空间。

当轿厢完全压在它的缓冲器上时，底坑还应有足够的空间能放进一个不小于0.5m×0.6m×1.0m的矩形体。

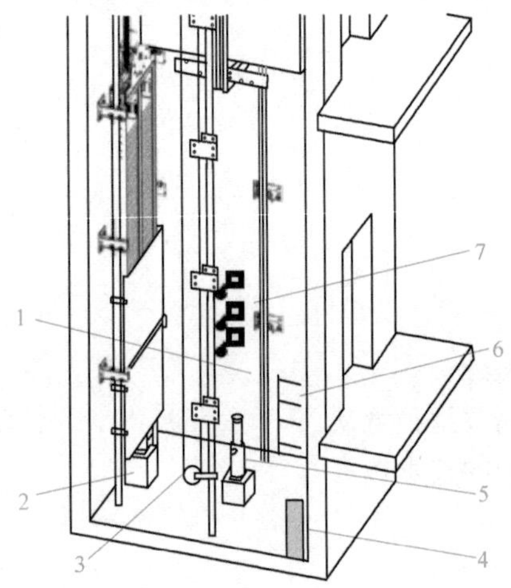

图 1-121 底坑的基本组成与布置示意图
1—导轨及油槽 2—对重缓冲器 3—限速器张紧装置 4—底坑检修操作箱 5—轿厢缓冲器 6—爬梯 7—下终端保护（下换速、下限位、下极限）开关

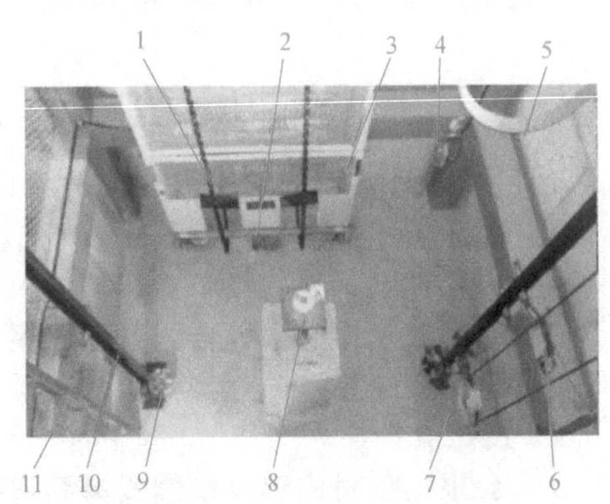

图 1-122 层站往底坑视角图
1—补偿链 2—对重缓冲器 3—对重护栏 4—井道照明 5—随行线缆 6—极限保护开关 7—限速器张紧轮 8—轿厢缓冲器 9—导轨油槽 10—导轨 11—爬梯

图 1-123 底坑往轿厢底部视角图
1—导靴和安全钳 2—轿厢底部 3—轿厢架

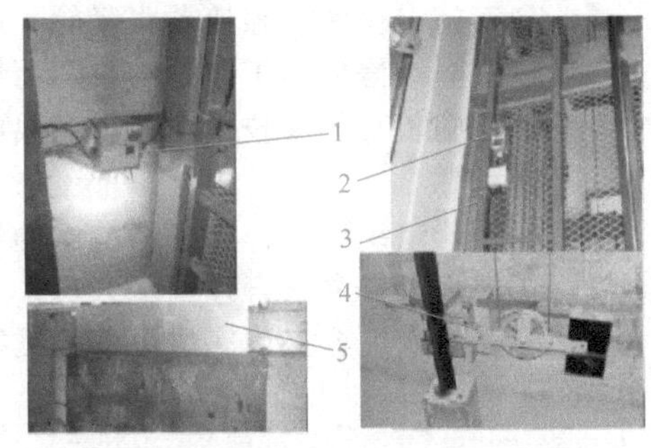

图 1-124 底坑往轿厢周围视角图
1—下急停操作箱 2—上急停操作箱 3—爬梯 4—限速器张紧装置 5—层门护脚板

图 1-125 底坑渗水

底坑底与轿厢最低部分之间的净空距离应不小于 0.5m，如图 1-126 所示。

底坑内应有电梯停止开关，该开关安装在底坑入口处，当人打开门进入底坑时应能够接触到。必要时可设置两个停止装置，如图 1-127 所示。

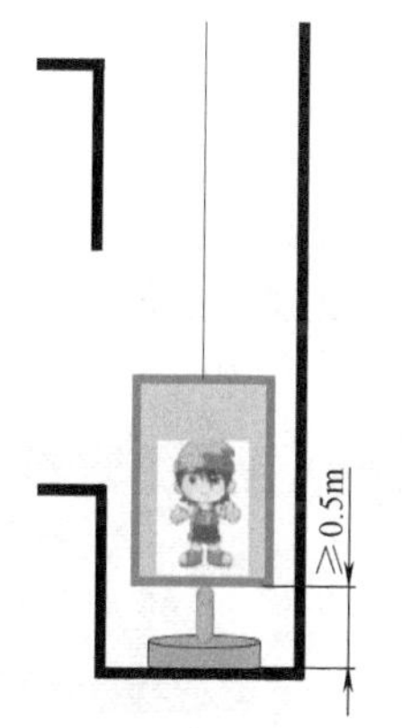

图 1-126　底坑底与轿厢最低部分之间的净空距离

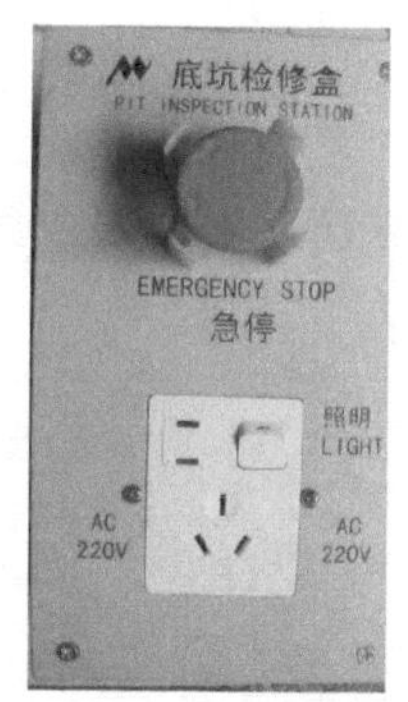

图 1-127　急停装置

小知识：底坑检修门和底坑空间

如果底坑深度大于 2.5m 且建筑物的布置允许，应设置底坑进出门，该门应符合检修门或井道安全门的要求。当只能通过底层层门进入底坑时，应在底坑内设置一个从层门处容易接近的进入底坑的永久性装置，此装置不应凸入电梯运行的空间。

如果轿厢与对重（或平衡重）之下有人员能够到达的空间，井道底坑的地面至少应按 5000N/m^2 的载荷设计，且对重（或平衡重）上应装设安全钳；或者将对重（或平衡重）缓冲器安装于运行区域下面，且缓冲器要延伸至坚固地面的桩墩上。

（三）在底坑维修时应注意的安全事项

1）首先应切断电梯的底坑急停开关或动力电源，才能进入底坑工作。

2）进底坑时要使用爬梯，不准踩踏缓冲器进入底坑，进入底坑后要站在安全位置。

3）在底坑维修工作时严禁烟火。

4）须运行电梯时，在底坑的维修人员一定要注意所处的位置是否安全。

5）底坑里必须设有低压照明灯，且亮度要足够，如图 1-128 所示。

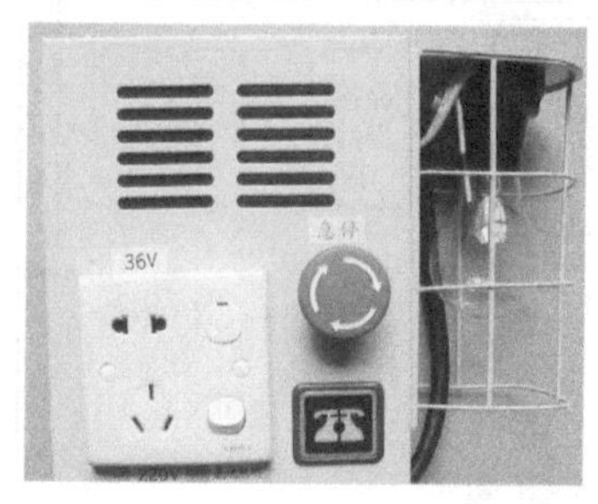

图 1-128　底坑照明

6）有维修人员在底坑工作时，绝不允许机房、轿顶等处同时进行检修工作，以防意外事故发生。

二、电梯底坑设备的结构、组成和各部件的作用

电梯底坑设备主要包括导轨、油槽、对重缓冲器、限速器张紧装置、底坑检修操作箱、

轿厢缓冲器、安全钳、爬梯、下终端保护（下换速、下限位、下极限）开关，下面着重介绍缓冲器、限速器张紧装置和安全钳。

（一）缓冲器

1. 缓冲器简述

由于某种原因，轿厢或对重超越极限位置发生冲顶或蹲底时，用来吸收、消耗运动轿厢或对重的能量，使其减速停止，并对其提供最后一道安全保护的电梯安全装置称为缓冲器，如图 1-129 所示。

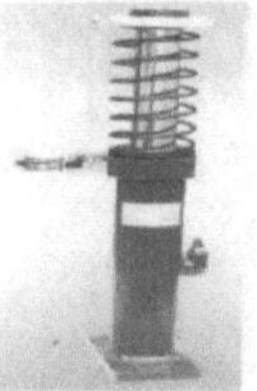
a) 油压缓冲器

b) 弹簧缓冲器

c) 橡胶缓冲器

图 1-129　缓冲器

缓冲器安装在井道底坑的地面上，轿厢和对重的下方。对应于轿架下方缓冲板的缓冲器称为轿厢缓冲器；对应于对重架下方缓冲板的缓冲器称为对重缓冲器，如图 1-130 所示。

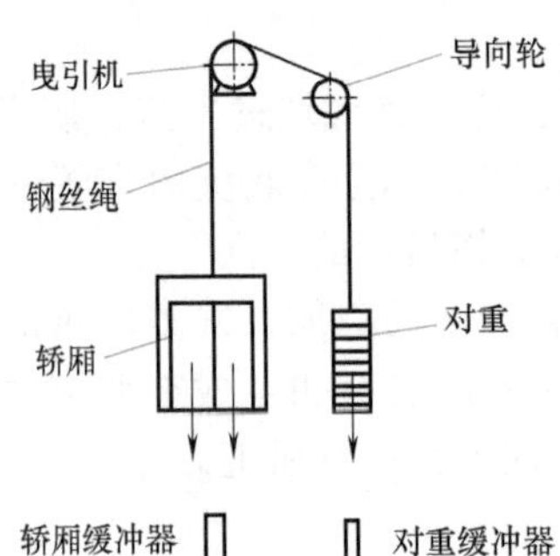

图 1-130　轿厢缓冲器与对重缓冲器

缓冲器安装应牢固可靠，抗冲击能力强，其应与地面垂直并正对轿厢（或对重）下侧的缓冲板。缓冲器工作流程如图 1-131 所示。

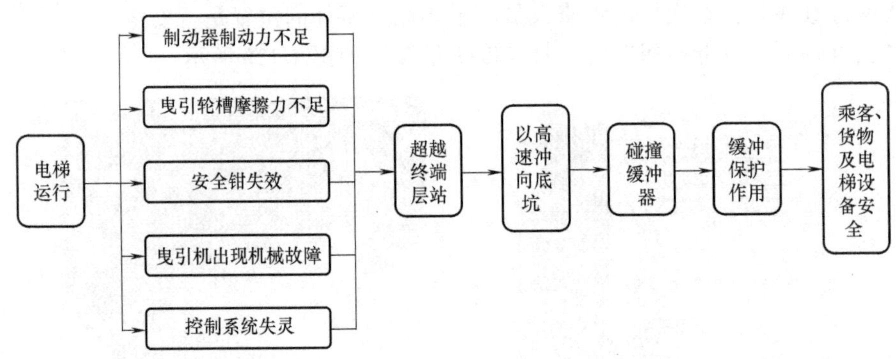

图 1-131　缓冲器工作流程

当轿厢或对重失控竖直快速下落时，其具有相当大的动能，为尽可能减少和避免损失，就必须吸收和消耗轿厢（或对重）的能量，使其安全、平稳地停止在底坑。所以缓冲器的原理就是使轿厢（或对重）的动能、势能转化为一种无害或安全的能量形式。采用缓冲器将使运动着的轿厢或对重在一定的缓冲行程或时间内逐渐减速停止，缓冲器功能示意图如图 1-132 所示。

2. 缓冲器的类型

按照其工作原理不同，缓冲器可分为蓄能型缓冲器和耗能型缓冲器两种。

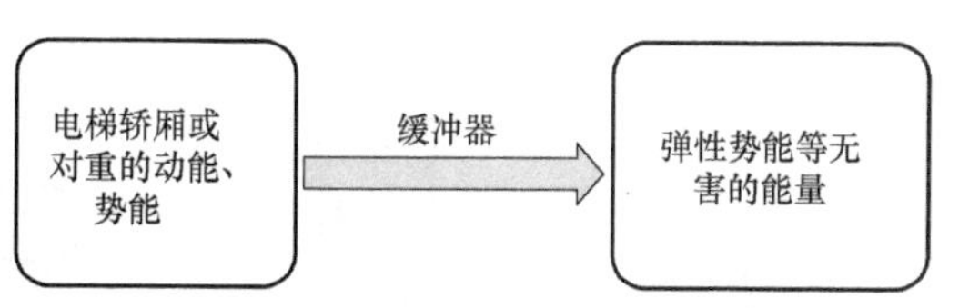

图 1-132　缓冲器功能示意图

（1）蓄能型缓冲器　蓄能型缓冲器又称为弹簧缓冲器（Spring Buffer），当缓冲器受到轿厢（或对重）的冲击后，利用弹簧的变形吸收轿厢（或对重）的动能，并储存于弹簧内部；当弹簧被压缩到最大变形量后，弹簧会将此能量释放出来，对轿厢（或对重）产生反弹，此反弹会反复进行，直至能量耗尽弹力消失，轿厢（或对重）才完全静止。

蓄能型缓冲器一般由缓冲橡胶、上缓冲座、弹簧、弹簧座等组成，如图 1-133 所示。

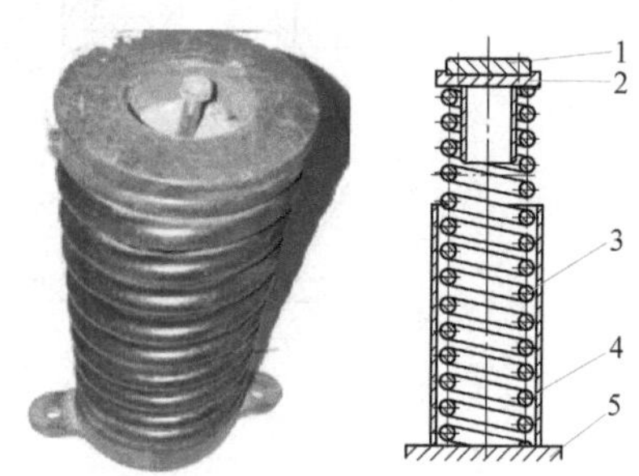

图 1-133　蓄能型缓冲器

1—缓冲橡胶　2—上缓冲座　3—弹簧　4—弹簧座　5—底座

弹簧缓冲器的特点是结构简单，造价便宜，但是弹簧容易生锈腐蚀。压缩后有回弹现象，存在着缓冲不平稳的缺点，所以弹簧缓冲器仅适用于额定速度小于 1m/s 的低速电梯。弹簧缓冲器的行程应至少等于 115%额定速度下的重力制停距离的 2 倍，及缓冲行程 $s=0.135v^2$，在任何情况下，此行程不得小于 65mm。并能承受轿厢质量和载重之和（或对重质量）的 2.5~3 倍的静载荷。

为克服弹簧缓冲器容易生锈腐蚀等缺陷，近年来开发了聚氨酯缓冲器（见图 1-134），又称为非线性缓冲器（Non-linear Buffer），广泛应用于中低速电梯中。这种新型缓冲器具有体积小、重量轻、软碰撞、无噪声、防水、防腐、耐油、安装方便、易保养、好维护、可减小底坑深度等特点。

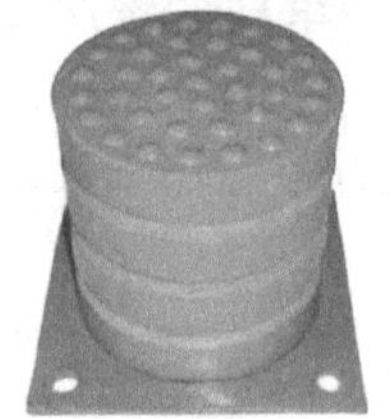

图 1-134　聚氨酯缓冲器

（2）耗能型缓冲器　耗能型缓冲器又称为油压缓冲器（Oil Buffer）、液压缓冲器，常用的油压缓冲器如图 1-135 所示。它的基本构件是缸体、柱塞、缓冲橡胶垫和复位弹簧等，在缸体内注有缓冲器油。

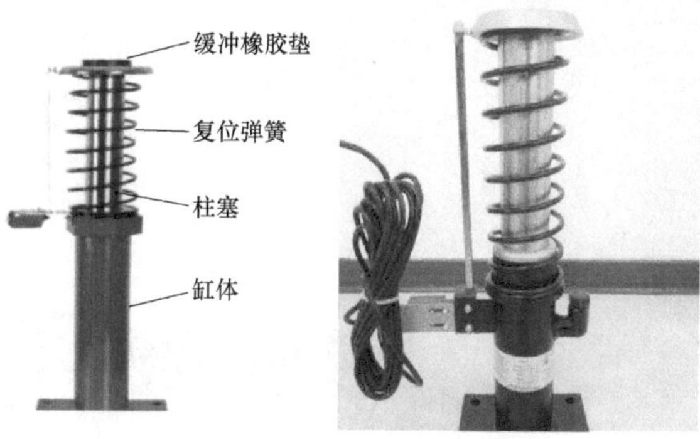

图 1-135　油压缓冲器

油压缓冲器结构与动作流程图如图 1-136所示。当油压缓冲器受到轿厢和对重的冲击时，柱塞 4 向下运动，压缩缸体 10 内的油，油通过环形节流孔 8 喷向柱塞腔（沿图中箭头方向流动）。当油通过环形节流孔时，由于流动截面积突然减小，就会形成涡流，使液体内的质点相互撞击、摩擦，将动能转化为热量散发掉，从而消耗了轿厢或对重的能量，使轿厢或对重逐渐缓慢地停下来。因此，油压缓冲器

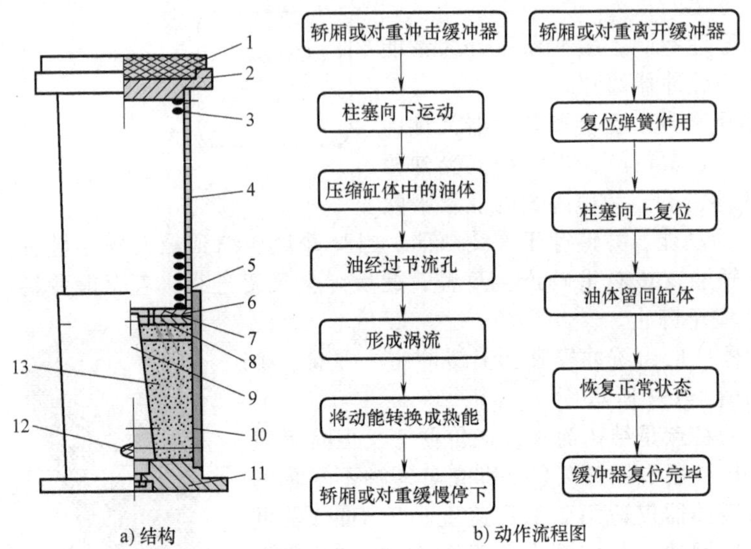

图 1-136　油压缓冲器结构与动作流程图

1—橡胶垫　2—压盖　3—复位弹簧　4—柱塞　5—密封盖　6—油缸套　7—弹簧托座　8—环形节流孔　9—调节杆　10—缸体　11—油缸座　12—放油口　13—缓冲器油

是一种耗能型缓冲器，它是利用液体流动的阻尼作用，缓冲轿厢或对重的冲击。当轿厢或对重离开缓冲器时，柱塞 4 在复位弹簧 3 的作用下，向上复位，油重新流回油缸，恢复正常状态。

由于油压缓冲器是以消耗能量的方式实行缓冲的，因此无回弹作用，同时由于调节杆 9 的作用，柱塞在下压时，环形节流孔的截面积逐步变小，能使电梯的缓冲接近匀减速运动。因而，油压缓冲器具有缓冲平稳、有良好的缓冲性能的优点，在使用条件相同的情况下，油压缓冲器所需的行程可以比弹簧缓冲器减少一半，所以油压缓冲器适用于快速和高速电梯。

3. 缓冲器的技术要求

在任何情况下，油压缓冲器的缓冲行程不小于 420mm，当电梯速度 $v<4\text{m/s}$ 时，缓冲行程 $s=0.5\times0.0674v^2$；当电梯速度 $v\geq4\text{m/s}$ 时，$s=0.33\times0.0674v^2$。

轿厢在两端站平层位置时，轿厢、对重装置的撞板与缓冲器顶面间的距离规定：耗能型缓冲器为 150~400mm，蓄能型缓冲器为 200~350mm。轿厢、对重装置的撞板中心与缓冲器中心的偏差不大于 20mm，耗能型缓冲器垂直度误差不大于 0.5%，缓冲器安装尺寸示意图如图 1-137 所示。

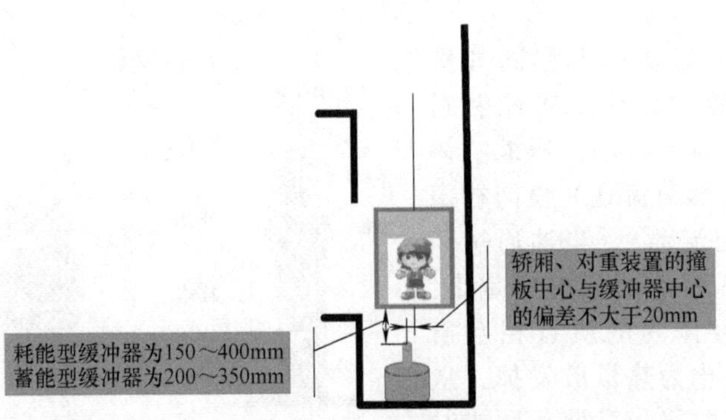

图 1-137　缓冲器安装尺寸示意

小知识：缓冲器的参数

1）行程：缓冲器受力后产生的最大变形量。此时弹性元件处于全压缩状态，如再加大外力，变形量也不再增加。

2）最大作用力：缓冲器产生最大变形量时所对应的作用外力。

3）容量：缓冲器在全压缩过程中，作用力在其行程上所做功的总和。它是衡量缓冲器能量大小的主要指标，若容量太小，则当冲击力较大时就会使缓冲器全压缩而导致车辆刚性冲击。

4）能量吸收率：缓冲器在全压缩过程中，有一部分能量被阻尼所消耗，其所消耗部分的能量与缓冲器容量之比即为能量吸收率。能量吸收率越大，则表明缓冲器吸收冲击的能力越大，反冲作用就越小。根据使用要求，缓冲器的能量吸收率不能设计为100%，一般要求能量吸收率不低于70%。

缓冲器的类型和数量应根据电梯额定载重量和额定速度来选择，同一台电梯的轿厢缓冲器和对重缓冲器的结构相同。在同一基础上安装两个油压缓冲器时，其水平误差不超过2mm，如图1-138所示。

4. 缓冲器的安装条件

1）检查井道底坑有无建筑垃圾、有无积水，如图1-139所示。

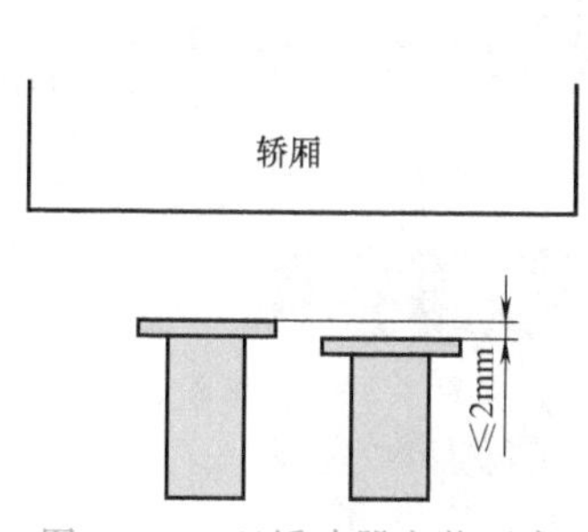

图1-138 双缓冲器安装要求

图1-139 检查底坑无垃圾、无积水

2）测量井道底坑尺寸（见图1-140），检查井道底坑尺寸是否与设计图样相符合。

3）底坑内应无突出的钢筋、水泥，无其他管线（水管、气管、下水管线等）。

（二）限速器张紧装置

1. 限速器张紧装置简述

限速器绳必须配有张紧装置，且在张紧轮上装设导向装置。图1-141所示为限速器张紧装置。

图1-140 测量底坑尺寸

限速器张紧装置位于井道底坑内，固定在轿厢导轨上，其作用是张紧限速器钢丝绳。限速器钢丝绳的两端分别绕过限速器轮和底坑限速器张紧轮，将两个接头固定在轿厢侧面，如图1-142所示。

2. 限速器张紧装置的安装条件

1）张紧轮断绳开关动作后，其最低部分与底坑地面的距离应不小于150mm，如图1-143所示。

2）限速器张紧装置现场安装场景，如图1-144所示。

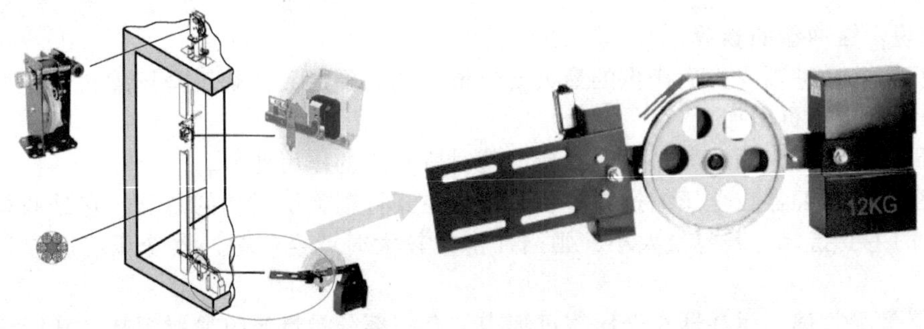

图 1-141　限速器张紧装置

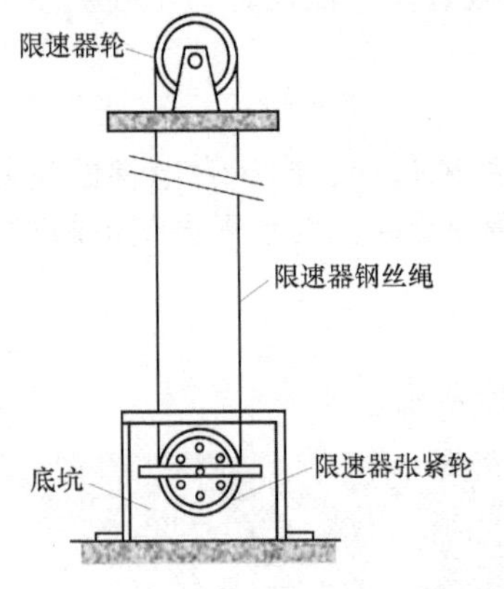

图 1-142　限速器与限速器张紧装置连接图

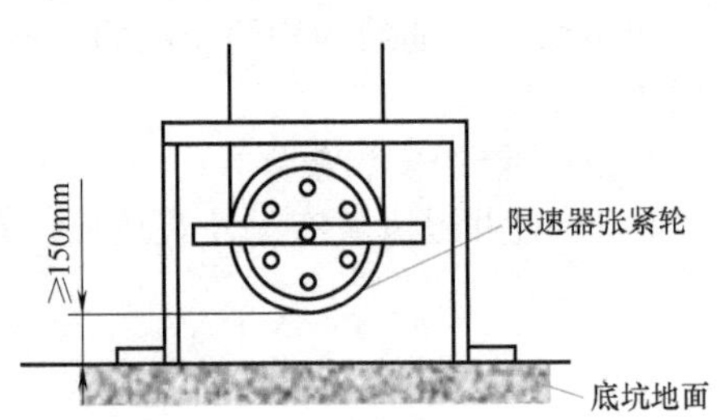

图 1-143　限速器张紧轮安装要求

图 1-144　限速器张紧装置现场安装场景

（三）安全钳

1. 认识安全钳

在“任务一机房设备的运行与维护”中学习到限速器-安全钳联动装置是电梯最重要的安

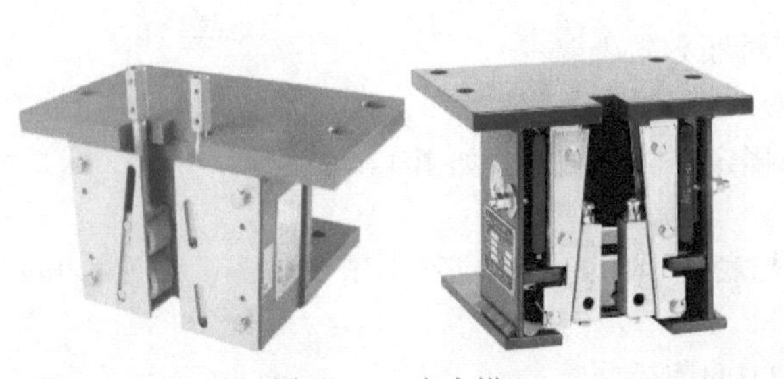

图 1-145　安全钳

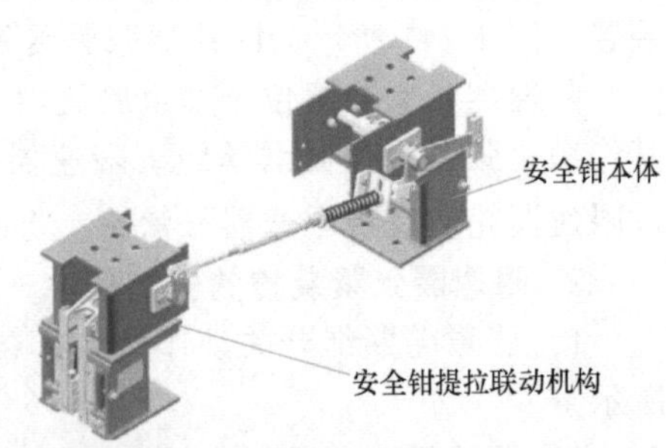

图 1-146　安全钳装置

全保护装置，也学习了限速器-安全钳联动装置的工作原理。

安全钳（见图 1-145）是在轿厢或对重发生故障下落超速时，在限速器动作后，能夹紧导轨使轿厢或对重停止运行并保持静止状态的一种机械安全装置。安全钳一般安装在轿厢两侧，贴近电梯导轨，其联动装置设在轿顶。

安全钳装置包括安全钳本体、安全钳提拉联动机构和电气安全开关，如图 1-146 所示。

小知识：安全钳的技术要求

在 GB 7588—2003《电梯制造与安装安全规范》中有明确的规定：

1）限速器与安全钳一般成对使用。上行动作的安全钳也可以使用。对重（或平衡重）也应设置仅能在其下行时动作的安全钳。当轿厢达到限速器动作速度时（或者悬挂装置发生特殊情况下的断裂时），安全钳应能通过夹紧导轨而使对重（或平衡重）制停并保持静止状态。

2）安全钳是安全部件，应根据要求进行验证。

3）不得用电气、液压或气动操纵的装置来操纵安全钳。

2. 安全钳的分类

安全钳装置为电梯的安全运行提供有效的保护作用，一般将其安装在轿厢架或对重架上。安全钳分为瞬时式安全钳和渐进式安全钳。

若电梯额定速度大于 0.63m/s，则轿厢应采用渐进式安全钳；若电梯额定速度小于或等于 0.63m/s，则轿厢可采用瞬时式安全钳；若轿厢装有数套安全钳，则它们应全部是渐进式的。若电梯额定速度大于 1m/s，则对重（或平衡重）安全钳应是渐进式的，其他情况下，可以是瞬时式安全钳。

（1）瞬时式安全钳　瞬时式安全钳如图 1-147 所示。按照制动部件的结构形式，瞬时式安全钳可分为楔块形、偏心轮形和滚柱形三种。由于其承载结构是刚性的，动作时产生很大的制动力，可使轿厢立即停止。

（2）渐进式安全钳　渐进式安全钳（见图 1-148）又称为滑移动作式安全钳，或称为弹性滑移型安全钳。它的制停距离限制在一定范围内，并使得轿厢在制停时有一定的滑移距离，从而使轿厢的制停减速度不致过大。

图 1-147　瞬时式安全钳

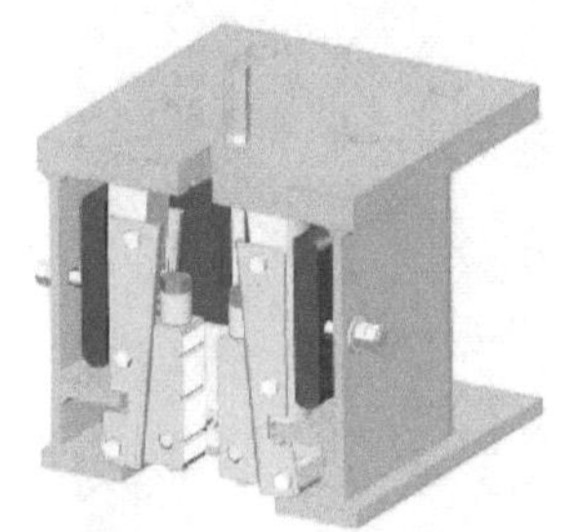

图 1-148　渐进式安全钳

渐进式安全钳与瞬时式安全钳之间的根本区别在于其安全钳制动开始之后，其制动力并非刚性固定，而是增加了弹性部件，致使安全钳制动部件作用在导轨上的压力具有缓冲作用，在一段较长的距离上制停轿厢，有效减小制动减速度，以保证人员或货物的安全。安全钳适用电梯的额定速度见表 1-38。

渐进式安全钳结构如图 1-149 所示，它与瞬时式安全钳的根本区别在于，钳座 7 是弹性结构（弹簧装置），楔块 4 被拉杆 2 提起，贴合在导轨上起制动作用，楔块 4 通过导向滚柱 6 将

表 1-38 安全钳适用电梯的额定速度

类型	适用电梯额定速度	备注
渐进式安全钳	任何速度	一般用于客梯
瞬时式安全钳	≤0.63m/s	一般用于货梯

推力传递给导向楔块3，导向楔块后侧装有有弹性部件（弹簧）5，使楔块作用在导轨上的压力具有一定弹性。

渐进式安全钳被拆卸后，各零件如图 1-150 所示。

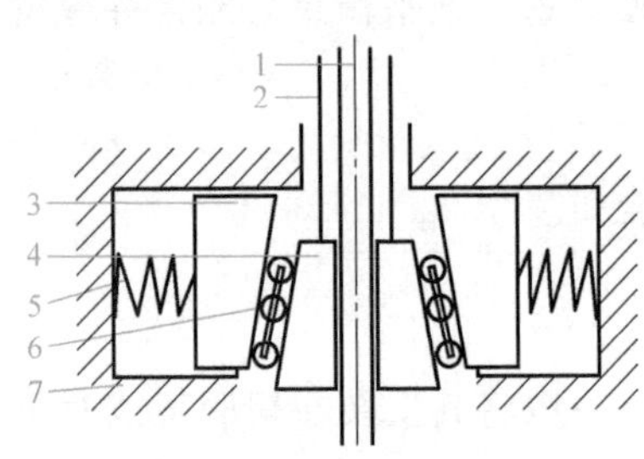

图 1-149 渐进式安全钳结构

1—导轨 2—拉杆 3—导向楔块 4—楔块
5—弹性部件 6—导向滚柱 7—钳座

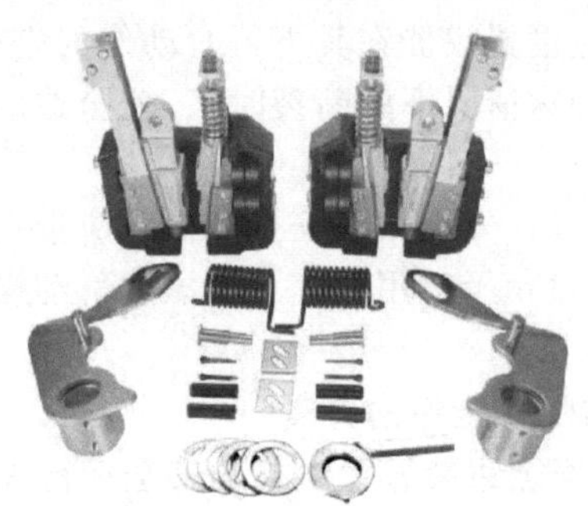

图 1-150 渐进式安全钳各零件

（四）上、下急停操作箱

急停操作箱是电梯在出现故障时，为了避免事故发生，按下急停开关后，使曳引机迅速抱闸，使得所有电路断电。在底坑中总共有两个急停操作箱，分为上急停操作箱和下急停操作箱。上急停操作箱一般安装在爬梯靠上的位置，下急停操作箱安装在底坑靠下的位置。上急停操作箱设置有上急停开关、底坑照明开关和井道照明开关等装置。下急停操作箱设置有下急停开关、底坑照明开关、底坑插座、五方通话开关和底坑照明等装置，其结构分别如图 1-151、图 1-152 所示。

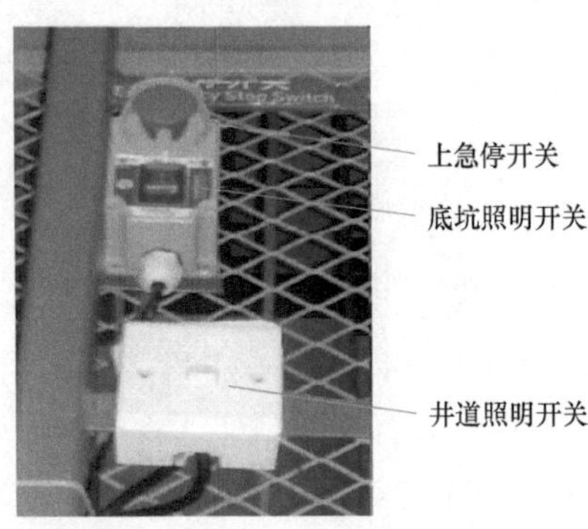

图 1-151 上急停操作箱

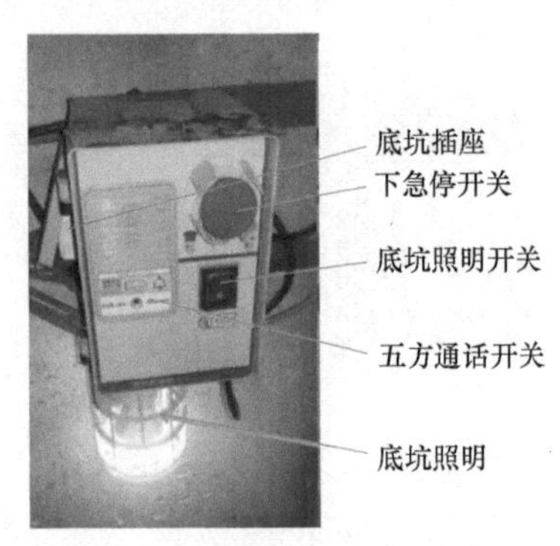

图 1-152 下急停操作箱

（五）终端保护装置

终端保护装置设在井道的顶层和底层，主要防止电气控制装置失灵和损坏导致电梯冲顶和蹲底事故的发生。该装置要有足够的直接性和可靠性。终端保护装置有强迫换速装置、限位装置和极限开关三种。前面已经阐述，现不赘述。

4.2 制订维护保养方案

一、确定工作流程

电梯底坑设备运行与维护工作流程图如图 1-153 所示。

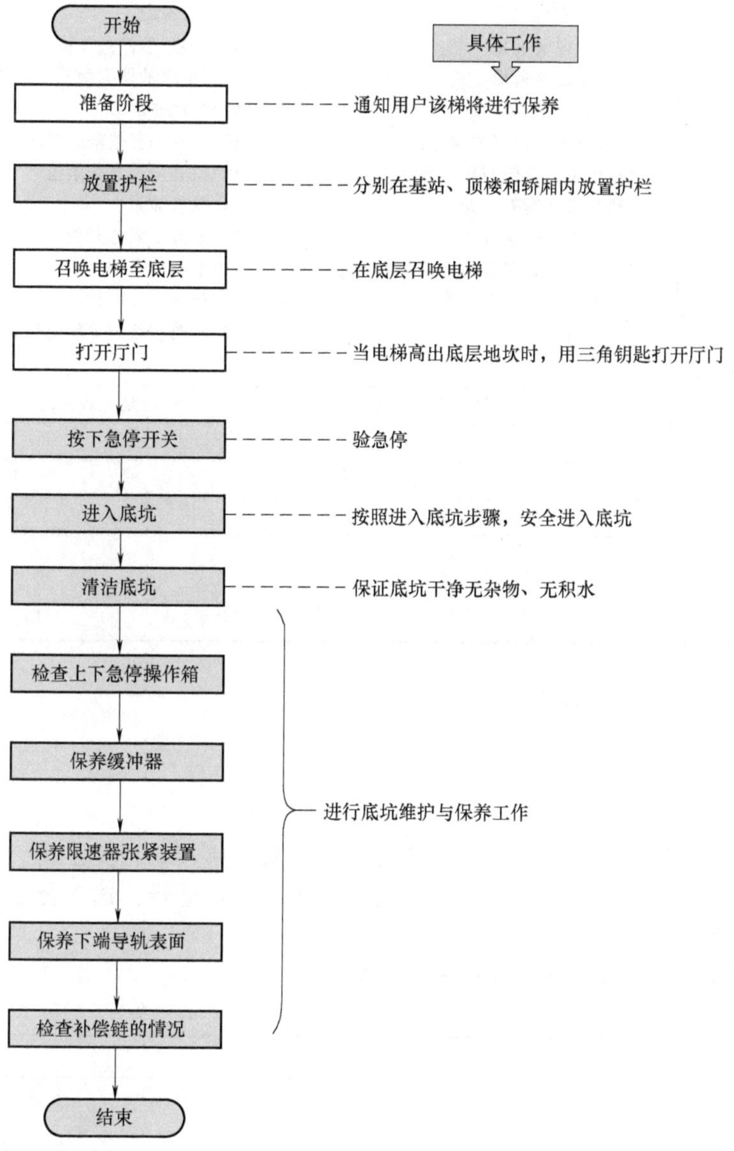

图 1-153 电梯底坑设备运行与维护工作流程图

二、工作计划的制订

在实际工作之前，预先对目标和行动方案做出选择和具体安排。计划是预测与构想，即预先进行的行动安排，围绕预期的目标，而采取具体行动措施的工作过程，随着目标的调整进行动态的改变。

电梯底坑设备维护工作计划表见表 1-39。

表 1-39　电梯底坑设备维护工作计划表

用户名称				合同号	
开工日期		电梯编号		生产工号	
计划维护日期			计划检查日期		
申报技监局	已申报/未申报		申报质监站	已申报/未申报	
维护项目的主要工作内容	1)清洁底坑 3)清洁电气装置 5)检查底坑通话 7)检查松动 9)检查和复位缓冲器开关 11)检查张紧轮与底坑地面的距离 13)检查挡绳杆位置 15)检查下换速开关 17)检查下极限开关 19)检查漆封是否完整 21)检查安全钳开关			2)清理油脂 4)保养下急停操作箱 6)明确缓冲器类型 8)检查油位 10)检查和复位限速器断绳开关 12)检查限速器张紧轮 14)检查撞板 16)检查下限位开关 18)清洁安全钳 20)检查连杆机构 22)检查楔块与导轨间隙	
准备工作情况及存在问题					
人员分工	姓名	岗位(工作内容)	负责人	计划完成时间	操作证
项目经理签字(章)					日期：　年　　月　日
客户/监理工程师　审批意见： 签字(章)　　日期：　年　　月　　日					

4.3　电梯底坑设备维护保养任务实施

一、任务准备

根据电梯底坑设备的运行与维护工作流程要求，从仓库领取相关工具、材料和仪器。了解相关工具和仪器的使用方法，检查工具、仪器是否能正常运行，选择合适的材料，并准备电梯底坑设备的运行与维护所需的工具。

电梯底坑设备运行与维护的工具清单见表 1-40。

表 1-40　电梯底坑设备运行与维护的工具清单

序号	工具名称	数量	单位	图样
1	三角钥匙	1	把	
2	拉力计	1	个	

（续）

序号	工具名称	数量	单位	图样
3	一字螺钉旋具	1	把	
4	十字螺钉旋具	1	把	

二、实施安全进出底坑相关设备检查

依据电梯井道保养安排要求，按照相关国标和规则的要求，遵循安全进出底坑相关设备检查流程要求，通过检查、清洁、润滑，实施安全进出底坑相关设备检查（包括门区、轿底位置、层门门锁、上急停、下急停、井道照明、底坑照明、底坑通话、爬梯等设备的检查），实施过程中应进行自检，且确保操作过程符合安全操作规范和“6S”管理内容的要求，并就保养内容和反馈情况填写安全进出底坑相关设备检查记录，确保电梯能够正常运行。

（一）底坑运行与维护准备工作

底坑运行与维护准备工作见表1-41。

表1-41 底坑运行与维护准备工作

序号	步骤名称	运行与维护步骤图示	步骤描述及实施技术要求
1	放置层站护栏	电梯维护中 ELEVATOR MAINTENANCE 请勿靠近 STOP USING	放置层门外护栏 1)要求将层门入口处包围 2)护栏标识朝外
2	打开层门		轿内检修人员检修上行，开至维修人员能够安全进入底坑的位置，厅外维修人员打开底层层门
3	放置顶门器、验证门锁开关		1)放置顶门器，并确保层门门缝宽度小于肩宽 2)轿内维修人员无法检修运行，证明底层门锁有效

（续）

序号	步骤名称	运行与维护步骤图示	步骤描述及实施技术要求
4	完全打开层门		完全打开层门，顶门器安装牢固有效
5	按下上急停开关		按下底坑上急停开关，轿内检修人员无法检修运行，证明底坑上急停开关有效
6	打开井道和底坑照明		打开底坑照明开关，检查底坑照明装置是否完好
7	顺爬梯进入底坑		顺爬梯进入底坑时，注意保持三点接触，确保安全进入底坑
8	按下下急停开关、恢复上急停开关		按下底坑下急停开关，恢复上急停开关，轿内检修人员无法运行电梯，证明底坑下急停开关有效

（二）安全出底坑步骤

安全出底坑步骤见表 1-42。

三、实施底坑设备的维修保养

（一）清洁底坑

清洁底坑见表 1-43。

表 1-42 安全出底坑步骤

序号	步骤名称	运行与维护步骤图示	步骤描述及实施技术要求
1	完全打开层门	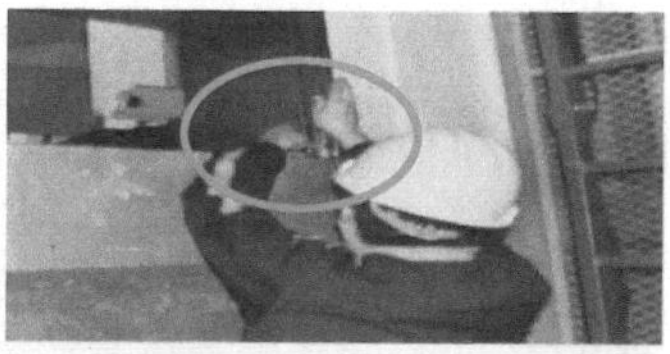	厅外维修人员打开底层层门，放置好顶门器
2	恢复下急停开关和关闭底坑照明	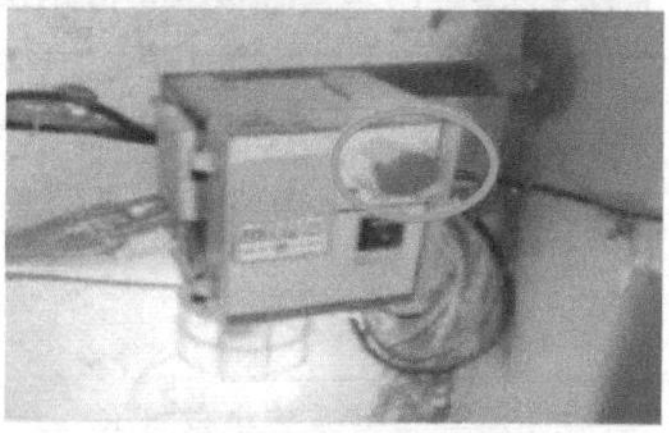	轿内维修人员按下轿内急停按钮后，底坑维修人员恢复下急停开关
3	爬出底坑		爬出底坑时，注意保持三点接触，确保安全爬出底坑
4	恢复上急停开关		恢复底坑上急停开关
5	关闭层门		取出顶门器，关闭底层厅门

表 1-43 清洁底坑

序号	步骤名称	运行与维护步骤图示	运行与维护说明
1	清洁底坑		1）灰尘、杂物、水的清洁 2）用抹布、刷子、吸尘器等进行清洁
2	清理油脂		用煤油、柴油清理底部导轨表面油脂，清理导轨油槽

（续）

序号	步骤名称	运行与维护步骤图示	运行与维护说明
3	清洁电器装置		用刷子清理下急停操作箱、下保护开关、缓冲器、限速器张紧装置

（二）保养下急停操作箱

保养下急停操作箱见表1-44。

表1-44　保养下急停操作箱

序号	步骤名称	运行与维护步骤图示	运行与维护说明
1	维护下急停操作箱		1)接线无松动 2)螺栓无松动
2	检查底坑通话	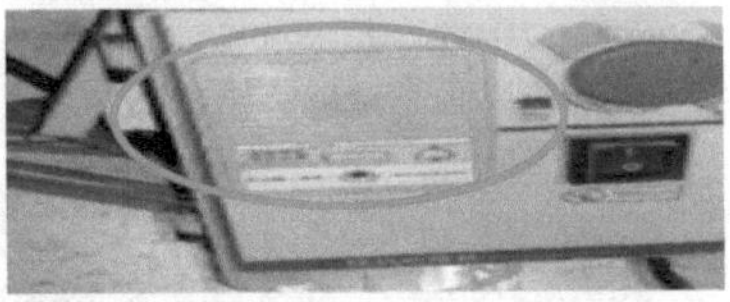	检查底坑通话功能是否正常

（三）保养轿厢（对重）缓冲器

保养轿厢（对重）缓冲器见表1-45。

表1-45　保养轿厢（对重）缓冲器

序号	步骤名称	运行与维护步骤图示	运行与维护说明
1	清洁缓冲器		用毛巾对缓冲器表面进行清洁，在缓冲器弹簧表面涂上黄油，以防止生锈
2	检查松动		检查缓冲器安全开关接线有无松动，缓冲器安装螺栓有无松动
3	检查油位		检查油位是否在游标刻度线中间

（续）

序号	步骤名称	运行与维护步骤图示	运行与维护说明
4	检查缓冲器开关		动作缓冲器开关，电梯无法检修运行

（四）保养限速器张紧装置

保养限速器张紧装置见表1-46。

表1-46 保养限速器张紧装置

序号	步骤名称	运行与维护步骤图示	运行与维护说明
1	清洁张紧轮装置		用毛巾擦拭限速器张紧轮上的污垢，保证其清洁
2	检查松动		1）检查接线、螺栓是否松动 2）确保接线牢固、螺栓固定牢固
3	加润滑油		对张紧轮轴承加注润滑油
4	检查限速器断绳开关	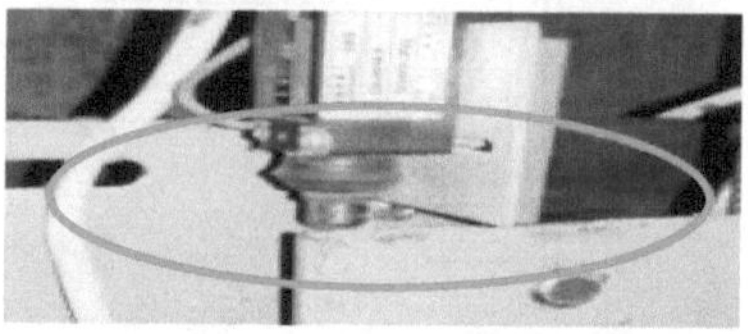	动作限速器断绳开关，电梯无法检修运行。断绳开关动作尺寸为50~100mm
5	检查张紧轮与底坑地面的距离	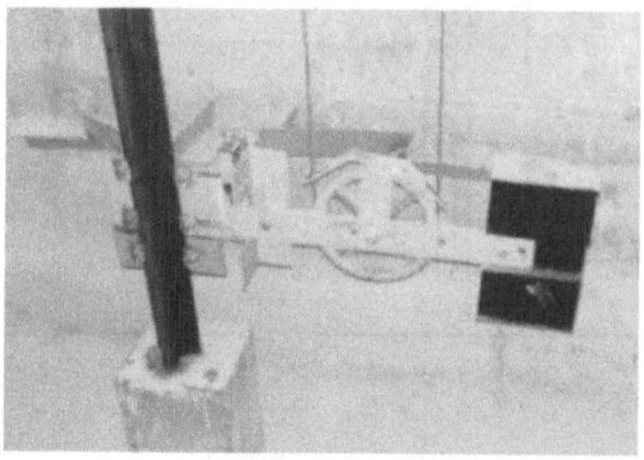	测量张紧轮与底坑地面的距离，根据电梯速度调整： 1）低速电梯：400mm±50mm 2）快速电梯：550mm±50mm 3）高速电梯：750mm±50mm

（续）

序号	步骤名称	运行与维护步骤图示	运行与维护说明
6	检查限速器张紧轮		检查限速器张紧轮的磨损，挡绳杆和盖板是否完好无损

经验寄语：手动限速器张紧轮开关有效，还需要检测打板和开关的相对位置，确保限速器钢丝绳断裂后，打板能打断安全开关。

（五）检查撞板和极限开关

检查撞板和极限开关见表1-47。

表1-47　检查撞板和极限开关

序号	步骤名称	运行与维护步骤图示	运行与维护说明
1	检查撞板	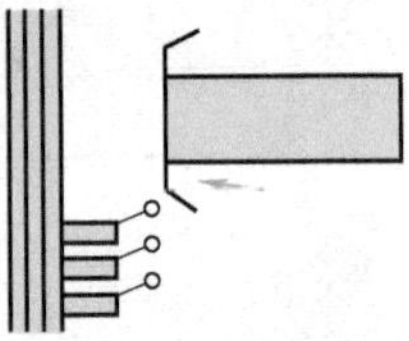	检查撞板固定是否可靠
2	检查下换速开关	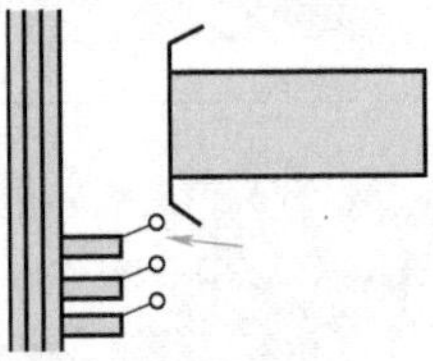	检查下换速开关功能是否正常
3	检查下限位开关	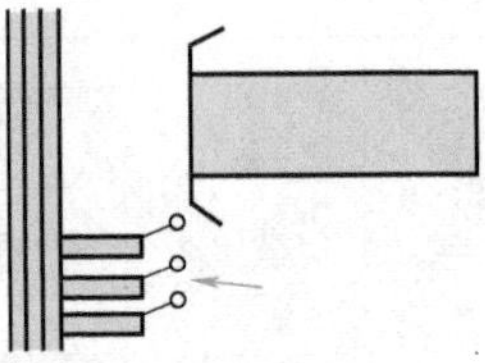	检查下限位开关功能是否正常
4	检查下极限开关	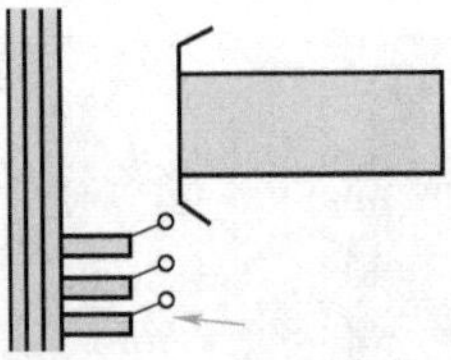	检查下极限开关功能是否正常

（六）保养安全钳装置

安全钳装置的运行与维护见表1-48。

表 1-48　安全钳装置的运行与维护

序号	步骤名称	运行与维护步骤图示	运行与维护说明
1	检查、清洁安全钳		检查安全钳各部件安装是否牢固，对安全钳进行清洁
2	检查漆封		检查安全钳漆封是否完整，不得拆封调整
3	检查楔块与导轨的间隙		安全钳楔块与导轨的间隙应均匀，一般为 2~3mm
4	试运行电梯		1）电梯底坑保养结束后，应检测电梯上下运行是否正常 2）维修人员收回工具和防护栏，并清洁现场环境

四、电梯底坑设备维护保养实施记录表

实施记录表是对修理过程的记录，保证维护保养任务按工序正确执行，对维护的质量进行判断，完成附表 9 电梯底坑设备维护保养实施记录表的填写。

4.4　工作验收、评价与反馈

一、工作验收表

维护保养工作结束后，电梯维护保养工确认是否所有部件和功能都正常。维护站应会同客户对电梯进行检查，确认电梯维护保养工作已全部完成，并达到客户的修理要求。完成附表 1 电梯底坑设备运行与维护工作验收表。

二、自检与互检

完成附表 2 电梯底坑设备维护的自检、互检记录表。

三、小组总结报告

同学们以小组形式，通过演示文稿、展板、海报、录像等形式，向全班展示、汇报学习成果，完成附表 3 小组总结报告。

四、小组评价

各小组可以通过各种形式，对整个任务完成情况的工作总结进行展示，以组为单位进行评价，完成附表 4 小组评价表。

五、填写评价表

维护保养工作结束后，维护人员完成附表 5 总评表，并对本次维护保养工作打分。

4.5 知识拓展——故障实例

故障实例 1：电梯运行至顶层平层后，电梯无法运行。

故障分析：

曳引钢丝绳伸长后，对重压在对重缓冲器上，对重缓冲器安全开关动作，切断电梯控制回路，电梯无法运行。

排除方法：

裁剪曳引钢丝绳，一般截取长度为 300~400mm。

故障实例 2：电梯上行正常运行，下行无法运行。

故障分析：

1）下限位开关失效。

2）下强迫换速开关失效。

排除方法：

1）更换下限位开关。

2. 更换下强迫换速开关。

4.6 思考与练习

一、填空题

1. 当电梯轿厢分别在上、下两端站平层位置时，轿厢（或对重）底部撞板与油压缓冲器顶面的垂直距离应为________。

2. 在安装两个弹簧缓冲器时应垂直，缓冲器之间顶面的水平度公差为________。

3. 限速器张紧装置与底坑地面的距离为________。

4. 缓冲器中心与轿厢、对重装置的撞板中心的偏差不大于________。

5. 将安全钳楔块等安装完毕后，应调整楔块拉杆螺母，使楔块面与导轨的侧面间隙为________。

二、简答题

1. 请列举电梯底坑的设备。

2. 简述电梯缓冲器的类型及其特点。

3. 简述安全进入底坑的步骤。

项目 2 自动扶梯的运行与维护

【项目分析】

自动扶梯的运行与维护，主要包括梯路系统、扶手系统、驱动系统、电气系统的运行与维护等内容。本项目介绍了自动扶梯桁架、梯级、驱动主机、驱动链、扶手系统、安全开关、电气回路等设备的维护保养方法和技术标准，自动扶梯安全操作规程，企业管理流程等。采用项目教学的方法，引入企业自动扶梯运行管理的工作流程，通过实训、参观、汇报等方式，让学生们体验真实的自动扶梯维护和保养情境，帮助学生们提高自动扶梯维护技能水平。

【项目目标】

通过本项目的学习，使学生具备以下专业能力：

1）熟悉自动扶梯的基本结构和工作原理。

2）熟悉企业运行与维护业务流程、管理单据及特别注意事项，理解自动扶梯维护保养的方法和技术标准。

3）会使用各种工具及仪器仪表，特别是先进的诊断设备。会检查自动扶梯运行与维护的工作性能，解决生产过程中实际问题，为企业创造价值。

4）能展开组织讨论，具备学习新知识、新技术的能力。

5）会撰写自动扶梯运行与维护工作总结，填写工作任务单、工作报告等。

6）掌握安全操作规程、自动扶梯运行与维护的 6S 管理规范，使学生养成良好的安全和文明生产的行为习惯。

【项目准备】

1. 资源要求

1）自动扶梯实训室，配备教学自动扶梯 2 台。

2）万用表、声级计、转速表、绝缘表 2 套，通用维修工具 10 套。

3）多媒体教学设备。

2. 原材料准备

自动扶梯齿轮油、润滑脂、清洁剂、除锈剂、砂纸、手套、纱布等材料。

3. 相关资料

日立、三菱、奥的斯、通力维修手册，电子版维修资料。

【工作任务】

按企业工作过程（资讯—决策—计划—实施—检验—评价）要求完成自动扶梯的运行与维护。其中包括：

1）自动扶梯梯路系统的运行与维护。

2）自动扶梯扶手系统的运行与维护。

3）自动扶梯驱动系统的运行与维护。

4）自动扶梯电气系统的运行与维护。

【预备知识】

1. 填写自动扶梯梯路系统维护保养任务书

自动扶梯维护人员接收维护组长给出的自动扶梯梯路系统维护和保养任务书，到达现场与客户方的自动扶梯管理员进行现场情况沟通。通过沟通获取自动扶梯的型号、参数，阅读相应的安全操作规范，做好自动扶梯运行记录，了解本次工作的基本内容，填写自动扶梯维护保养任务书，见表2-1。

表2-1 自动扶梯维护保养任务书（梯路系统）

1. 工作人员信息			
维护人员		维护时间	
2. 自动扶梯基本信息			
自动扶梯型号		自动扶梯参数	
用户单位		用户地址	
联系人		联系电话	

3. 工作内容			
序号	项目	序号	项目
1	上下盖板、楼层板的清洁	8	梯级导轨的清洁、调整
2	上机房的清洁	9	驱动主机的清洁、检查
3	下机房的清洁	10	驱动链条的清洁、润滑、检查
4	梯级的清洁	11	梯级链条的清洁、润滑、检查
5	扶手的清洁	12	梳齿板的调整、检查
6	梯级的拆卸、清洁、润滑	13	润滑装置的清洁、检查
7	梯级的安装与调整	14	安全上下机房

2. 认识自动扶梯

（1）自动扶梯的定义　自动扶梯是带有循环运行梯级，用于向上或向下倾斜输送乘客的固定电力驱动设备。自动扶梯是由一台特殊结构形式的链式输送机和两台特殊结构形式的胶带输送机组合而成的，有循环运动梯路，有在楼层间向上或向下倾斜输送乘客的固定电力驱动设备，是连续运载人员上下的输送机械。

自动扶梯机械结构如图2-1所示。

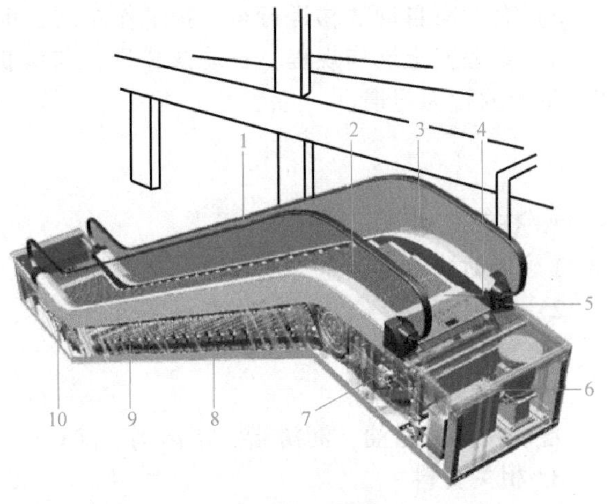

图2-1 自动扶梯机械结构

1—扶手带　2—梯路　3—扶手护栏　4—梳齿板
5—扶手带入口板　6—进出口盖、楼层板
7—驱动站　8—桁架　9—导轨　10—回转站

（2）自动扶梯的分类　自动扶梯可根据栏杆形式、用途、有效宽度、提升高度、额定速度等来进行分类。常见自动扶梯见表2-2。

1）按栏杆形式分类。

① 透明式自动扶梯：栏杆为玻璃。

② 嵌板式自动扶梯：栏杆的护壁板主要由不锈钢板、涂装钢板等构成。

2）按用途分类。

表 2-2 常见自动扶梯

图示	自动扶梯名称	图示	自动扶梯名称
	透明式自动扶梯		室外用自动扶梯
	嵌板式自动扶梯		2人自动扶梯
	一般型自动扶梯		标准提升高度自动扶梯
	公共交通型自动扶梯		大提升高度自动扶梯

① 一般型自动扶梯：主要在百货商场、购物中心等零售场所使用，自动扶梯使用率比较低，一般不进行调速。自动扶梯速度一般不超过0.5m/s，提升高度不超过3.5m。

② 公共交通型自动扶梯（见图2-2）：面向车站等公共交通设施，额定速度可切换的自动扶梯。为强化输送能力，使乘客尽快到达目的层，需提高自动扶梯的运行速度，特别针对乘客的安全性和自动扶梯的强度采取对策进行开发。它属于一个公共交通系统的组成部分，包括出口和入口处；适应每周运行时间约140h，并且在任何3h的间隔内，持续重载时间不少于

图2-2 公共交通型自动扶梯

0.5h，其载荷应达100%的制动载荷。

③ 室外用自动扶梯（见图2-3）：针对室外的降雨、阳光直射等影响采取对策的自动扶梯，对所有部件防锈、主机及安全装置的防护等级有特殊要求。

图2-3 室外用自动扶梯

3）按有效宽度分类。自动扶梯的有效宽度是指梯级宽度的工程尺寸，规定不小于580mm，且不超过1100mm，通常为600mm、800mm、1000mm三种规格，如图2-4所示。

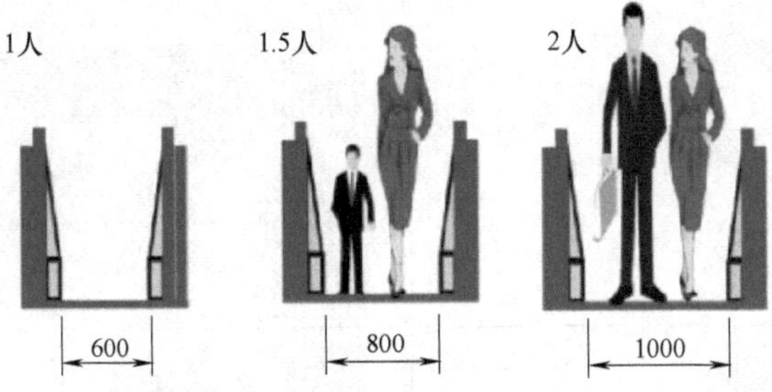

图2-4 自动扶梯的有效宽度

4）按提升高度分类。自动扶梯进出口两楼层板之间的垂直距离称为自动扶梯的提升高度，如图2-5所示。

① 标准提升高度自动扶梯：一般指提升高度不超过6.5m的自动扶梯。

② 大提升高度自动扶梯：一般指提升高度为6.5~13m（1200型）的自动扶梯。

③ 超高提升高度自动扶梯：指提升高度超过13m的自动扶梯。

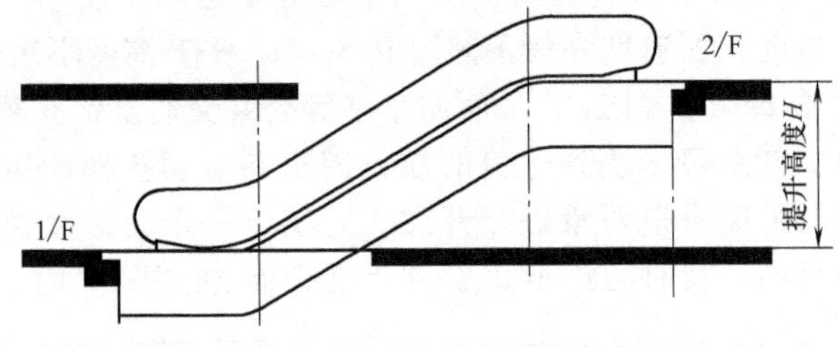

图2-5 自动扶梯的提升高度

5）按倾斜角分类。自动扶梯的倾斜角最高为35°，普遍为30°。倾斜角小于30°的自动扶梯，最高速度不超过0.75m/s，而超过30°的自动扶梯，最高速度不超过0.5m/s，如图2-6所示。

自动扶梯的速度有0.5m/s、0.65m/s、0.7m/s，倾斜角为30°的自动扶梯以0.5m/s的速度运行，乘客每秒上升或下降0.25~0.28m。低速自动扶梯的缓冲区较短，高速自动扶梯的缓冲区较长，如图2-7和图2-8所示。

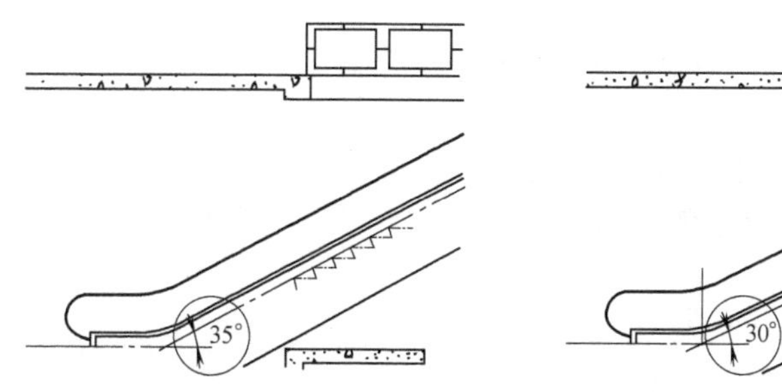

图 2-6　自动扶梯的倾斜角

图 2-7　低速自动扶梯缓冲区

图 2-8　高速自动扶梯缓冲区

任务 5　梯路系统的运行与维护

【必学必会】

通过本部分课程的学习，你将学习到：

1. 知识点

1）理解自动扶梯的定义和分类。

2）熟悉自动扶梯梯路系统的基本结构和工作原理。

3）掌握梯级、梯级导轨的拆卸、清洁、润滑、更换与调整的方法。

4）理解企业的维护保养业务流程、管理单据及特别注意事项。

5）掌握安全操作规程，使学生养成良好的安全和文明生产的习惯。

2. 技能点

1）会搜集和使用相关的自动扶梯维护保养资料。

2）会制订维护保养计划和方案。

3）能正确使用工具、物料。

4）会实施梯级、梯级导轨拆卸、清洁、润滑、检查、更换的操作。

5）能正确填写相关技术文件，完成梯路系统的维护和保养。

【任务分析】

1. 重点

1）会实施自动扶梯梯级拆卸、清洁、润滑、检查、更换的操作。

2）会实施自动扶梯梯路导轨、附加装置检查、清洁、润滑、调整的操作。

3）会撰写维修保养工作总结，填写维修保养单。

4）能正确填写相关技术文件，完成梯路系统的维护和保养。

2. 难点

1）能展开组织讨论，具备新技术的学习能力。

2）能完成自动扶梯梯路系统的故障排除。

5.1 研习自动扶梯梯路系统的结构与布置

一、自动扶梯梯路系统的基本结构组成及作用

自动扶梯主要由桁架、梯路系统、扶手系统、驱动系统、安全保护系统等构成，如图 2-9 所示。梯级在乘客入口处做水平运动（方便乘客登梯），然后逐渐形成阶梯，接近出口处阶梯逐渐消失，梯级再次做水平运动。这些运动都是由梯级主轮、辅轮沿不同的导轨行走来实现的。

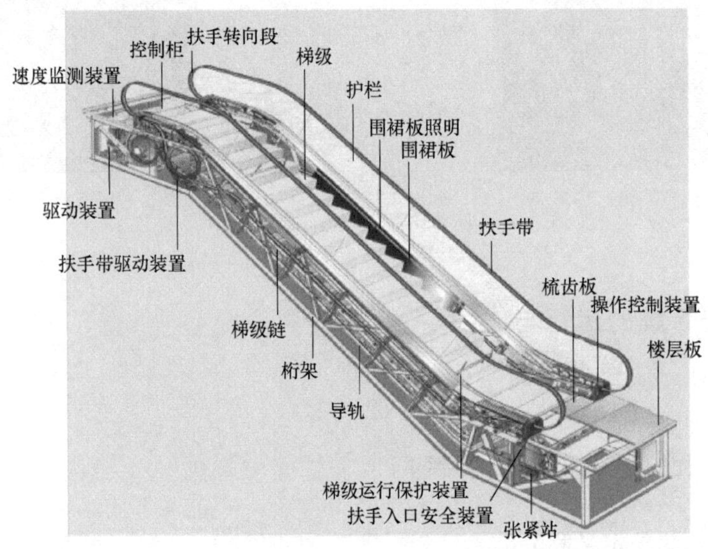

图 2-9 自动扶梯结构图

（一）桁架结构

由于自动扶梯需同时运载大量人流，支撑结构便显得格外重要。一般来说，支撑全部采用金属结构，由不同规格的角钢焊接而成，大提升高度自动扶梯则要采用双层的结构，以承受更强的负载，如图 2-10 所示。

图 2-10 自动扶梯桁架结构

自动扶梯的桁架支撑着全体自重、外装及乘客载荷，提供驱动机组、栏杆、导轨等固定的位置，并保持其相互的位置关系。其制造所使用的材料主要有热轧角钢和冷弯方钢两种，采用焊接的方法制造，两支撑间的最大挠度小于1/1500，如图2-11所示。

图2-11 自动扶梯桁架

桁架由上弦杆、斜杆、纵梁、下弦杆和底板等组成，如图2-12所示。

（二）驱动系统

驱动系统是拖动自动扶梯运行的主要装置。自动扶梯通过主驱动链，将电动机旋转提供的动力传递给驱动主轴，带动梯级链轮和扶手链轮，从而带动梯级和扶手运行。自动扶梯驱动主机由电动机、减速器、制动器、传动链条及驱动和回转主轴等组成，如图2-13所示。

斜杆
底板
纵梁
上弦杆
下弦杆
底板

图2-12 自动扶梯桁架的组成

驱动主机的工作原理是：电动机产生动力，经由减速器减速，为自动扶梯提供动力使其正常工作，制动器在自动扶梯产生故障时能够停止自动扶梯。

驱动主机直接安装在自动扶梯桁架上。

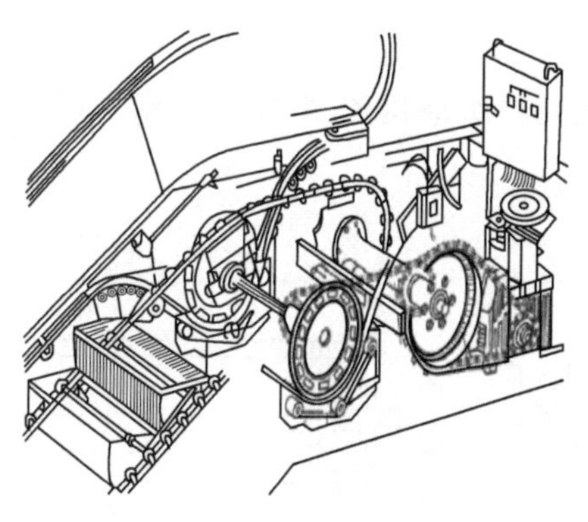

图2-13 自动扶梯驱动主机

（三）梯级

梯级由踏板、踢板、梯级支架、主轮和辅轮组成，自动扶梯的最重要部件便是梯级，梯级是直接承载乘客的部件，也是自动扶梯中数量最多的部件。

多个梯级用特定的方法组合在一起，沿着一定的轨迹运行，即形成梯路。梯路在自动扶梯内周而复始地运行，完成对人员的连续运送。自动扶梯梯级如图2-14所示。

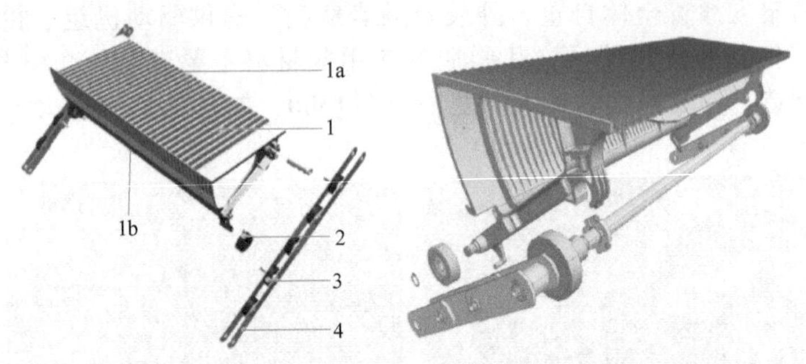

图 2-14 自动扶梯梯级

1—梯级（1a—踏板、1b—踢板） 2—梯级轮 3—梯级链轮 4—梯级链

1. 梯级的结构

梯级是特殊结构的四轮小车，有两只主轮，两只辅轮。梯级主轮与梯级链条铰接在一起，如图 2-15 所示。梯级辅轮固定在梯级上，如图 2-16 所示。全部的梯级通过按一定规律布置的导轨运行，在自动扶梯上分支的梯级保持水平，而在下分支的梯级可以倒挂。

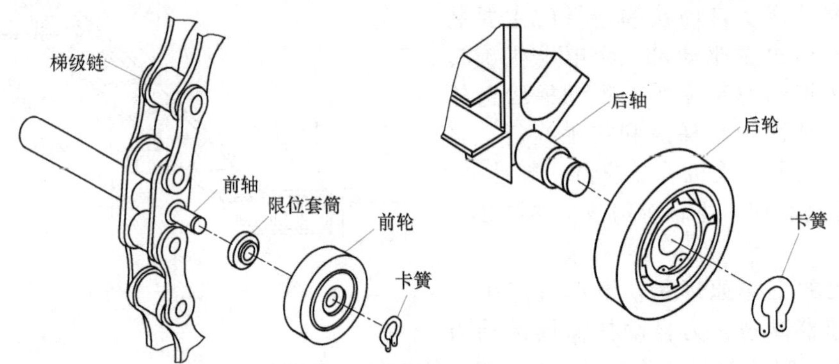

图 2-15 梯级主轮

2. 梯级结构尺寸

梯级常用型号有 800 型、1000 型、1200 型，梯级结构如图 2-17 所示，梯级结构尺寸见表 2-3。

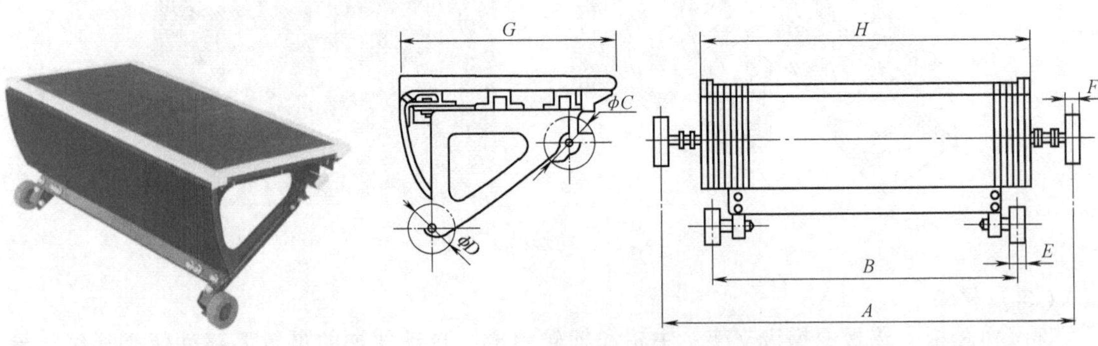

图 2-16 梯级辅轮

图 2-17 梯级结构

A—前轮中心距离 *B*—后轮中心距离 *C*—前轮直径 *D*—后轮直径 *E*—后轮宽度 *F*—前轮宽度 *G*—梯级深度 *H*—梯级宽度

表 2-3 梯级结构尺寸 （单位：mm）

	A	B	C	D	E	F	G	H
800 型	750	551.8	80	80	23	29	408.5	604
1000 型	1150	995	80	80	23	29	408.5	1004

3. 梯级主轮与辅轮的基距

梯级的几何尺寸包括梯级宽度、梯级深度、主轮与辅轮之间的基距及主轮间距。对梯级结构形式影响较大的几何尺寸是主轮与辅轮之间的基距。梯级的宽度一般有 0.6m（1 人）、0.8m（1.5 人）、1m（2 人）。而梯级可分为三个基距，短基距可缩减整条自动扶梯的体积，长基距则可使梯级更平稳。自动扶梯一般选用中基距，在两者间取得平衡，如图 2-18 所示。

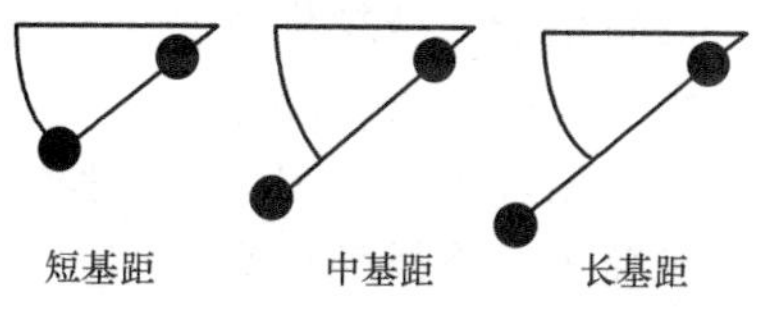

图 2-18 梯级主轮与辅轮的基距

4. 梯级的材料

自动扶梯梯级一般采用不锈钢材料，颜色为黑灰色，或采用整体铝合金压铸，其优点是重量轻、精度高、外表美观，装有黄色边框（警戒条），以提示乘客站在边框以内区域，梯级滚轮采用高强度进口聚氨酯制作。

小知识：日立不锈钢梯级

日立自动扶梯梯级采用不锈钢踏板，表面采用防滑加工，黄色的分界线更醒目，踏板两端有 8mm 高的台阶，如图 2-19 所示。

不锈钢梯级的特点：

1）耐用、耐腐蚀。耐压强度为铝合金的 3 倍。

2）不会折断，防滑，安全性提高。

3）即使发生变形，也可以修复，降低了维修成本。

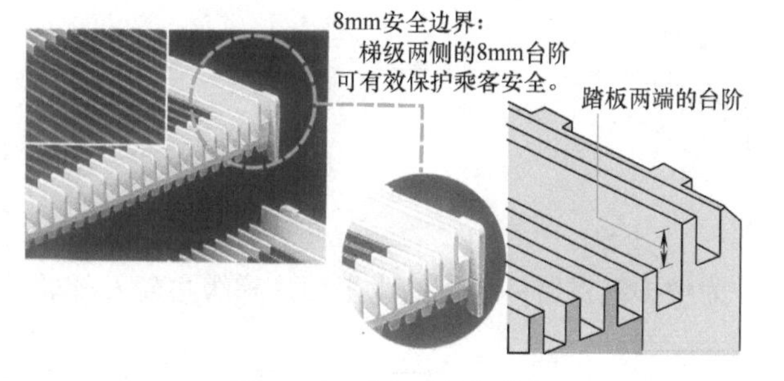

图 2-19 日立不锈钢梯级

5. 梯级的维护

梯级固定在梯级轴上且不须拆除梯级轴及栏杆即可从下机房中轻松拆除，有很好的互换性，方便维修保养，即使不装设梯级也可进行保养运转，如图 2-20 所示。

（四）自动扶梯导轨

自动扶梯导轨由上部导轨、倾斜段导轨以及反向导轨组成。分主轨、辅轨、反轨、辅反轨和防跳轨等，如图 2-21 所示。

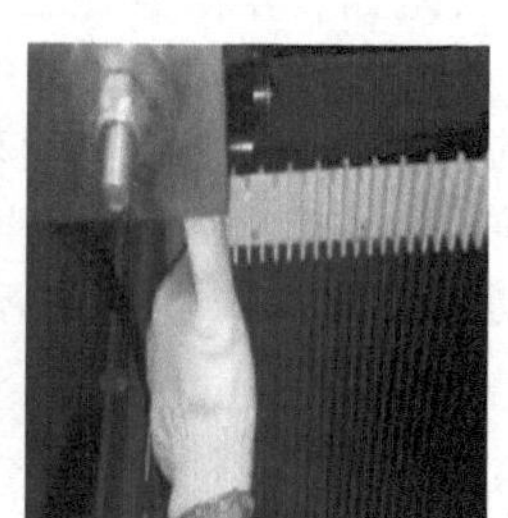

图 2-20 梯级的拆卸

图 2-21 梯级导轨

导轨系统分为上、下转向部导轨系统和中间部直线导轨系统。上、下转向部导轨系统的各导轨、反轨之间几何关系比较复杂，为准确控制各导轨的尺寸，将同一侧导轨、反轨固定在一块侧板上，形成一个组件。上、下转向部导轨系统的端部附有使梯级、梯级链条回转的转向壁结构，下部转向壁可移动，配合张力调整器来满足梯级链条张力的需要。

反轨位于上链轮导轨上面，与梯级链轮间的距离为 1mm，其作用是防止梯级链断裂时梯路下滑，如图 2-22 所示。

上下回转中心采用全程防偏，使梯级运行更稳定、更舒适，保证梯级在正常公差范围之内不擦梳齿，不擦围裙板。

为了使梯级在运动全程不会因偏摆而与围裙板发生摩擦，在工作轨外侧还专门设计装有滚轮限位导轨，采用低摩擦材料制造，能保证梯级在运行中不会摩擦围裙板，如图 2-23 所示。

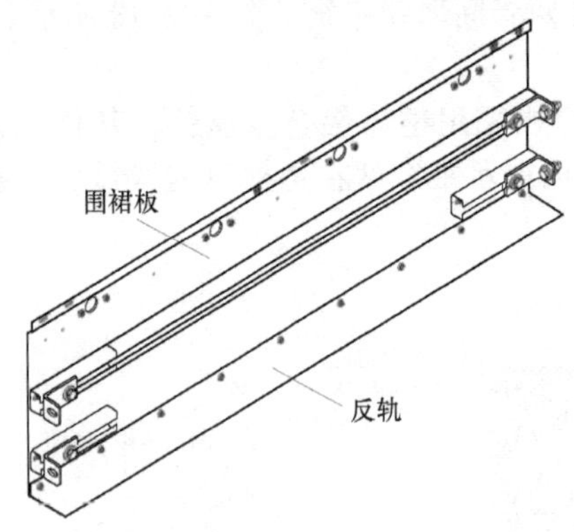

图 2-22 反轨

图 2-23 滚轮限位导轨

为使梯级保持一稳定的水平面，梯级主轮及辅轮分别在不同导轨上行走，如图 2-24 所示。

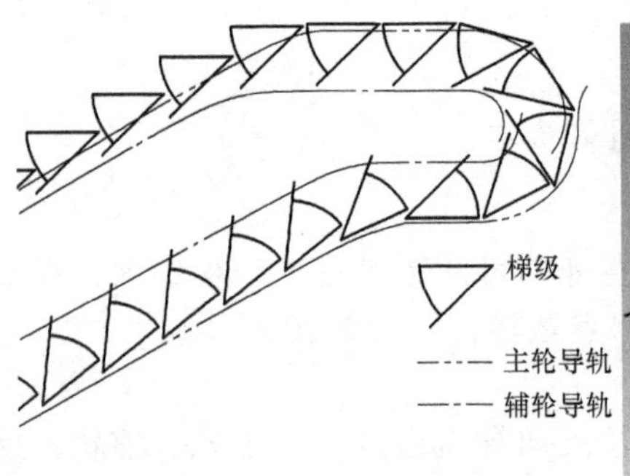

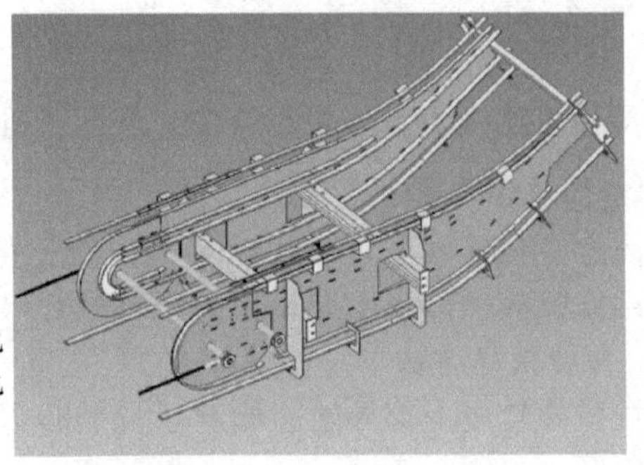

图 2-24 主轮导轨与辅轮导轨

梯路导轨使梯级按一定的规律运动以防止梯级跑偏，承受梯级主轮和辅轮传递来的载荷，具有光滑、平整、耐磨的工作表面。

为减少导轨承受的压力及延长梯级滚轮的使用寿命，导轨运转半径上、下部分别为 2000mm 和 1500mm，上、下转向部导轨系统各导轨由 10T、8T、15T 冷拉角钢制成，中间部直线导轨系统各导轨由 2.5T 钢板制成，表面镀锌处理，辅以导轨支撑板与金属架构紧固。

（五）梯路张紧装置

梯路张紧装置由鱼形板及张紧弹簧等组成，驱动和张紧装置都采用链轮结构。小提升高度自动扶梯的金属结构通常由三段组成，即上段（驱动段）、中间段和下段（张紧段），三段拼装成金属结构整体，梯级链必须借助张紧装置以保持一定的张力，如图 2-25 所示。

梯路系统是自动扶梯的承载主体，在日常维护中是很重要的项目。梯级、梯级链、驱动链要定期清洁、润滑、维护，如果发生变形、拉伸、裂纹等现象，则需要及时更换，以避免安全事故的发生。

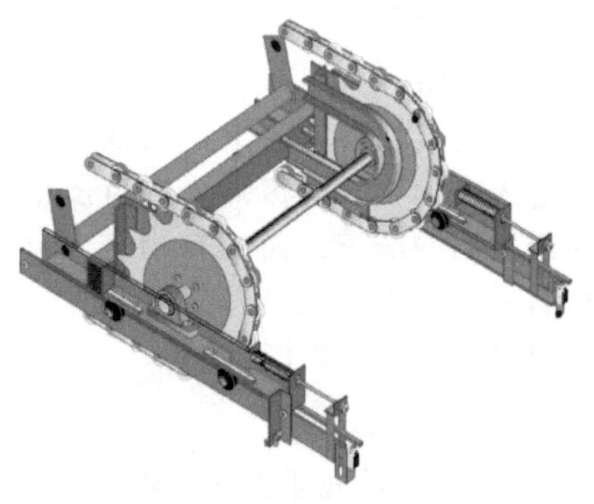

图 2-25　梯路张紧装置

二、自动扶梯附加装置

（一）自动润滑系统

自动润滑系统可自动感应传动链运行摩擦力的变化，最大程度降低自动扶梯机件的磨损和损耗。自动扶梯累计运行 10h 加油一次，用以润滑驱动链条、梯级链条，提高运行性能并延长使用寿命，如图 2-26 所示。

图 2-26　自动扶梯润滑系统

（二）梳齿板

梳齿板是位于两端出入口处，为方便乘客的过渡，并与梯级或踏板啮合的部件。其端部加工成圆角，形状应保证与梯级、踏板或胶带之间造成挤压的危险降至最低。支撑结构应为可调式，以保证正确啮合并有适当的刚度，如图 2-27 所示。

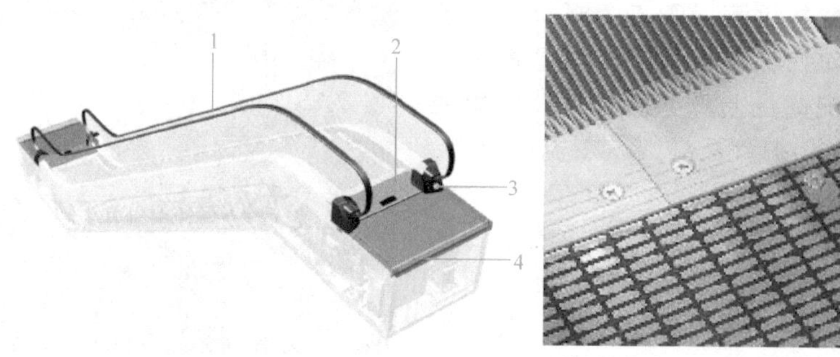

图 2-27　自动扶梯梳齿板

1—扶手带　2—梳齿板　3—扶手带入口板　4—进出口盖板（楼层板）

梳齿板是电梯的安全保护装置，梳齿板的后面有微动开关，如有异物进入可以使电梯停止运行。

梳齿板装设在梯级与出口的边界，以使鞋子能安全地通过出口，防止卡住。它可用塑胶或金属制成，塑胶梳齿板梳齿较细，所以更为安全，缺点是较易破损，反而更不安全；而金属梳齿板则较为耐用。

梳齿板的梳齿应与梯级、踏板或胶带的齿槽相啮合，如图 2-28 所示。在梳齿板踏面位置测量梳齿的宽度不应小于 2.5mm，梳齿板的梳齿与踏面齿槽的啮合深度不应小于 6mm，间隙不应大于 4mm。

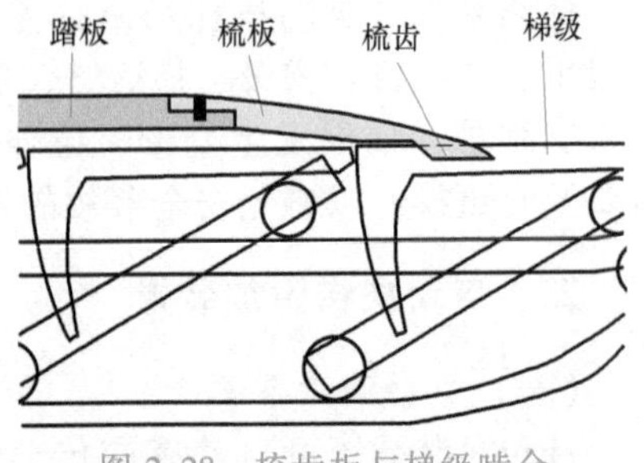

图 2-28 梳齿板与梯级啮合

小知识：

梳齿板在乘客进出自动扶梯的地方，用来掩饰梯级进入自动扶梯的区域。梳齿段结构用来掩盖梳齿和梯级之间的缝隙，防止异物进入自动扶梯的内部。如果有异物卡在梳齿和梯级之间，梳齿板便会在水平和垂直两个方向上动作。

（三）围裙板刷

在围裙板的底座上安装若干围裙板刷，提醒乘客离开围裙板站立，以免被夹伤。护壁板毛刷如图 2-29 所示。

毛刷可以防止乘客的脚碰触到护壁板而产生意外，而围裙板开关则可在异物进入护壁板时立即将自动扶梯停下，防止情况进一步恶化。

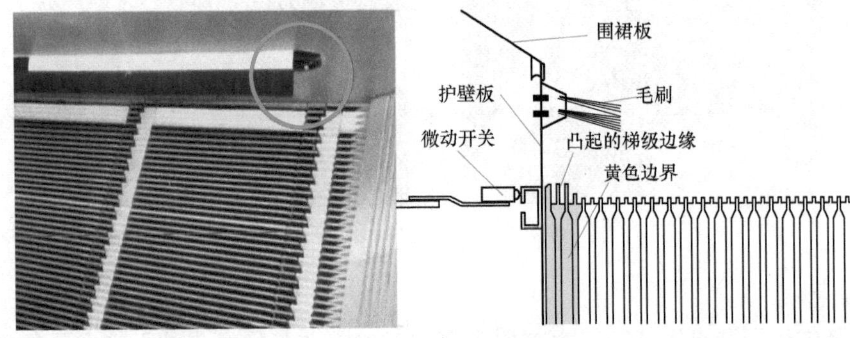

图 2-29 护壁板毛刷

（四）装饰灯

旧式装饰灯设在扶手下，既不美观也为扶手带来热量，新的自动扶梯不再采用，而是把装饰灯设在扶梯空隙或护壁板上。空隙照明灯提醒乘客站在该处会有危险，护壁板灯则设在梳齿板旁，提醒乘客要提步离开。

例如：在百货商店的自动扶梯旁摆放了变色的 LED 灯，使外貌更美观，如图 2-30 所示；一些商场在毛刷的上方，装上了一排排灯泡，使梯级产生波浪的灯光；在游乐场自动扶梯旁边装了一大批 LED 灯，使电梯外观千变万化。

图 2-30 自动扶梯装饰灯

画一画：自动扶梯土建结构图

与分解图相比，技术图样在电梯修理方面的作用很小。尽管如此，电梯维修工也应能够看懂技术图样，尤其是用于表示组装状态下的电梯技术总成的总装配图。这些图样包含各部件之间布置位置和相互作用关系方面的所有信息。此外还可能要求电梯机电维修工绘制某一部件的草图。为此，维修工必须具备绘图和测量记录方面的基本知识，能够完成自动扶梯土建结构图的绘制。

测一测：自动扶梯井道尺寸

自动扶梯井道尺寸的测量是自动扶梯安装、维修、改造的重要技能，维修工应能够完成自动扶梯井道尺寸的测量。

企业大咖点睛：

自动扶梯井道尺寸图是企业最基本的数据，自动扶梯安装质量、维护质量、验收结果与井道初始尺寸息息相关。自动扶梯的井道尺寸决定了自动扶梯的选型，也决定了自动扶梯的安全尺寸。熟悉自动扶梯的井道数据，对自动扶梯销售工作、维保工作、改造工作有很大帮助。

5.2　制订维护保养方案

一、自动扶梯梯路系统维护保养计划表

自动扶梯维护保养工每个月都会从维修站处领取自动扶梯梯路系统维护保养计划表，包括维护保养人员、维护保养日期、维护保养时间、地点、客户名称、生产工号、扶梯型号、作业类别等信息。

二、自动扶梯保养单

自动扶梯保养单包含了自动扶梯维护保养项目、内容、要求，对半月、季度、半年、年度维护保养内容进行了区分，维护保养人员根据维护保养计划表，完成相应的维护保养任务。

三、确定工作流程

自动扶梯梯路系统运行与维护工作流程图如图2-31所示。

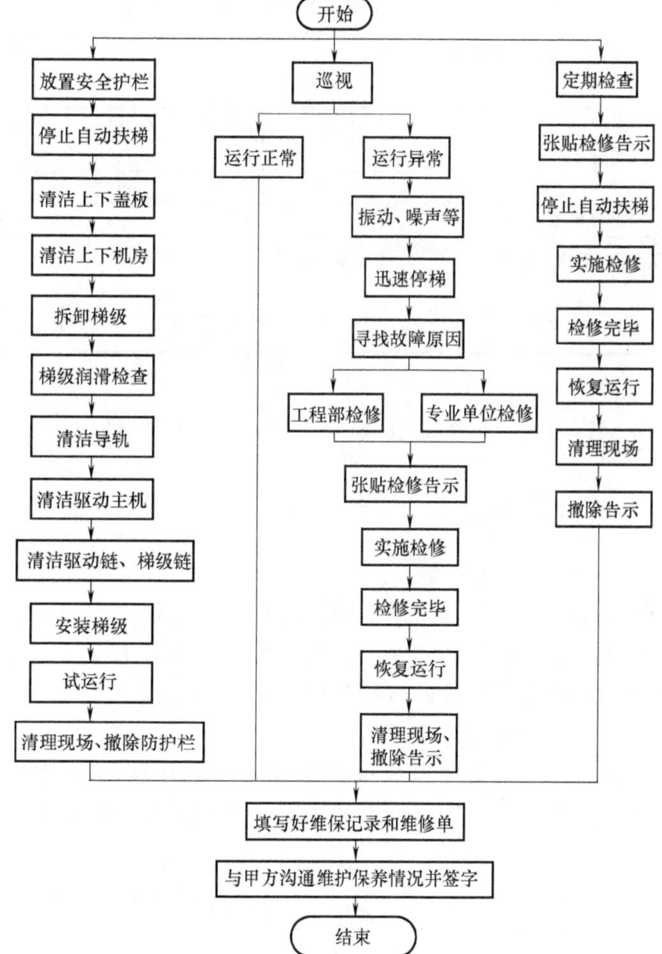

图2-31　自动扶梯梯路系统运行与维护工作流程图

四、工作计划的制订

在实际工作之前，预先对目标和行动方案做出选择和具体安排。计划是预测与构想，即预先进行的行动安排，围绕预期的目标，而采取具体行动措施的工作过程，随着目标的调整进行动态的改变。

自动扶梯梯路系统维护工作计划表见表2-4。

表 2-4　自动扶梯梯路系统维护工作计划表

用户名称				合同号	
开工日期		自动扶梯编号		生产工号	
计划维护日期			计划检查日期		
申报技监局	已申报/未申报		申报质监站	已申报/未申报	
维护项目的主要工作内容	1)上下盖板、前沿板的清洁 2)上下机房的清洁 3)梯级的拆卸 4)梯级的清洁、润滑 5)梯级轮的检查与更换 6)梯级导轨的检查、清洁与调整 7)驱动主机的清洁 8)自动扶梯制动器的检查与调整 9)驱动链的检查、清洁与润滑 10)梯级链的检查、清洁与润滑 11)梳齿板的拆洗、安装与调整				
准备工作情况及存在问题					
人员分工	姓名	岗位(工作内容)	负责人	计划完成时间	操作证
项目经理签字(章)			日期：　年　　月　　日		
客户/监理工程师	审批意见： 签字(章)　　日期：　年　　月　　日				

5.3　自动扶梯梯路系统维护保养任务实施

一、任务准备

(一) 工具的准备

根据自动扶梯梯路系统的运行与维护工作流程要求，从仓库领取相关工具、材料和仪器。了解相关工具和仪器的使用方法，检查工具、仪器是否能正常运行，选择合适的材料，并准备自动扶梯梯路系统的运行与维护所需的工具。

1. 常用维护保养工具

在自动扶梯梯路系统维护保养中可能用到的工具有：活扳手、锤子、套筒、两用扳手、钢直尺、黄铜棒、塞尺、卡簧钳等，常用工具见表 2-5。

表 2-5　自动扶梯梯路系统维护保养常用工具

工具名称	工具认识	使用方法
活扳手	固定扳唇　蜗轮和轴销　尺寸和标识　手柄　活动扳唇	开口大小可在规定的范围内进行调节，拧紧或卸掉不同规格的螺母、螺栓的工具

（续）

工具名称	工具认识	使用方法
梅花扳手	扳手柄 尺寸标识	螺母和螺栓的周围空间狭小，不能容纳普通扳手时，用来拆装一般标准规格的螺栓和螺母
固定扳手（呆扳手）	开口 尺寸标识 手柄	开口不能随意调节，在扭力较大时，可与锤子配合使用，常用单头和双头两种
套筒扳手	加速杆(弓形摇杆) 套筒 加长接杆 快速棘轮扳手 L杆(弯杆) 专用修理工具	适用于拆装位置狭小及特别隐蔽的螺栓、螺母的专用工具

2. 扳手

扳手是利用杠杆原理拧紧螺栓、螺钉、螺母和其他螺纹紧固件的手工工具。扳手一般由碳素结构钢和合金结构钢制造。

扳手按类型可以分为呆扳手、梅花扳手、两用扳手、活扳手、套筒扳手、内六角扳手等几种。梅花扳手只要转过30°，就可以改变转动方向，所以适合在狭窄的地方使用。套筒扳手是由多个六角孔和十二角孔的套筒，并配有手柄等多种附件组成的，特别适用位置十分狭小或凹陷很深的螺栓或螺母。

1）扳手开口宽度必须与螺栓的规格相匹配，如果开口宽度过大，则有打滑并造成螺栓损坏的危险。

2）扳手手柄长度应与螺栓强度相匹配，加长扳手手柄可能导致拧紧螺栓时过载。

3）将扳手正确安放到螺栓上，倾斜放置会造成螺栓损坏。

4）用另一把扳手固定住贯穿螺栓，尽可能只转动螺母。

（二）物料的准备

1. 常用维护保养物料

在自动扶梯梯路系统维护保养中可能用到的物料有：制动弹簧、制动片、销轴、棉纱、砂纸、润滑油等，常用物料见表2-6。

表2-6 自动扶梯梯路系统维护保养常用物料

物料认识	相关介绍
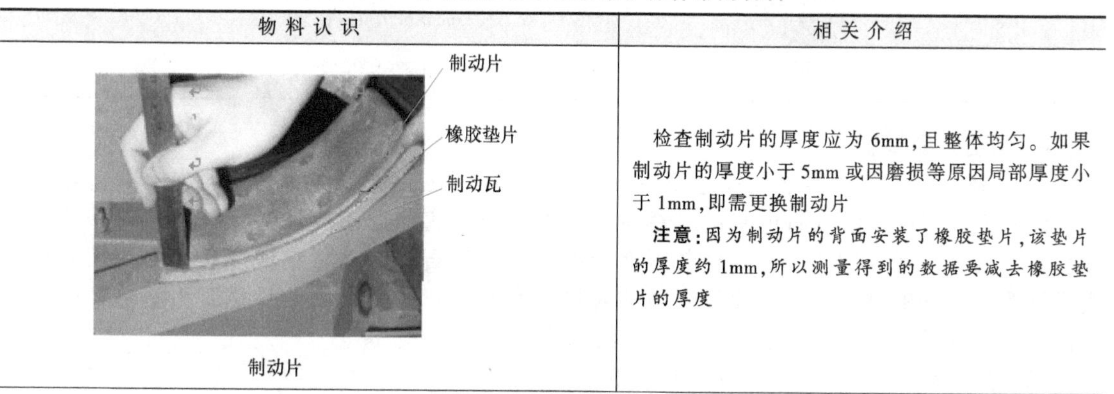 制动片	检查制动片的厚度应为6mm，且整体均匀。如果制动片的厚度小于5mm或因磨损等原因局部厚度小于1mm，即需更换制动片 **注意**：因为制动片的背面安装了橡胶垫片，该垫片的厚度约1mm，所以测量得到的数据要减去橡胶垫片的厚度

（续）

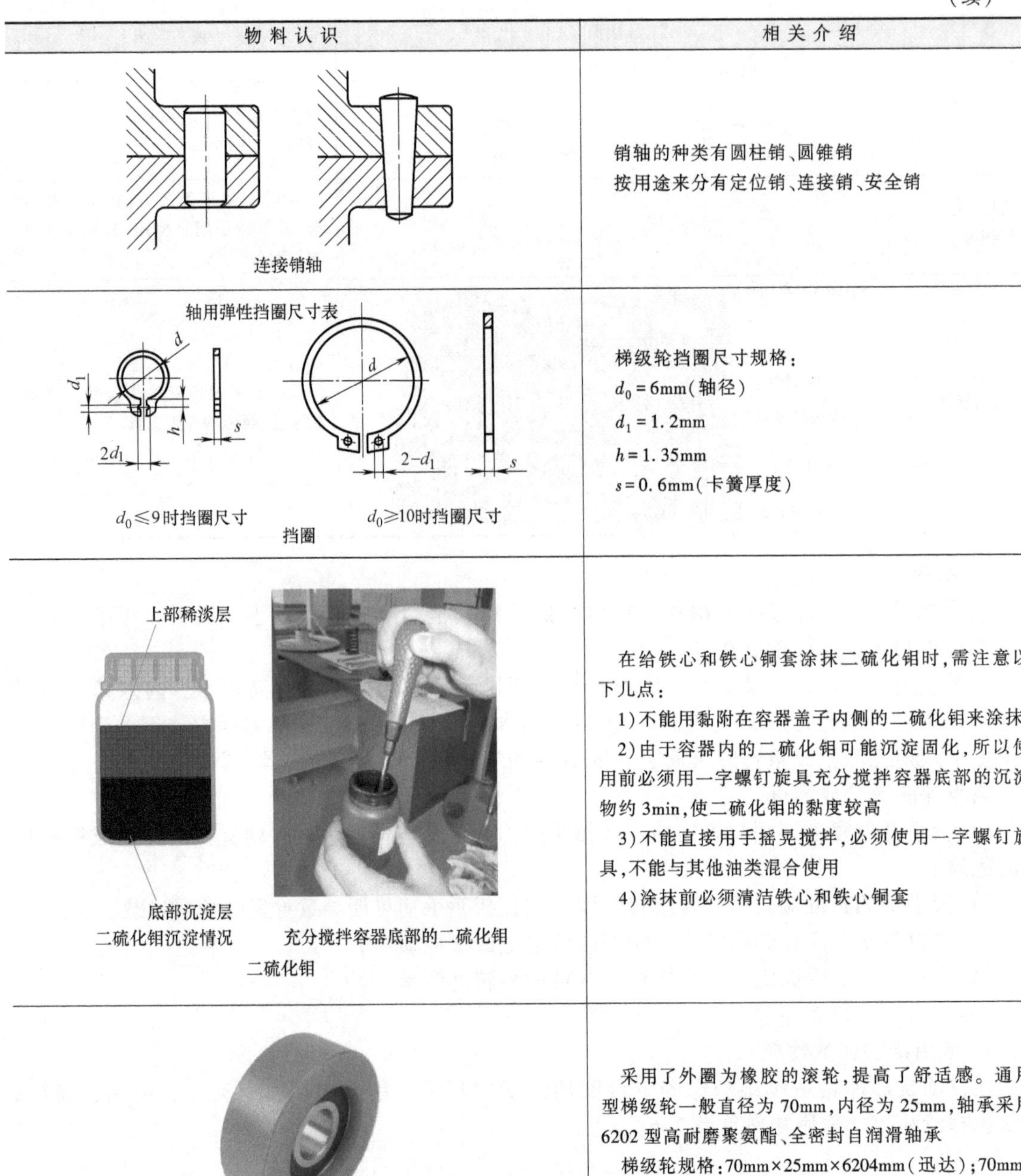

物料认识	相关介绍
连接销轴	销轴的种类有圆柱销、圆锥销 按用途来分有定位销、连接销、安全销
轴用弹性挡圈尺寸表 d　d_1　h　s　$2d_1$　d　$2-d_1$　s $d_0 \leq 9$时挡圈尺寸　$d_0 \geq 10$时挡圈尺寸 挡圈	梯级轮挡圈尺寸规格： $d_0 = 6\text{mm}$（轴径） $d_1 = 1.2\text{mm}$ $h = 1.35\text{mm}$ $s = 0.6\text{mm}$（卡簧厚度）
上部稀淡层 底部沉淀层 二硫化钼沉淀情况　充分搅拌容器底部的二硫化钼 二硫化钼	在给铁心和铁心铜套涂抹二硫化钼时，需注意以下几点： 1）不能用黏附在容器盖子内侧的二硫化钼来涂抹 2）由于容器内的二硫化钼可能沉淀固化，所以使用前必须用一字螺钉旋具充分搅拌容器底部的沉淀物约 3min，使二硫化钼的黏度较高 3）不能直接用手摇晃搅拌，必须使用一字螺钉旋具，不能与其他油类混合使用 4）涂抹前必须清洁铁心和铁心铜套
梯级橡胶轮	采用了外圈为橡胶的滚轮，提高了舒适感。通用型梯级轮一般直径为 70mm，内径为 25mm，轴承采用 6202 型高耐磨聚氨酯、全密封自润滑轴承 梯级轮规格：70mm×25mm×6204mm（迅达）；70mm×25mm×6202mm（三菱）

2. 制动片和销轴

（1）制动片　制动器制动片主要有 6mm、8mm、10mm 等规格。无石棉制动闸瓦是新一代制动摩擦材料，传统的石棉制动材料对人体有严重危害，属于逐渐淘汰产品。新型无石棉材料不但对人体无任何危害，而且各项性能指标均优于石棉制动材料。产品主要用于各种起重机械等制动器的制动块、衬片等。制动衬垫分为两种：一种是制动片材质为石棉橡胶钢丝编网型，一种是制动片为石棉树脂片，其特点是：

1）摩擦因数高，力学强度好，热衰退小。

2）不含石棉及高硬度摩擦剂，硬度低，不易损伤制动轮。

3）磨耗低，使用周期长。

4）不危害人体健康。

5）制动性能安全可靠，不损伤对磨件。

6）抗衰老、不龟裂、磨削不导电，制动噪声小。

自动扶梯用制动片的规格见表2-7。

表2-7 自动扶梯用制动片的规格

序号	长度/m	宽度/mm	厚度/mm
1	80	140	10
2	70	120	10
3	60	100	8
4	60	100	6

（2）销轴 销轴是一类标准化的紧固件，既可静态固定连接，也可与被连接件做相对运动，主要用于两零件的铰接处，构成铰链连接。销轴通常用开口销锁定，工作可靠，拆卸方便。

销轴的作用：

1）固定零件间的相对位置。

2）用于轴件或其他零件间的连接。

3）充当过载剪断部件。

二、自动扶梯安全操作规范

（一）自动扶梯维护保养安全操作规程

1. 自动扶梯维修人员施工前的准备工作

维修人员到工地后，须由维修负责人将现场情况和注意事项向组员进行详细讲解。

1）上岗前应穿戴好规定的劳动保护用品及采取必要的安全防护措施。

2）施工前要认真检查工具，如果工具损坏，必须修复或更换后，才可进行施工，并及时清理好工作场地的杂物。

3）检验人员和电气安装人员，必须穿好绝缘鞋，选择安全位置以防触电等事故发生。

4）施工现场要配备必要的消防器材，如灭火器等。

5）在使用起重设备时，应先检查起重葫芦，必须认真检查链条、销子等是否正常，钢丝绳夹头、吊钩是否牢固，起重规定负荷与起重工件重量是否匹配。

注意：良好的准备工作是能否完成工程的重要保证，在施工前应认真做好。

2. 自动扶梯维护保养阶段

1）在自动扶梯上下开口部位，装设安全栏或围上明显警告标记，在中央写上“禁止入内”的字样。

2）电源接入后，在桁架内作业时，切断电源开关及停止开关，有条件的装上挂锁并挂上“作业中”的标牌，采取万无一失的措施后，再进行作业。

3）运行调试前一定要检查确认扶梯上和桁架内无任何人、物影响产品的运行，互相通知确认可以操作后才可操作运行。

4）在卸下扶梯梳齿板、梯级及围裙板的状态下运行时，必须通过手摇或手动运行模式运行。

5）在卸下梯级的状态下运行时，不能在梯级上下走动。

6）不能站在扶梯的梯级轴等不稳定的构件上。特殊情况下，须保持三点支撑。

7）桁架内作业、上下部机房内作业、控制屏的检修工作不得同时进行。

8）在桁架内作业时，为了避免东西掉入桁架内，尽量不要携带螺钉、螺母及手机、钥匙等与作业无关的东西。

9）每个阶段性工作完成之前，不着手参与其他作业。（如安装梯级，从安装开始到试运行为止是一个工作阶段）。

10）作业完成后，在手动试运行时，先重复点动下行与点动上行运行。在确认机器无异常后，再开始连续运行操作。

3. 自动扶梯维护保养完工清理阶段

1）自动扶梯维护保养完毕送电试车，要有人统一指挥。清除与电梯无关的设备和杂物。送电试车前必须确认安全装置、急停按钮、梳齿板开关、入口开关、围裙板开关、下陷开关等，能按指令正确动作。

2）试车时，一切人员服从指挥。上下机房、梯级上不得有人。自动扶梯试车时应检修上下运行几次后，证明各项安全功能可靠正常，试车中发现的问题要逐项记录。

3）自动扶梯维护保养人员应保持维修现场清洁畅通，材料和物件必须堆放整齐、稳固，以防坠落伤人。

4. 自动扶梯维修保养工作岗位职责

1）熟悉和掌握自动扶梯维修保养的具体要求和技术，认真完成领导安排的维修保养任务。

2）按自动扶梯有关的标准和自动扶梯维护计划，定期对所辖范围内的自动扶梯进行检修、调试，使维修保养的自动扶梯常处于良好状态，对维修保养的质量负责。

3）严格遵守自动扶梯维修保养安全操作规程，严禁违章作业。

4）积极提高服务质量，尽量做到用户满意。

5）积极完成公司交办的其他任务。

6）自动扶梯维护人员要把安全工作放在首位，秉承能让用户、乘客安全、舒畅、高质量使用自动扶梯的宗旨。

7）自动扶梯维护人员要严格执行《特种设备质量监督与安全监察规定》。

8）自动扶梯维护人员要严格遵守技监局制定的安全规范，并不断学习专业安全生产知识，不断提高安全生产意识。

（二）自动扶梯安全标识

自动扶梯安全标识见表2-8。

表2-8　自动扶梯安全标识

标　识	含　义	标　识	含　义
	紧握扶手		左行右立
	带好儿童		禁止倚靠

（续）

标　识	含　义	标　识	含　义
	禁止逆行		禁止坐卧
	禁止奔跑		禁止运货
	禁止小推车		禁止带宠物

三、任务实施

（一）自动扶梯安全操作（上下机房及检修运行）

自动扶梯安全操作见表2-9。

表2-9　自动扶梯安全操作

序号	步骤名称	运行与维护步骤图示	运行与维护说明
1	切断电源、放置防护栏		切断电源前确认自动扶梯上无人。在自动扶梯上下入口处放置安全防护栏
2	检查自动扶梯入口处的急停开关	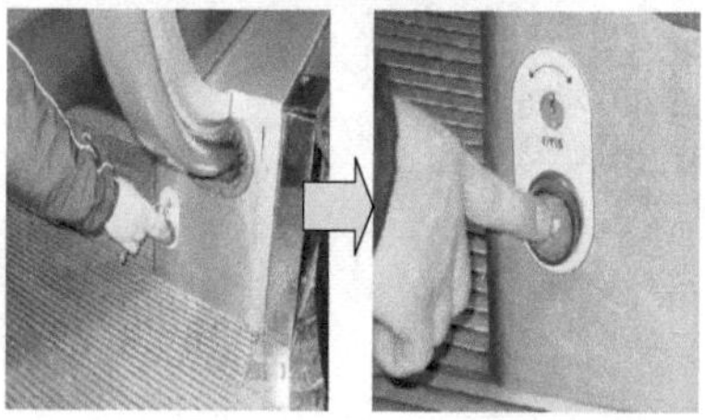	用钥匙开关开动自动扶梯上行，按下扶梯入口处的急停开关，自动扶梯停止运行

（续）

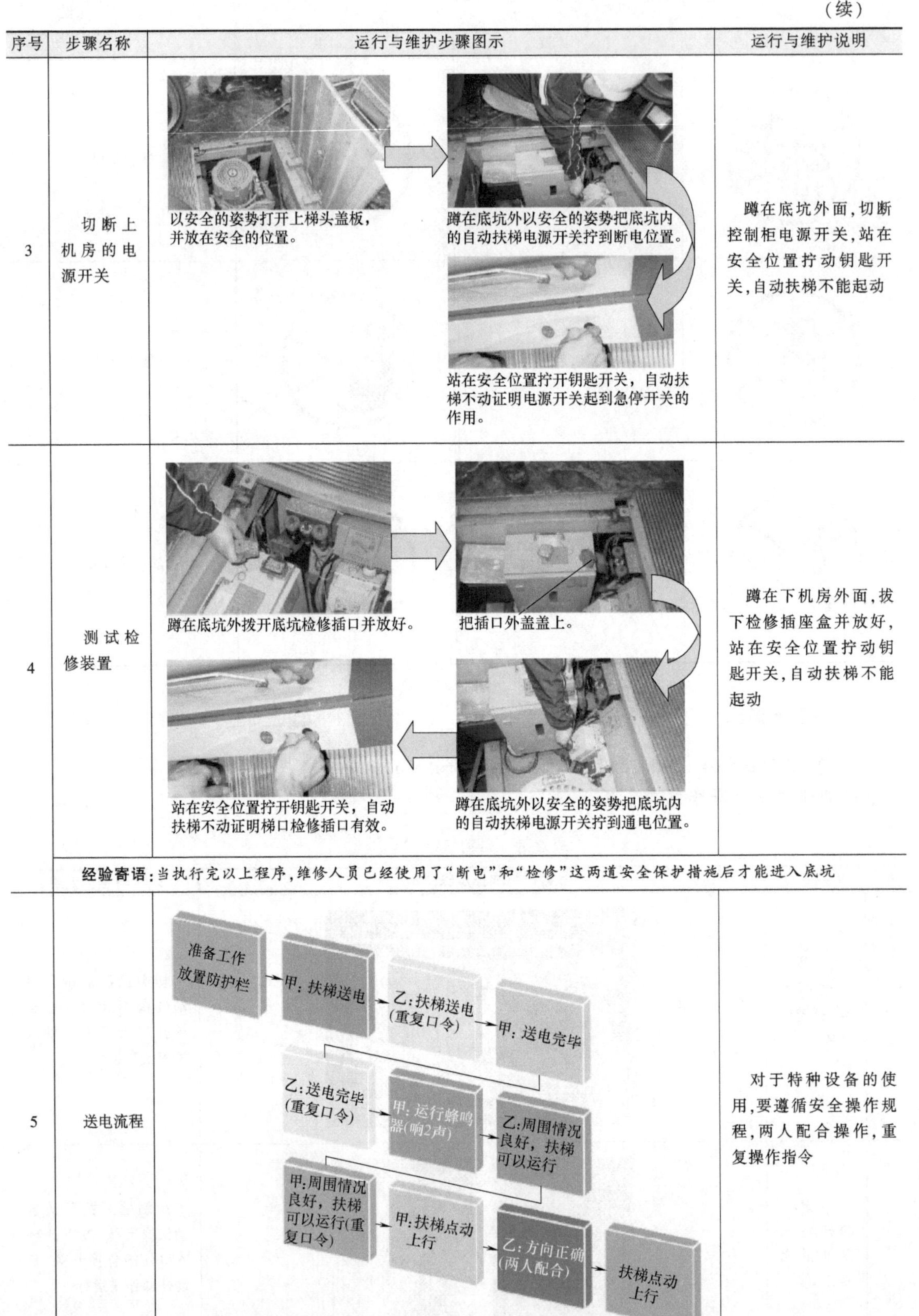

序号	步骤名称	运行与维护步骤图示	运行与维护说明
3	切断上机房的电源开关	以安全的姿势打开上梯头盖板，并放在安全的位置。 蹲在底坑外以安全的姿势把底坑内的自动扶梯电源开关拧到断电位置。 站在安全位置拧开钥匙开关，自动扶梯不动证明电源开关起到急停开关的作用。	蹲在底坑外面，切断控制柜电源开关，站在安全位置拧动钥匙开关，自动扶梯不能起动
4	测试检修装置	蹲在底坑外拨开底坑检修插口并放好。 把插口外盖盖上。 蹲在底坑外以安全的姿势把底坑内的自动扶梯电源开关拧到通电位置。 站在安全位置拧开钥匙开关，自动扶梯不动证明梯口检修插口有效。	蹲在下机房外面，拔下检修插座盒并放好，站在安全位置拧动钥匙开关，自动扶梯不能起动
	经验寄语：当执行完以上程序，维修人员已经使用了“断电”和“检修”这两道安全保护措施后才能进入底坑		
5	送电流程	准备工作放置防护栏 → 甲：扶梯送电 → 乙：扶梯送电（重复口令） → 甲：送电完毕 → 乙：送电完毕（重复口令） → 甲：运行蜂鸣器（响2声） → 乙：周围情况良好，扶梯可以运行 → 甲：周围情况良好，扶梯可以运行（重复口令） → 甲：扶梯点动上行 → 乙：方向正确（两人配合） → 扶梯点动上行	对于特种设备的使用，要遵循安全操作规程，两人配合操作，重复操作指令

（续）

序号	步骤名称	运行与维护步骤图示	运行与维护说明
6	断电上锁	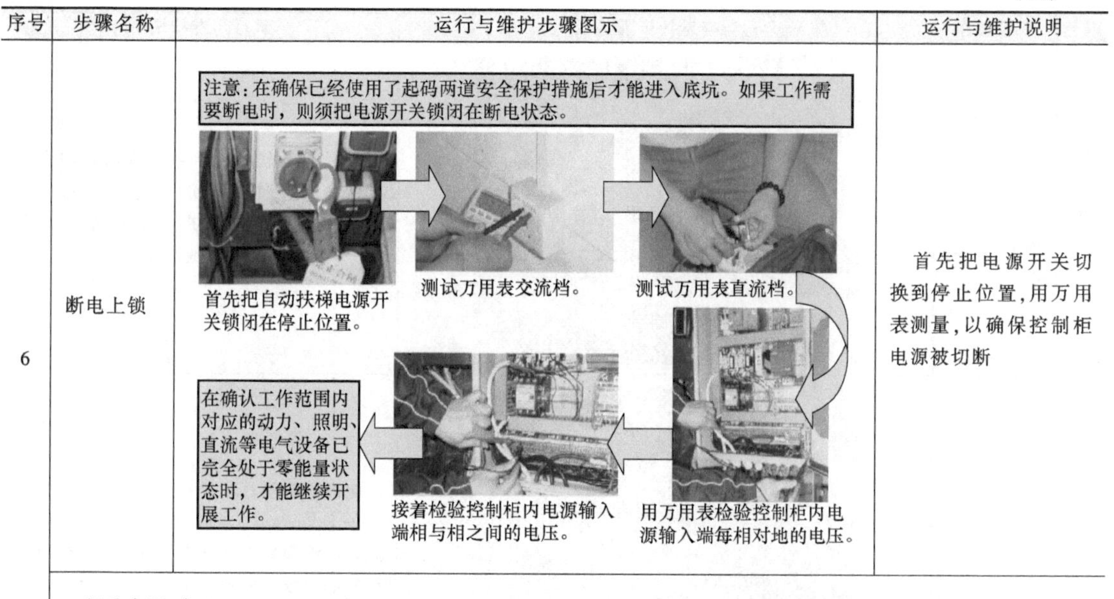	首先把电源开关切换到停止位置，用万用表测量，以确保控制柜电源被切断
	经验寄语：在确保已经使用了起码两道安全保护措施后才能进入底坑。如果工作需要断电时，则须把电源开关锁闭在断电状态。在确认工作范围内对应的动力、照明、直流等电气设备已完全处于零能量状态时，才能继续开展工作		

（二）自动扶梯的清洁

自动扶梯的清洁见表2-10。

表2-10 自动扶梯的清洁

序号	步骤名称	运行与维护步骤图示	运行与维护说明
1	上下盖板、前沿板的清洁		用毛刷清洁上下盖板、前沿板沙尘，检查盖板、前沿板是否变形
2	上下机房的清洁		用毛刷清洁上下机房的灰尘和垃圾
3	盖板框的清洁		用毛刷清洁盖板框泥沙，注意不要直接扫到机房内，会粘在梯级链、驱动链上。最好用吸尘器进行清洁

（续）

序号	步骤名称	运行与维护步骤图示	运行与维护说明
4	扶手装置表面的清洁		室外自动扶梯扶手系统容易积攒大量泥沙和灰尘，需要定期进行清理。沙尘过多，就粘在扶手带内壁、扶手驱动轮、导向轮上，会加速扶手带、驱动轮的磨损
5	电缆表面的清洁	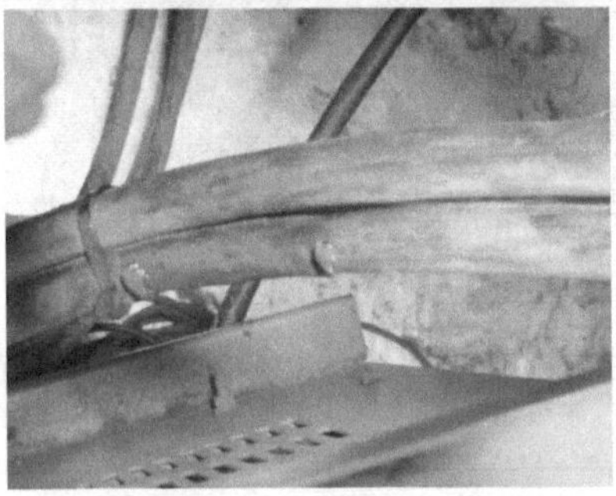	电缆不要搭在或悬挂在机械设备附近，容易刮伤电缆，造成电缆断路或内部短路。电缆最好绑扎在桁架上，与机械设备碰触的电缆需要做好防护

实操视频

（三）梯级的检查、拆卸、清洁、润滑与安装

梯级的检查、拆卸、清洁、润滑与安装见表2-11。

表2-11 梯级的检查、拆卸、清洁、润滑与安装

序号	步骤名称	运行与维护步骤图示	运行与维护说明
1	切断电源、放置防护栏		切断电源前确认自动扶梯上无人。在自动扶梯上下入口处放置安全防护栏
2	拆卸上下机房盖板	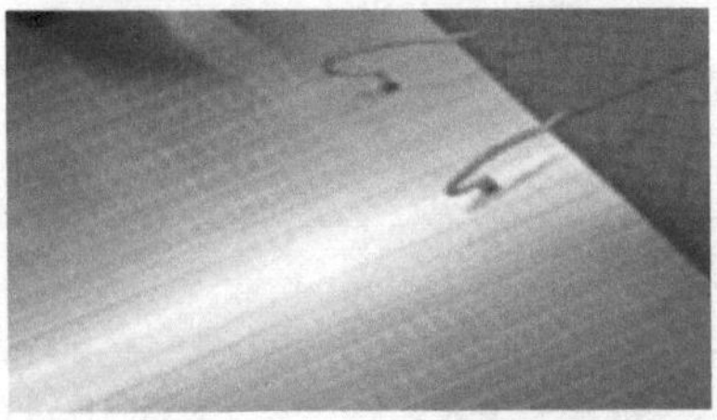	使用专用工具拆卸，两人配合操作。检查上下机房盖板、前沿板有无变形、锈蚀
	经验寄语：检查拆卸孔是否松动，有无脱焊现象。挂钩能否安装牢固，如果出现滑动现象，则需要认真检查。抬起盖板时，不能用力过猛，不能抬得过高，否则会发生安全事故		

（续）

<table>
<tr><th>序号</th><th>步骤名称</th><th>运行与维护步骤图示</th><th>运行与维护说明</th></tr>
<tr><td rowspan="2">3</td><td>盘车至合适位置</td><td></td><td>维修人员将损坏的梯级盘至下机房拆卸处（梯级装卸一般在张紧装置处进行）</td></tr>
<tr><td colspan="3">经验寄语：盘车时，需要确认梯级、下机房附近没有无关人员。盘车人员要按照指令盘车，不可以用检修操作自动扶梯上行、下行，否则容易发生安全事故</td></tr>
<tr><td rowspan="2">4</td><td>拆除第一个梯级</td><td></td><td>松开梯级螺栓（M24 六角螺母，36号呆扳手），在装卸口将损坏梯级取下，两边同时操作。提取梯级时，应注意不要碰坏梯级缺失检测传感器。拆卸下来的梯级应摆放整齐，且保护好梯级边缘黄色条</td></tr>
<tr><td colspan="3">经验寄语：松开和紧固梯级固定螺母时，不要用力过猛、用力太大。确认好螺栓的旋转方向，否则容易造成螺纹、设备的损坏</td></tr>
<tr><td rowspan="2">5</td><td>梯级的检查与清洁</td><td>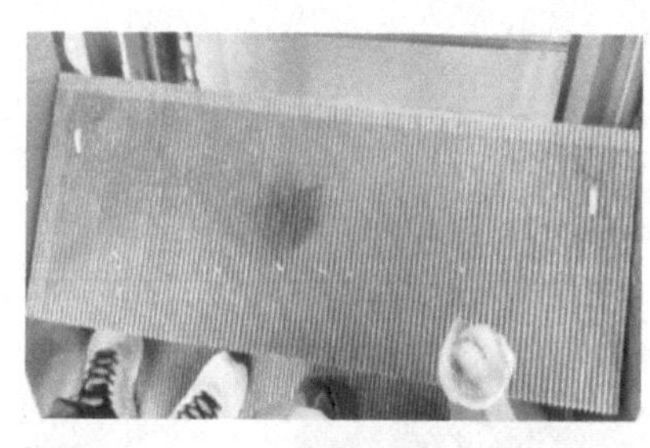
</td><td>检查梯级表面是否清洁，检查梯级踏板、踢板是否变形，齿槽是否有断裂的现象，警戒条是否完好。如果出现异常，则需要更换相关的部件。
注意：前段踢板与后段梳齿条有无接触</td></tr>
<tr><td colspan="3">经验寄语：有无污秽，从下部看得见，如有污秽，将很显眼。要特别注意两个相邻梯级之间的距离，距离过大，将无法安装最后一节梯级；距离过小，则容易损坏梯级齿槽</td></tr>
</table>

（续）

序号	步骤名称	运行与维护步骤图示	运行与维护说明
6	辅轮的检查		检查梯级辅轮橡胶是否老化，磨损是否超过 3mm，辅轮在转动时，轴承是否有异响，否则就需要更换新的橡胶轮
7	辅轮的更换		辅轮更换要领： 1）先用卡簧钳拆除辅轮卡簧 2）从梯级轴上拆除辅轮 3）装上新的橡胶轮，安装好卡簧
8	辅轮的清洁与润滑		在梯级辅轮轴承处加入少量润滑脂
	经验寄语：在梯级辅轮轴承处加入少量润滑脂，润滑脂不能涂在梯级辅轮表面，否则会造成梯级辅轮打滑		
9	装入梯级辅轮	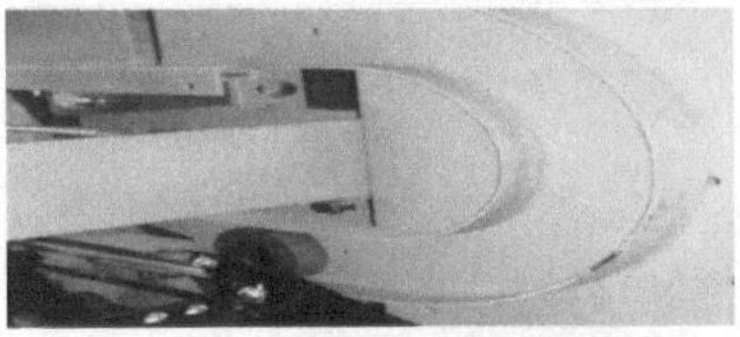	先在没有缺口段辅轮导轨装入辅轮，然后从缺口段辅轮导轨处装入另一个辅轮
10	安装 C 型卡口	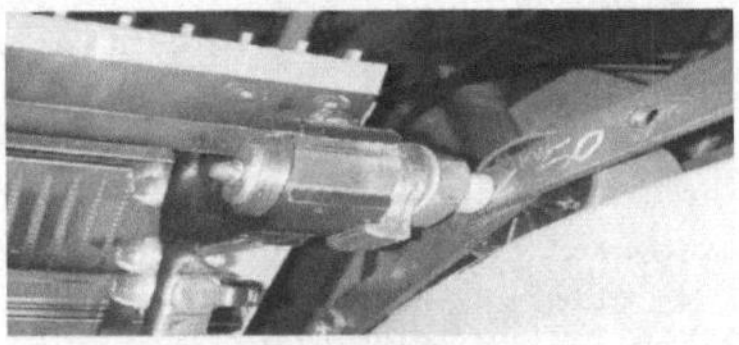	C 型卡口装入主轮销轴后，旋转 90°，以保证 C 型卡口开口处与主轮销轴平切面对齐
11	拧紧安装锁紧螺母	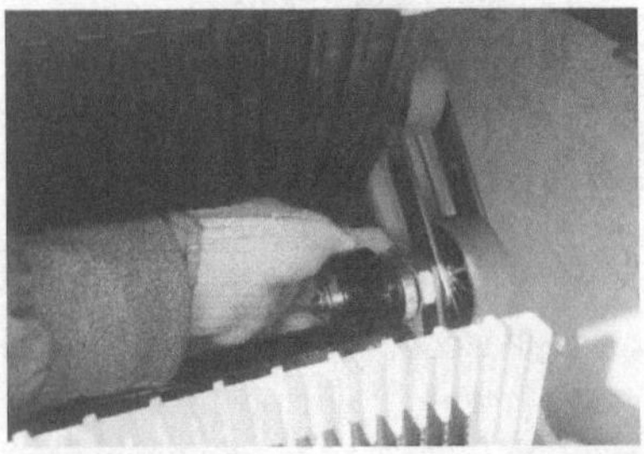	待锁紧螺母螺纹对齐后拧紧。弯折防松垫片，以保证螺纹连接有足够的力，防止螺母松动；如果防松垫片已严重损坏，则应更换新的

（续）

序号	步骤名称	运行与维护步骤图示	运行与维护说明
12	梯级、踏板与围裙板之间的间隙检查		自动扶梯或自动人行道的围裙板设置在梯级、踏板或胶带的两侧，任何一侧的水平间隙不应大于4mm，在两侧对称位置处测得的间隙总和不应大于7mm
13	梯级水平度的检查		梯级的水平度不应超过1%，如果偏差超标，则需要检查两列梯级导轨的水平度，或者更换相应的梯级轮
14	相邻梯级间隙的检查		相邻两梯级齿槽左右偏差不应超过0.8mm；相邻两梯级齿槽啮合深度不小于6mm，间隙不超过4mm
15	相邻两梯级齿槽的检查		相邻两梯级的踢板和踏板应交错开，齿对槽，槽对齿，并且间隙均匀
	经验寄语：梯级的安装质量决定自动扶梯的运行质量，在安装好一个梯级后，应盘车进行检查，看是否有异响、摩擦声，与围裙板的间隙要符合国标要求。若安装好全部梯级再进行检查，如果出现问题，就很难调整。梯级安装螺栓一定要用合适的力紧固，紧固力太大，容易造成螺纹损坏；紧固力太小，随着自动扶梯的运行，梯级松脱，会造成设备的损坏		

实操视频

（四）梳齿板梳齿的拆卸、检查、清洁与调整

梳齿板梳齿的拆卸、检查、清洁与调整见表2-12。

表 2-12　梳齿板梳齿的拆卸、检查、清洁与调整

序号	步骤名称	运行与维护步骤图示	运行与维护说明
1	拆卸梳齿板梳齿		梳齿板的齿在梯级梳齿条槽的中央位置上，不能接触和偏移。梳齿与梯级齿槽的间隙应均匀，运行时无摩擦。检查梳齿板的齿有无折断，即使有1个齿折断也要更换梳齿板
2	梳齿板的调整	调整高低　调整左右 用塞尺测量间隙，3mm能通过，4mm不能通过	调整梳齿板定位螺栓，改变梳齿板水平、上下位置，梳齿板与围裙板两侧间隙要均匀。调整梳齿板两侧螺栓，使梳齿与梳齿板对中，无摩擦。用塞尺测量梯级与梳齿板的间隙不超过4mm
	经验寄语：检查、调整梳齿板与安全开关的功能动作时，一定要在前沿板已拆除的情况下进行。在松开压缩弹簧后，梳齿板应能在自动扶梯上下方向运行自如，无卡阻现象。要及时清理梳齿板上的异物，保证其干净整洁，颜色一致。杂色的梳齿板会给乘客留下不安全的乘坐体验。维护保养时，需要检查梳齿板的安装螺钉有无松动，严禁在自动扶梯运行时更换梳齿板		

实操视频

(五) 梯级导轨的清洁、除锈、检查与调整

梯级导轨的清洁、除锈、检查与调整见表2-13。

表 2-13　梯级导轨的清洁、除锈、检查与调整

序号	步骤名称	运行与维护步骤图示	运行与维护说明
1	桁架的清洁		先用扫把清扫桁架上的垃圾，然后再用清洁剂对桁架进行清洗，如果桁架上的油漆脱落，还要进行相应的补漆工作

（续）

序号	步骤名称	运行与维护步骤图示	运行与维护说明
2	导轨的清洁	 	导轨未清洁时，影响自动扶梯运行，并产生振动、噪声、窜动。应先用毛刷、抹布清除导轨上下表面的垃圾。如果导轨表面油泥过多，则需要用清洗剂进行清洗，也可以通过清洁轮进行清洁。此时不仅要清洁导轨的污垢，还要对梯级主轮、辅轮进行清洁
3	导轨的除锈		对于已停用的自动扶梯，要定期开梯运行，预防机械部件的大面积生锈。如果锈蚀严重，就需要更换相应的部件，同时做好防锈工作
4	导轨台阶的维护		用砂轮机或路轨刨对导轨接头处进一步处理，直至完整合一为止

实操视频

（六）梯级链条的清洁、除锈、检查与调整

梯级链条的清洁、除锈、检查与调整见表2-14。

表2-14 梯级链条的清洁、除锈、检查与调整

序号	步骤名称	运行与维护步骤图示	运行与维护说明
1	梯级链的检查		梯级链条运转平稳，张紧适度，用15N的力按压链条，变化应不超过10mm 链条节距应没有明显的变化，链条完好无损，没有变形或裂纹，开口销、卡簧完好。如果运行时梯级链产生很大的振动和噪声，就需要及时更换

（续）

序号	步骤名称	运行与维护步骤图示	运行与维护说明
2	梯级链与导轨间隙的检查	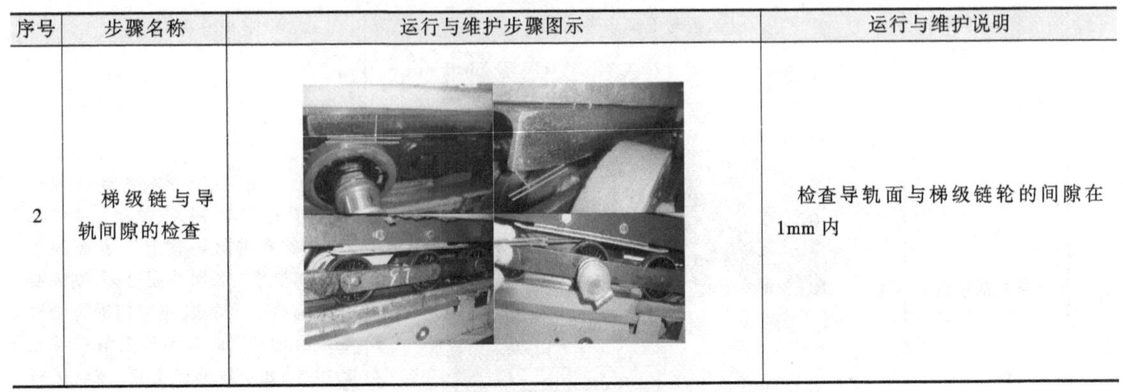	检查导轨面与梯级链轮的间隙在1mm内

四、自动扶梯梯路系统维护保养实施记录表

实施记录表是对修理过程的记录，保证维护保养任务按工序正确执行，对维护的质量进行判断，完成附表10自动扶梯梯路系统维护保养实施记录表的填写。

5.4 工作验收、评价与反馈

一、工作验收表

维护保养工作结束后，电梯维护保养工确认是否所有部件和功能都正常。维护站应会同客户对电梯进行检查，确认自动扶梯维护保养工作已全部完成，并达到客户的修理要求。完成附表1梯路系统运行与维护工作验收表。

二、自检与互检

完成附表2自动扶梯梯路系统维护的自检、互检记录表。

三、小组总结报告

同学们以小组形式，通过演示文稿、展板、海报、录像等形式，向全班展示、汇报学习成果，完成附表3小组总结报告。

四、小组评价

各小组可以通过各种形式，对整个任务完成情况的工作总结进行展示，以组为单位进行评价，完成附表4小组评价表。

五、填写评价表

维护保养工作结束后，维护人员完成附表5总评表，并对本次维护保养工作打分。

5.5 知识拓展

一、故障实例

故障实例1：某大厦一台自动扶梯，速度为0.5m/s，提升高度为3.5m，倾斜角为35°。自动扶梯上行时，扶梯上部有异响（梯级上行时有撞击声）。

故障分析：

1）转向导轨工作表面凹凸不平。

2）主导轨与转向导轨接头部位不成直线。

3）梯级（踏板）链轮的齿槽底与转向导轨工作面不平齐。

4）转向壁与导轨的接头处有台阶。

排除方法：

1）更换转向导轨。

2）需要调整成直线。

3）调整偏差不超过0.2mm。

4）调整台阶不超过0.1mm。

故障实例2：某大厦一台自动扶梯，速度为0.5m/s，提升高度为3.5m，倾斜角为35°。自动扶梯下行时，扶梯下部有异响。

故障分析：

1）下部导轨部件的四对可移动导轨与固定导轨的接头处有台阶。

2）下部可移动导轨部件的两边移出距离不一致。

排除方法：

1）调整台阶不超过0.1mm。

2）将两边调整一致。

故障实例3：某大厦一台自动扶梯，速度为0.5m/s，提升高度为6m，倾斜角为30°。自动扶梯检修时，梯级（踏板）链条上、下行跑偏。

故障分析：

1）两侧主导轨左右不平行、上下不一致。

2）上、下分支两主轨左右不平行。

3）驱动轴轴线与左、右主轨法线的间距不一致。

4）梯级（踏板）传动链左、右两边张紧弹簧的张紧力不一致。

5）左、右梯级（踏板）传动链磨损不一致，导致下段张紧回转盘倾斜。

排除方法：

1）调整上下一致。

2）调整左右平行。

3）调整驱动轴轴线与左、右主轨法线的间距一致。

4）调整、测量距离一致。

5）更换梯级传动链。

二、地铁自动扶梯日常运行管理

（1）地铁管理人员在每次开自动扶梯正常行驶前的准备工作

1）将自动扶梯电源接通，开启自动扶梯两侧护栏的照明。

2）每日开始正常工作前，必须使自动扶梯上下各行驶一个周期，视其有无异常现象。

3）检查和试验自动扶梯入口处的安全保护装置是否有效。

4）清洁自动扶梯的梯级、梳齿、盖板。

（2）地铁管理人员在自动扶梯正常行驶时注意事项

1）自动扶梯不能超负荷运行。

2）不允许把自动扶梯作为载货使用。

3）不允许装运易燃、易爆的危险物品。

4）不允许儿童沿着扶梯奔跑、嬉戏或坐在踏板上。

5）劝告乘客不要扶、趴在扶栏上。

6）劝导乘客搭乘自动扶梯时需紧握扶手带。

7）劝导乘客切勿停留在上下机房梳齿板、前沿板、盖板处。

（3）当自动扶梯发生如下故障时，管理人员应立即按下急停开关并及时通知维修人员

1）当用钥匙开关起动自动扶梯，自动扶梯不能正常运行时。

2）自动扶梯运行速度有显著变化时。

3）自动扶梯运行时有异响、振动和冲击时。

4）金属部分有麻电现象时。

5）当电气部件因过热而散发出焦臭味时。

（4）当自动扶梯使用完毕后，管理人员将自动扶梯停止，并将停止使用的标牌摆放在自动扶梯上下入口处。

（5）自动扶梯钥匙使用保管制度

1）自动扶梯钥匙必须由电梯安全管理员专门保管。

2）只有具有特种设备作业资格的人员方可使用自动扶梯钥匙。

3）作业人员领取自动扶梯钥匙使用之前，必须做好领用记录，并填好自动扶梯记录。

4）作业人员使用自动扶梯、用钥匙开关起动或停止扶梯时，要确保自动扶梯上已无乘客，并已设置障碍物或已安排人员阻止乘客从自动扶梯通行。

5）使用完自动扶梯钥匙之后，务必将其放回原位保管妥当。

走进企业：

学习了自动扶梯的基本结构之后，我们需要到企业参观自动扶梯日常管理流程、实施，去现场观摩自动扶梯的维护、清洁、润滑和保养，可以在老师的指导下掌握自动扶梯的整体结构和各部件的型号、材料和功能。

5.6 思考与练习

一、判断题

1. 踏板是自动扶梯中使用最多的部件。（　　）
2. 当使用检修控制装置时，安全开关可以不起作用。（　　）
3. 倾斜角为35°的自动扶梯，提升高度不得超过6m，额定速度不超过0.5m/s。（　　）
4. 自动扶梯是由一台链式输送机和两台胶带输送机所组合而成的，用以在建筑物的不同楼层间运载人员上下的一种连续输送机械。（　　）
5. 按受载情况和使用时间长短，自动扶梯分为商用型和家用型两种。（　　）

二、选择题

1. 自动扶梯的提升高度是指（　　）。

A. 所有梯级高度的总和　　B. 一个梯级的高度

C. 扶梯进口至出口的距离　　D. 进出口两层楼板之间的垂直距离

2. 自动扶梯与自动人行道的有效宽度，是指（　　）。

A. 扶手中线之间的距离　　B. 围裙板之间的距离

C. 梯级踏板的横向尺寸　　D. 扶手外缘之间的距离

3. 清洁扶梯必备的工具是（　　）。

A. 刷子　　B. 吸尘器　　C. 铲子　　D. 电表

4. 清洁电动机的作用是（　　）。

A. 保证制动距离　　B. 保证散热　　C. 减少噪声　　D. 减轻振动

三、填空题

1）按倾斜角分类：自动扶梯的倾斜角最高为______，普遍为______。倾斜角小于______的自动扶梯，最高速度不超过______m/s，而超过______的自动扶梯，最高速度不超过________m/s。

2）自动扶梯主要由______、______、______、______、______等系统构成。梯级在乘客入口处做________运动，然后逐渐形成________，接近出口处阶梯逐渐消失，梯级再次做________运动。这些运动都是由梯级________、________沿不同的导轨行走来实现的。

3）自动扶梯或自动人行道的围裙板设置在梯级、踏板或胶带的两侧，任何一侧的水平间隙不应大于______mm，在两侧对称位置处测得的间隙总和不应大于______mm。

4）相邻两梯级齿槽左右偏差不应超过______mm；相邻两梯级齿槽啮合深度不小于____mm，间隙不超过____mm。

5）梳齿板的梳齿应与梯级、踏板或胶带的齿槽相啮合，在梳齿板踏面位置测量梳齿的宽度不应小于______mm，梳齿板的梳齿与踏面齿槽的啮合深度不应小于______mm，间隙不应大于______mm。

四、简答题

1. 日常自动扶梯清洁的部位有哪些？

2. 保养清洁工作需要哪些工具？

3.《自动扶梯及自动人行道监督检验规程》中验收检验的判定条件是什么？

任务6 扶手系统的运行与维护

【必学必会】

通过本部分课程的学习，你将学习到：

1. 知识点

1）熟悉自动扶梯扶手系统的基本结构和工作原理。

2）掌握扶手系统的拆卸、清洁、润滑、更换与调整的方法。

3）理解企业的维护保养业务流程、管理单据及特别注意事项。

4）掌握安全操作规程，使学生养成良好的安全和文明生产的习惯。

2. 技能点

1）会搜集和使用相关的自动扶梯维护保养资料。

2）会制订维护保养计划和方案。

3）会实施扶手系统拆卸、清洁、润滑、检查、更换的操作。

4）能正确填写相关技术文件，完成扶手系统的维护和保养。

【任务分析】

1. 重点

1）会实施扶手系统拆卸、清洁、润滑、检查、更换的操作。

2）会撰写维修保养工作总结，填写维修保养单。

3）能正确填写相关技术文件，完成扶手系统的维护和保养。

2. 难点

1）能展开组织讨论，具备新技术的学习能力。

2）能完成自动扶梯扶手系统的故障排除。

6.1 研习自动扶梯扶手系统的结构与布置

一、自动扶梯扶手系统的基本组成

扶手系统是位于自动扶梯或自动人行道两侧，对乘客起安全防护作用，便于乘客站立扶握的部件。

扶手系统主要由扶手栏杆、扶手带驱动系统、扶手导向系统、扶手带、围裙板、内外盖板等组成。扶手系统是供站立在自动扶梯上的乘客扶手用的。自动扶梯自从有了活动扶手之后，才真正进入实用阶段，是自动扶梯重要的安全设备，如图 2-32 所示。

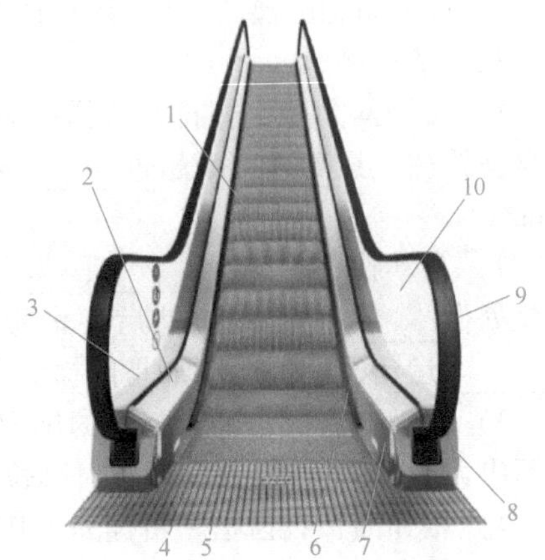

图 2-32　自动扶梯扶手系统

1—梯级　2—内盖板　3—外盖板　4—楼层踏板　5—梳齿底板　6—围裙板　7—围裙板刷　8—入口面板　9—扶手带　10—栏杆

二、扶手栏杆（扶手支架）

自动扶梯最能起到建筑物内装饰作用的是扶手栏杆，栏杆的形式必须与建筑物内部色彩相协调，必须适应乘客的心理需求。扶手栏杆端部延伸到建筑物的地板，所以栏杆的结构必须具有紧凑感，以使乘客能平稳地上下自动扶梯。

扶手栏杆由所有安装在梯级回路上的外部组件组成，如图 2-33 所示。

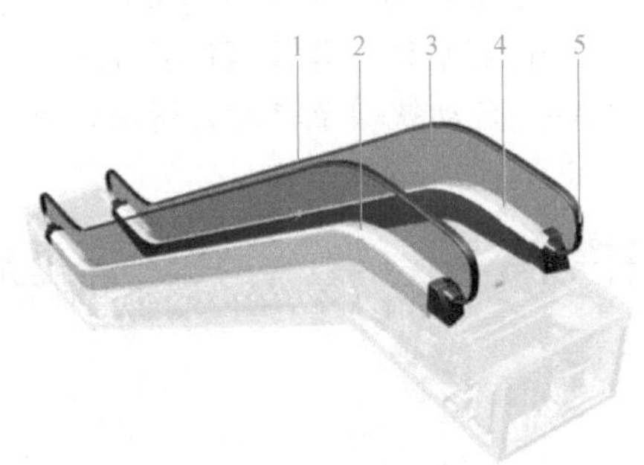

图 2-33　扶手栏杆

1—围裙板　2—外盖板　3—扶手栏板　4—内盖板　5—扶手转向端

扶手栏杆由围裙板、内盖板、护壁板、外盖板及外装饰板组成。其特点主要表现在护壁板的形式上，主要有全透明无支撑式 E 型、半透明有支撑式 F 型（加固型）和不透明有支撑式 I 型（重型）。透明材料均采用钢化玻璃，而不透明材料一般都使用不锈钢板来制造，如图 2-34 所示。

扶手系统的扶手带截面及其导轨的组合件不能夹住手指或手。扶手带开口处与导轨或扶手支架之间的距离在任何情况下均不应大于 8mm。

为了进一步提高自动扶梯的装饰性和改善自动扶梯部分的照明亮度，扶手支架上还可装设一系列的照明灯具，这些照明灯具安装在扶手支架下，给扶手带和梯级照明。为防止发生意外碰触，照明灯外侧必须设置透明灯罩。

三、扶手带驱动装置

扶手带驱动装置用于驱动扶手带运行，并保证扶手带运行速度与梯级运行速度的偏差不大于 2%。扶手带驱动装置一般分为摩擦轮驱动扶手带、端部驱动扶手带和压滚轮驱动扶手带三种形式，摩擦轮驱动扶手带系统和压滚轮驱动扶手带系统分别如图 2-35 和图 2-36 所示。

扶手带驱动装置由扶手带驱动链、扶手带驱动轴、扶手带驱动轮、压滚轮组和张紧装置组成。

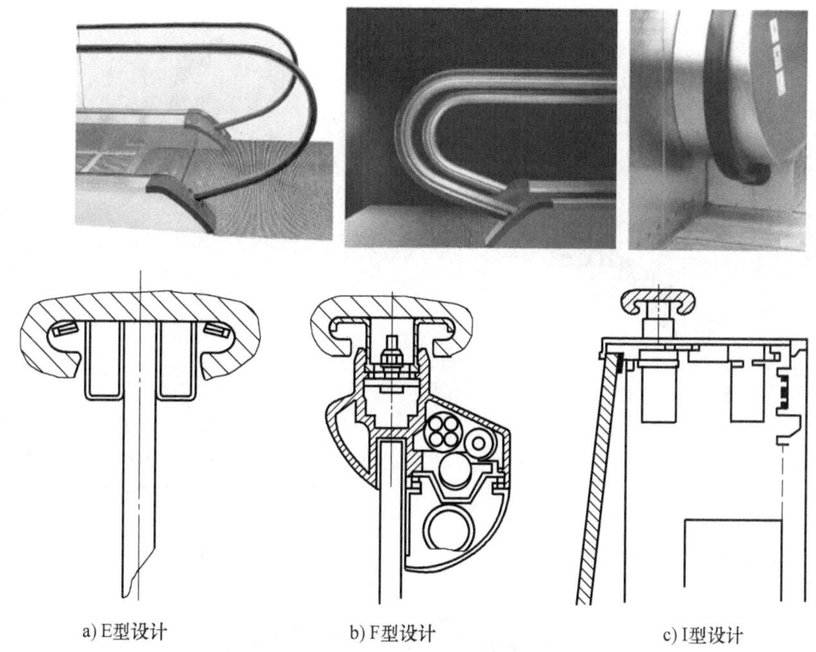

a) E型设计　　b) F型设计　　c) I型设计

图 2-34 扶手系统的类型

1. 摩擦轮驱动扶手带

摩擦轮驱动扶手带是利用扶手带驱动轮与扶手胶带之间的摩擦力，来驱动扶手带以与梯级同步的速度运行的装置。

图 2-35 摩擦轮驱动扶手带系统

扶手胶带围绕若干组导向滚轮群、出入口的导向滚柱组、变向滚柱组、扶手导轨等构成闭合环路的扶手系统。扶手与梯级由同一个驱动装置驱动，并且要保证两者的运行速度基本相同。这种扶手系统采用手动张紧装置，其特点是结构紧凑，但张紧行程小，要求扶手胶带的延伸率小。

驱动轮位于扶梯的中部，扶手带要进行多次弯曲，多次经过导向滑轮、导向滚柱组、变向滚柱组，增加了扶手胶带的运行阻力，同时由于疲劳的原因还会对扶手胶带的寿命有较大的影响。摩擦轮驱动扶手带如图 2-37 所示。

小知识：摩擦轮驱动的特点

摩擦轮驱动扶手带系统需要设置压带装置，因为驱动扶手胶带运动是靠扶手带驱动轮与扶手胶带间的摩擦力，而要形成足够的摩擦力，必须借助张紧装置使扶手胶带保持一定的张力。当摩擦力不足时，会造成扶手带打滑，由于构造上的原因，驱动轮的包角不能再增加，因而需要增加压带装置来提高摩擦力。

注：端部驱动也是摩擦轮驱动的一种。

2. 端部驱动扶手带

驱动轮位于扶梯的端部，可有效地加大扶手带在驱动轮上的包角，以提高驱动能力，并且不需对扶手带施加过大的张紧力。这种驱动装置具有驱动效率较高，较易保证扶手带与梯级运行的同步，扶手带伸长量小、寿命较长等特点，但此方式不适合于透明护壁板的自动扶

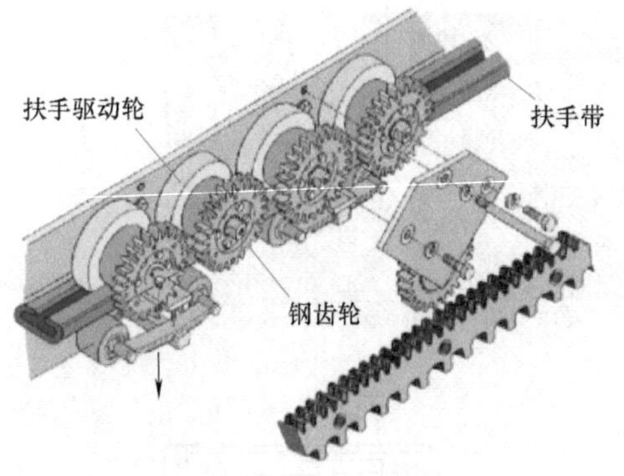

图 2-36 压滚轮驱动扶手带系统

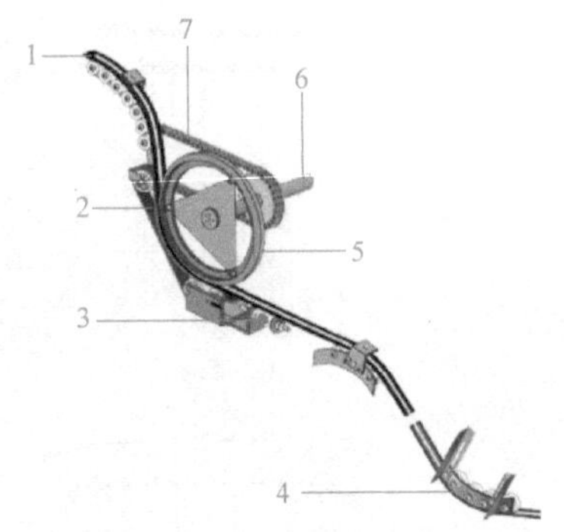

图 2-37 摩擦轮驱动扶手带

1—滚轮组 2—扶手带 3—扶手张紧弹簧 4—压带轮 5—扶手摩擦轮 6—扶手摩擦轮轮轴 7—扶手链条

梯。端部驱动扶手带如图 2-38 所示。

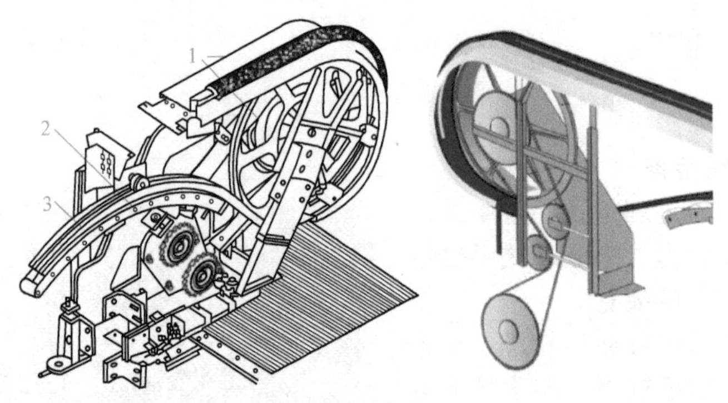

图 2-38 端部驱动扶手带

1—驱动轮 2—张紧装置 3—扶手带

小知识：直线驱动扶手带系统

目前日立研发的直线驱动扶手带系统，与曲线式传动相比较，直线式传动具有弯曲点数少、运行阻力小、传动效率高等特点，在日立各系列自动扶梯上得到广泛应用，如图 2-39 所示。

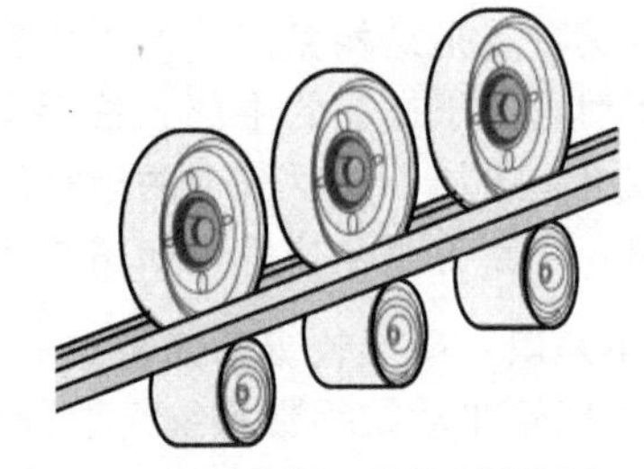

图 2-39 直线驱动扶手带系统

3. 压滚轮驱动扶手带

压滚轮驱动扶手带由扶手胶带的上下两组滚轮组成。上滚轮组由自动扶梯的驱动主轴获得动力驱动扶手胶带，下滚轮组从动，压紧扶手胶带。其扶手胶带基本上是顺向弯曲，较少反向弯曲，弯曲次数大大减少，降低了扶手胶带的运行阻力。压滚轮驱动扶手带系统如图 2-40 所示。

压滚轮驱动的特点：由于不是利用摩擦轮来驱动，而是由压滚轮直接驱动，所以只需调整装置来调节扶手带的松紧。由于不像摩擦轮驱动那样多次经过导向滑轮、导向滚柱组、变

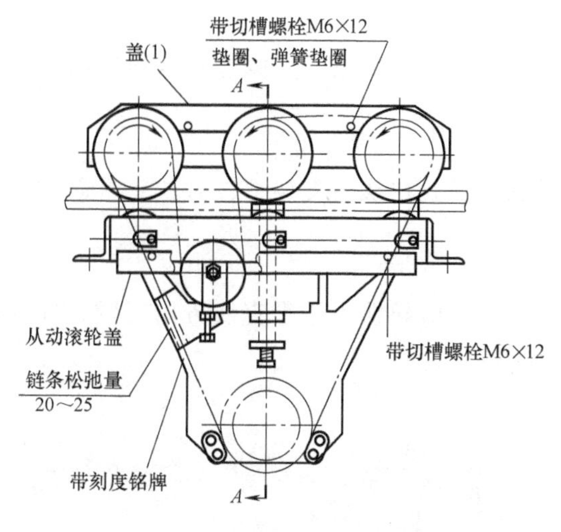

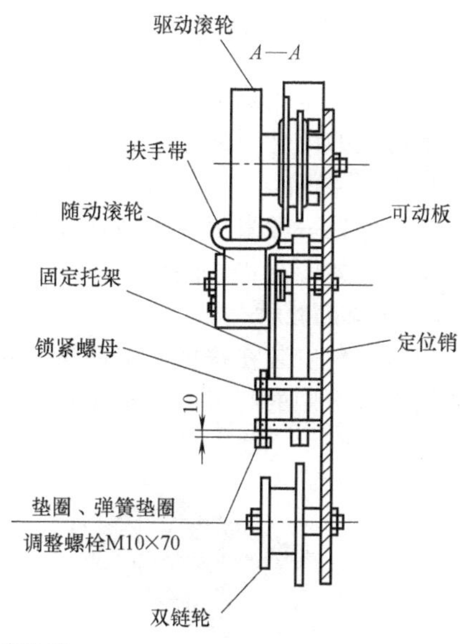

图 2-40　压滚轮驱动扶手带系统

向滚柱组等，基本上都是顺向弯曲，较少反向弯曲，弯曲次数大大减少，降低了扶手带的运行阻力，从而提高了扶手带的使用寿命，测试表明该驱动方式较摩擦轮驱动的运行阻力减小了 50%左右。

小提示：扶手驱动链及其更换工艺

驱动主轴上的扶手驱动链带动扶手带驱动轴（也称从动轴或回转轴）上的扶手带摩擦轮，通过摩擦轮与扶手带的摩擦，使扶手带以与梯级同步的速度运行，一般采用单排链。扶手驱动链如图 2-41 所示，单排链结构参数如图 2-42 所示。

图 2-41　扶手驱动链

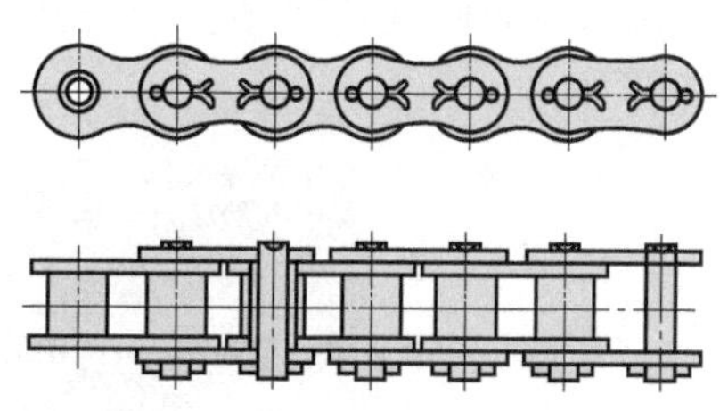

图 2-42　单排链结构参数

扶手驱动链的更换步骤如下：

1）拆除扶梯上所有围裙板和盖板，手盘曳引机至链条接头处在合适的工作位置。

2）将扶手驱动链暴露。

3）解开链条接头并拆除旧链条。

4）安装新链条，并调整新链条的张力。

5）通电以检修的方式试运行，并进行必要的调整。

6）安装扶梯上所有围裙板和盖板，复位运行。

四、扶手导向系统

扶手导向系统是由扶手导轨、导向滚轮群、出入口导向滚轮、支撑滑轮组和转向端导向滚轮组构成的闭合环路。

1. 扶手导轨

扶手导轨一般采用冷拉型材或不锈钢型材制成，安装在扶手支架上，对扶手带起支撑和导向作用，如图 2-43 所示。

2. 导向滚轮群

导向滚轮安装在扶梯桁架两侧，位于扶手带上方，引导扶手带沿直线方向行驶，导向滚轮与扶手带两侧的间隙不小于 4mm，如图 2-44 所示。

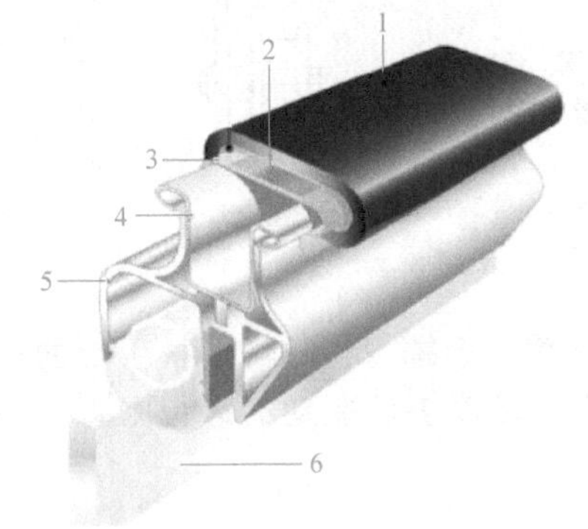

图 2-43 扶手导轨

1—覆盖层（橡胶层） 2—钢丝帘 3—帘布层 4—扶手导轨 5—扶手支架 6—扶手玻璃栏杆

图 2-44 导向滚轮群

1—梯级 2—导向滚轮群 3—扶手导轨

3. 出入口导向滚轮

出入口导向滚轮引导扶手带从倾斜段平滑过渡到水平段，起到一定的支撑作用，如图 2-45 所示。

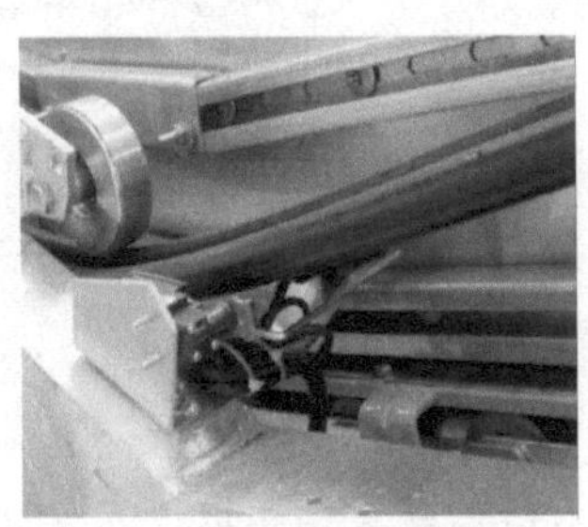

图 2-45 出入口导向滚轮

4. 支撑滑轮组

支撑滑轮组安装在扶梯桁架两侧，位于扶手带下方，两个滑轮之间的距离一般不超过 1m，对扶手带起支撑作用，如图 2-46 所示。

5. 转向端导向滚轮组

运行的扶手带进行 180°转弯的扶手护栏末端被称为扶手转向端。为减小转向端的摩擦阻力，转向端装有专门的导向滚轮组，如图 2-47 所示。

图 2-46 支撑滑轮组

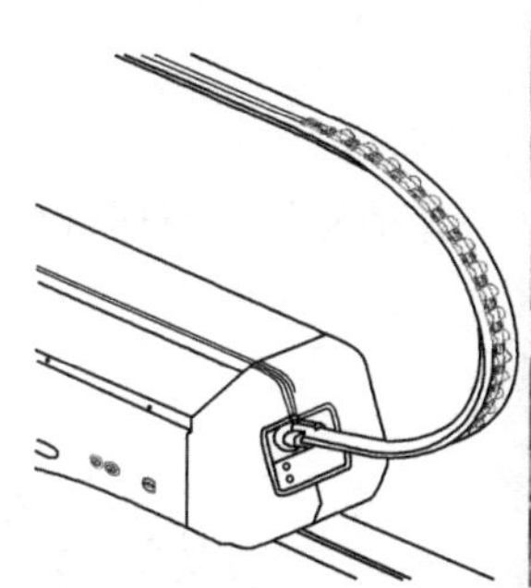

图 2-47 转向端导向滚轮组

五、扶手带和扶手带张紧装置

(一) 扶手带

自动扶梯或自动人行道两侧应装设扶手系统，扶手系统的顶部应装有运行的扶手带，扶手带可以看作是装设在自动扶梯两侧的特殊结构形式的胶带输送机。

扶手带是一种边缘向内弯曲的橡胶带，由橡胶层、帘子布层、钢丝、摩擦层等组成，一般为黑色，随着对建筑物装设美化要求的提高，现在也出现了红色、蓝色等彩色扶手带供业主选择，如图 2-48 所示。

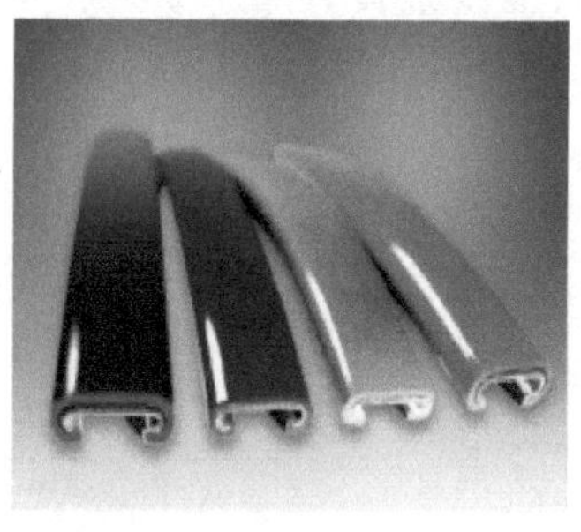

图 2-48 自动扶梯扶手带

小知识：扶手带去静电装置

扶手带属于橡胶制品，在运动时扶手带与导轨之间不停摩擦，会产生静电荷。当静电荷在扶手表面达到一定量时，就会使人手有触电的感觉，所以就要装设扶手带去静电装置。常见的去静电装置可以使用纯铜刷或铜质导向件与扶手表面接触，经桁架接地去静电，如图 2-49 所示。

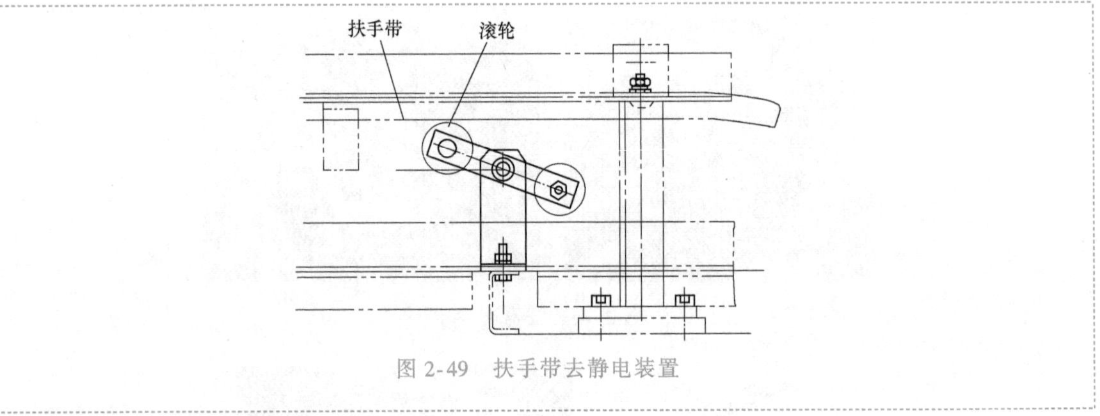

图 2-49　扶手带去静电装置

(二) 扶手带张紧装置

扶手带张紧装置是确保扶手带正常运行的部件，消除因制造和环境变化产生的长度误差。扶手带过松，会造成扶手带脱出导轨；扶手带过紧则表面磨损严重且运行阻力增大，扶手带过松或过紧都会造成与梯级同步偏差超标。

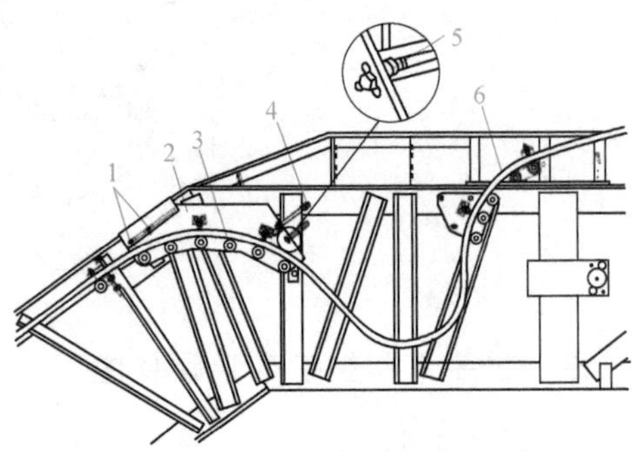

图 2-50　扶手带张紧板
1—固定螺栓　2—扶手带张紧板
3—锁紧螺母　4—扶手带导向滚轮
5—固定螺母　6—圆弧

1. 上部扶手带张紧装置

扶手带张紧板位于自动扶梯的上弯曲处两侧，只要打开内盖板就可以对其进行调节。只要松开固定螺栓和固定螺母，调整锁紧螺母的位置，便可以对扶手带的张紧力进行调节，如图 2-50 所示。

2. 下部扶手带张紧装置

扶手带张紧轮组位于自动人行道的下弯曲处两侧，需要打开楼层踏板才能对其进行调节。只要松开固定螺母和锁紧螺母，调整固定螺母的位置，便可以对扶手带的张紧力进行调节，如图2-51 所示。

3. 中部扶手带张紧装置

扶手带缠绕在扶手带驱动轮橡胶上，通过调节张紧弹簧的压紧力，从而使扶手带驱动压轮组将扶手带压紧在驱动轮上，如图 2-52 所示。

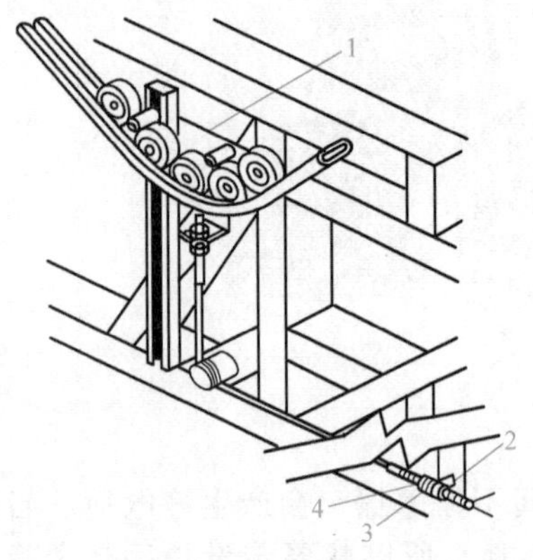

图 2-51　扶手带张紧轮组
1—扶手带张紧轮组　2—锁紧螺母　3、4—固定螺母

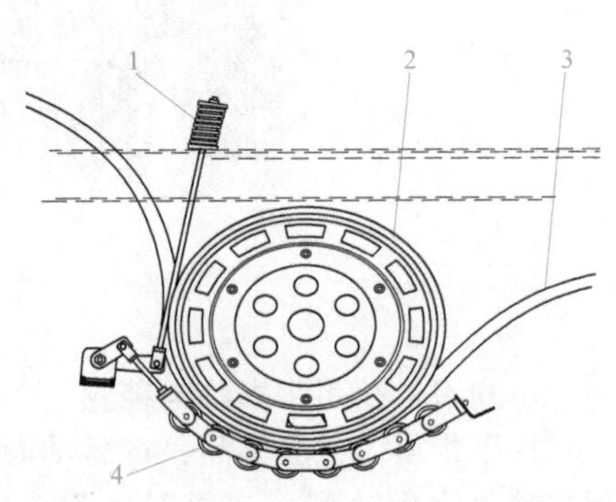

图 2-52　扶手张紧弹簧
1—张紧弹簧　2—扶手带驱动轮橡胶
3—扶手带　4—扶手带驱动压轮

小知识：自动扶梯扶手带张紧检查方法

商用自动扶梯：当扶手带上行2~3圈后，当返回侧扶手带为1160mm时，中间位置处的自由下垂量为8~12mm；当返回侧扶手带为870mm时，中间位置处的自由下垂量为4~8mm。

公共交通型自动扶梯：当扶手带上行2~3圈后，返回侧扶手带为2320mm的中间位置处的自由下垂量为30~35mm（大摩擦轮扶手带驱动结构）或15~20mm（端部轮扶手带驱动结构）。

注意：返回侧扶手带长度与自动扶梯扶手带长度有关。

走进企业：扶手带更换工艺

1）拆除自动扶梯上所有围裙板和盖板。

2）拆除扶手入口装置。

3）松开扶手带驱动装置。

4）将扶手带从扶梯上剥离下来。

5）安装新的扶手带。

6）调整扶手带驱动装置。

7）通电以检修的方式试运行，并进行必要的调整。

8）复位运行。

六、围裙板、护壁板和内外盖板

1. 围裙板

围裙板是与梯级、踏板或胶带两侧相邻的金属板，如图2-33所示。当梯级、踏板或胶带与围裙板之间有异物夹住时，自动扶梯停止运行。

围裙板一般用2mm、3mm厚的钢板（或不锈钢板）制作，表面涂有聚四氟乙烯涂料，以减小围裙板与梯级的摩擦。

外围裙板或外装饰板是将自动扶梯封闭起来的装饰板，主要用于覆盖桁架的外部，以防止有人触摸自动扶梯桁架中的运动部件，同时也是外部装饰，如图2-53所示。

图2-53　外围裙板或外装饰板

自动扶梯围裙板与梯级侧面存在间隙，在正常运行时围裙板与梯级之间的间隙，单边不大于4mm，两侧之和不大于7mm；端部围裙板与梳齿之间的间隙应小于1mm。围裙板与围裙板上表面要平齐，围裙板拼缝<0.3mm，如图2-54所示。

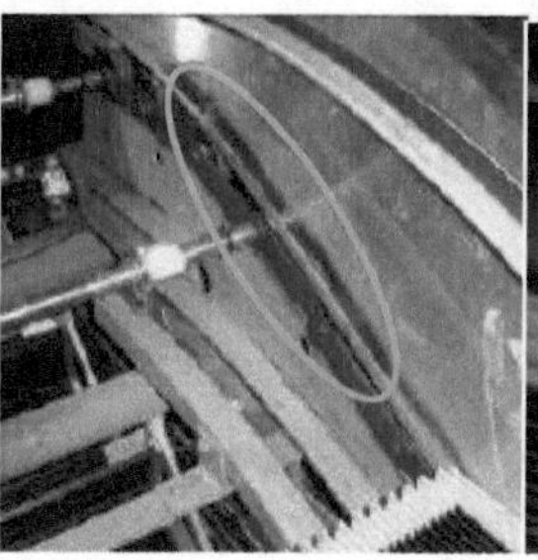

图2-54　自动扶梯围裙板

企业大咖点睛：端部围裙板调节

1）确保端部围裙板与梳齿板之间的间隙为3~7mm。

2）端部围裙板与梳齿板3~7mm的间隙不达标会导致梳齿板不能正常上抬，也直接影响梳齿板上抬安全保护开关无法动作。

调整方法：

1）抬高端部围裙板与梳齿板，留有3~7mm的间隙。

2）调整梳齿板上抬安全保护开关触点与板件之间的间隙为1mm。

2. 护壁板

护壁板在扶手带下方，是装在内侧盖板与外侧盖板之间的装饰护板。

护壁板是自动扶梯展示给乘客的“外貌”，自动扶梯的外形美观程度及与建筑物内部的色彩、装修结构的协调性，都通过其展示出来，如图2-55所示。

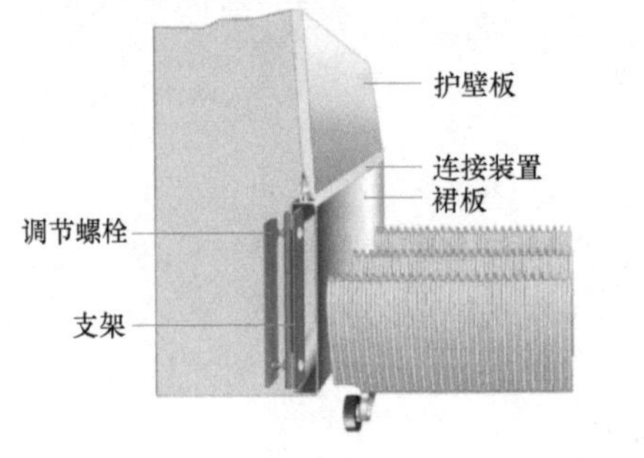

图2-55　护壁板

护壁板之间的空隙不应大于4mm，其边缘应呈圆角或倒角状。

护壁板应有足够的强度和刚度，在其表面任何部位垂直施加一个500N的力于25cm^{2}的面积上时，不应出现大于4mm的凹陷和永久变形。

小知识：护壁板

GB 16899—2011并没有对公共交通型自动扶梯的扶手装置中的护壁板做出要求，也就是说采用玻璃或不锈钢板都是允许的，但对于重载型自动扶梯其扶手装置只能采用不锈钢材质的护壁板。

允许采用玻璃做成护壁板，该种玻璃应当是不会裂成碎片的单层安全玻璃（钢化玻璃），并具有足够的强度和刚度，玻璃的厚度不应小于6mm。

小提示：护壁板更换工艺

1）在每个夹紧位置处轻轻插入衬垫使之成为“V”字形。

2）在玻璃结合处应用两块衬垫。

3）护壁板之间的空隙不应大于4mm，并检查两块玻璃板的结合是否平行。

4）紧固夹紧座，夹紧力距为35N·m，用水平尺检测玻璃板是否垂直。

3. 内、外盖板

扶手盖板分为内盖板和外盖板。内、外盖板起封闭作用，在外观上还起到重要的装饰作用，因此在拆卸时，要特别注意勿使其折弯、划伤，应保证板面平整、光亮。

（1）内盖板　内盖板是指在护壁板内侧，连接围裙板和护壁板的金属板，如图2-56所示。

（2）外盖板　外盖板是指在护壁板外侧、外装饰板上方，连接装饰板和护壁板的金属板，如图2-57所示。

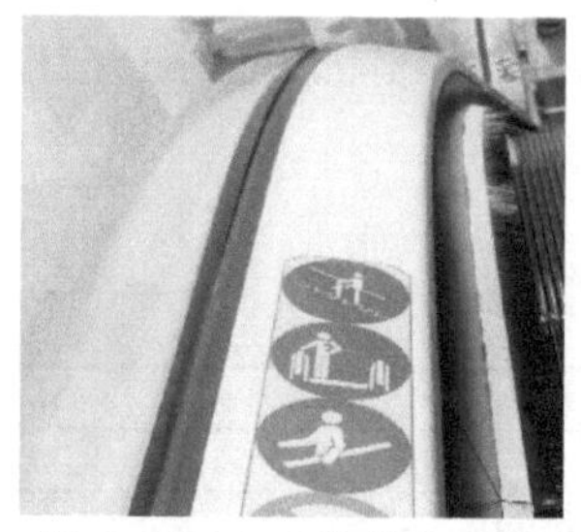

图 2-56 自动扶梯内盖板

图 2-57 自动扶梯外盖板

6.2 制订维护保养方案

一、确定工作流程

自动扶梯扶手系统运行与维护工作流程图如图 2-58 所示。

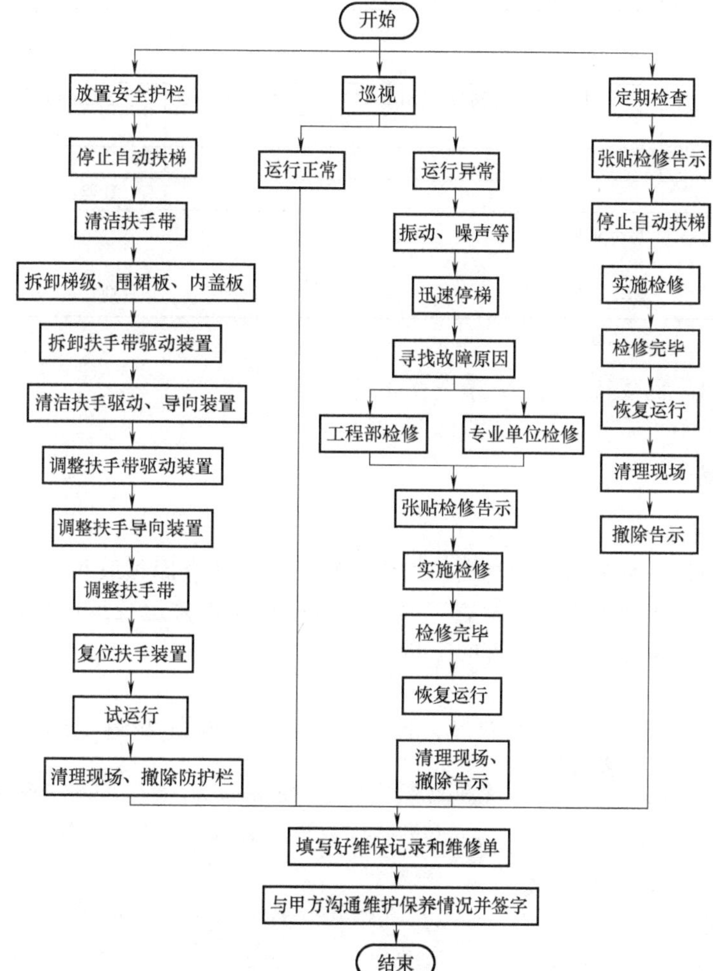

图 2-58 自动扶梯扶手系统运行与维护工作流程图

二、工作计划的制订

在实际工作之前，预先对目标和行动方案做出选择和具体安排。计划是预测与构想，即预先进行的行动安排，围绕预期的目标，而采取具体行动措施的工作过程，随着目标的调整进行动态的改变。

自动扶梯扶手系统维护工作计划表见表 2-15。

表 2-15　自动扶梯扶手系统维护工作计划表

<table>
<tr><td>用户名称</td><td colspan="3"></td><td>合同号</td><td></td></tr>
<tr><td>开工日期</td><td></td><td>自动扶梯编号</td><td></td><td>生产工号</td><td></td></tr>
<tr><td>计划维护日期</td><td colspan="2"></td><td>计划检查日期</td><td colspan="2"></td></tr>
<tr><td>申报技监局</td><td colspan="2">已申报/未申报</td><td>申报质监站</td><td colspan="2">已申报/未申报</td></tr>
<tr><td>维护项目的主要工作内容</td><td colspan="5">1)拆卸梯级
2)拆卸围裙板
3)拆卸内盖板
4)扶手驱动链的检查、清洁、润滑和调整
5)扶手导向装置的检查、清洁、润滑和调整
6)扶手带的检查、清洁和调整
7)扶手带运行速度测量</td></tr>
<tr><td>准备工作情况及存在问题</td><td colspan="5"></td></tr>
<tr><td rowspan="3">人员分工</td><td>姓名</td><td>岗位(工作内容)</td><td>负责人</td><td>计划完成时间</td><td>操作证</td></tr>
<tr><td></td><td></td><td></td><td></td><td></td></tr>
<tr><td></td><td></td><td></td><td></td><td></td></tr>
<tr><td colspan="6">项目经理签字(章)　　　　　　　　　　　　　　　　日期：　年　　月　　日</td></tr>
<tr><td>客户/监理工程师</td><td colspan="5">审批意见：

签字(章)　　　　　　　　　　　　　日期：　年　　月　　日</td></tr>
</table>

6.3　自动扶梯扶手系统维护保养任务实施

一、任务准备

(一) 工具的准备

根据自动扶梯扶手系统的运行与维护工作流程要求，从仓库领取相关工具、材料和仪器。了解相关工具和仪器的使用方法，检查工具、仪器是否能正常运行，选择合适的材料，并准备自动扶梯扶手系统运行与维护所需的工具。

1. 斜塞尺

斜塞尺又名刻度塞尺、锥形间隙尺、孔尺、间隙尺，如图 2-59 所示。用于铁路、汽车、电力、建筑、化工、公路等行业，测量各种深度间隙。

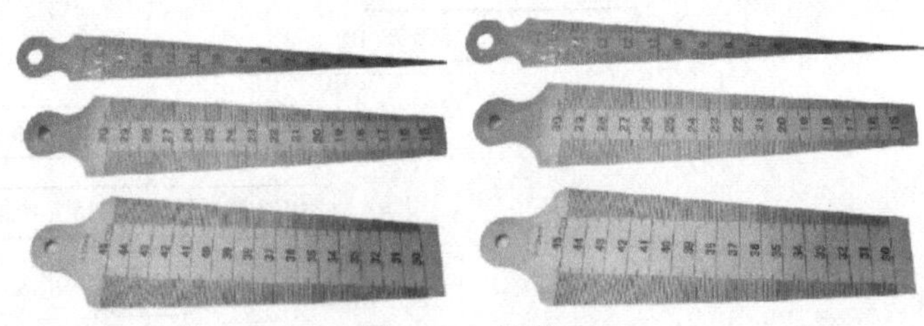

图 2-59　斜塞尺

(1) 主要技术参数

1) 斜塞尺的测量范围、最小刻度及外形尺寸见表 2-16。

2) 示值误差：±0.05mm ~ ±0.10mm (用样板或专用检具检测)。

3) 底面平行度：小于或等于 0.05mm (用塞尺片在平台上检测)。

4) 硬度：30~35HRC。

表 2-16　斜塞尺的测量范围、最小刻度及外形尺寸

测量范围	最小刻度	外形尺寸
0.4~6mm	0.05mm	160mm×9mm
1~15mm	0.10mm	150mm×9mm
2~26mm	0.20mm	160mm×1.8mm

5）材料：45 钢，表面镀铬防锈处理。

（2）使用方法

1）将斜塞尺插入被测间隙，与被测间隙面接触，无法前推时的读数即为被测间隙。

2）测量完毕后，将斜塞尺装袋保存。

（3）注意事项

1）严禁磕碰。

2）严禁与腐蚀性物质一起放置。

3）严禁将斜塞尺置于潮湿处。

2. 锤子

锤子俗称榔头，主要由锤头、木柄和楔子组成，锤子的种类多种多样，如图 2-60 所示。

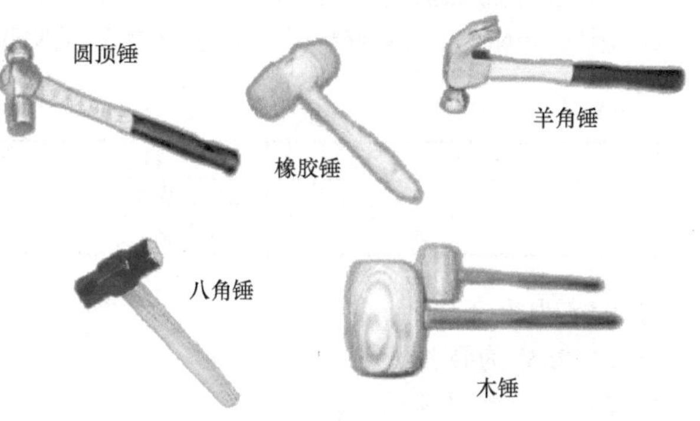

图 2-60　锤子的种类

在维护调整自动扶梯驱动系统时，常用圆顶锤、橡胶锤或木锤。常用的 1kg 锤头的柄长为 350mm 左右。木柄安装在锤头中必须稳固可靠，装木柄的孔做成椭圆形，且两端大、中间小。木柄敲紧装入锤孔后，再在端部打入带倒刺的铁楔子，用楔子楔紧，就不易松动，可以防止锤头脱落造成事故。

（二）物料的准备

在自动扶梯扶手系统维护保养中可能用到的物料有：扶手带、扶手滚轮、棉纱、砂纸、润滑油等。

（1）扶手带的形状及尺寸　扶手带的形状及尺寸如图 2-61 所示。

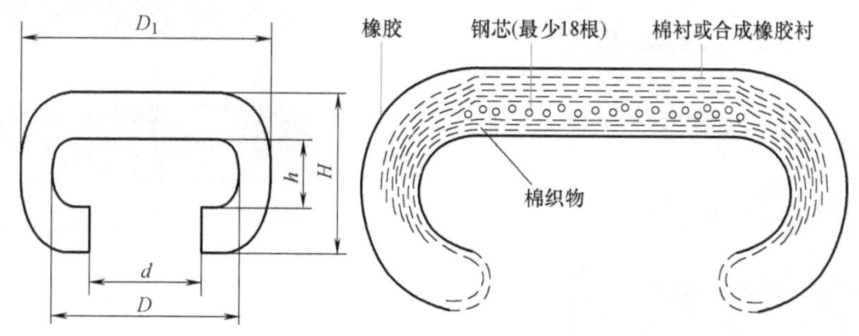

图 2-61　扶手带的形状及尺寸

D_1—扶手带宽度　D—扶手带内宽　d—扶手带开口宽度　H—扶手带厚度　h—扶手带开口高度

（2）扶手带的分类

1）多层织物衬垫扶手胶带：这种结构具有延伸率大的特点，在使用时必须注意调整带的张紧装置。

2）织物夹钢带扶手胶带：这种结构在工厂生产时制成闭合环形带，不需在工地拼接，延伸率小，调整工作量小。其缺点是长期使用后钢带与橡胶织物间易脱胶，脱胶后钢带会在扶手胶带内隆起，甚至戳穿帆布造成扶手胶带损坏。

3）夹钢丝绳织物扶手胶带：这种结构在织物衬垫层中夹一排细钢丝绳，既增加了扶手胶带的强度，又可控制扶手胶带的延伸。这种扶手胶带在工厂生产时制成闭合环形带，不需在工地拼接，综合性能良好。我国生产的自动扶梯多采用这种结构，并且扶手胶带宽度一般为 $D_1=80\sim90$mm，厚度 $H=10$mm。

（3）扶手带的型号及说明

1）铭牌一般印刷在第一层帆布的扶手带连接位置上。

2）制造年份是公历的后两位数。

3）制造月份是：1-9、10（X）、11（Y）、12（Z）。

例如：扶手带铭牌为 HCX-WN6　94Y　21.25M　234-1　KY，其说明如下：

① HCX-WN6 为扶手带型号。扶手带型号说明见表 2-17。

表 2-17　扶手带型号说明

名　称	代　码	材　料	名　称	代　码	材　料
装饰胶	H	聚乙烯合成橡胶	芯材	WN	软钢丝
外观形状	CX	超薄型	层数	6	布 5 层+芯材 1 层

② 94Y 为生产日期。

③ 21.25M 为条长。

④ 234-1 为生产工号。

⑤ KY 为连接作业者代号。

小知识：扶手带损坏形式（见图 2-62）

a) 滑动层磨损钢丝暴露(需更换)

b) 扶手带表面橡胶层磨损(需更换)

c) 扶手带开口处磨损严重(需更换)

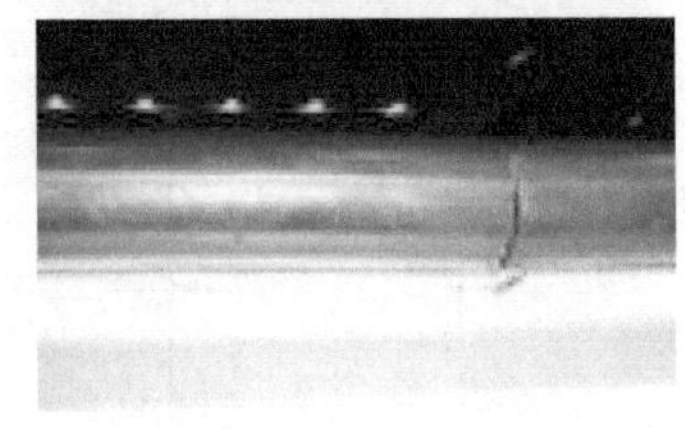

d) 扶手带任何部位开裂(需更换)

图 2-62　扶手带损坏形式

二、任务实施

（一）扶手系统维护前准备工作

扶手系统维护前准备工作见表 2-18。

表 2-18 扶手系统维护前准备工作

序号	步骤名称	运行与维护步骤图示	运行与维护说明
1	切断电源、放置防护栏		切断电源前确认自动扶梯上无人。在自动扶梯上下入口处放置安全防护栏
2	拆卸上下机房盖板		使用专用工具拆卸，两人配合操作。检查上下机房盖板、前沿板有无变形、锈蚀
	经验寄语：检查拆卸孔是否松动，有无脱焊现象。挂钩能否安装牢固，如果出现滑动现象，则需要认真检查。抬起盖板时，不能用力过猛，不能抬得过高，否则会发生安全事故		
	盘车至合适位置		维修人员将损坏的梯级盘至下机房拆卸处（梯级装卸一般在张紧装置处进行）
	经验寄语：盘车时，需要确认梯级、下机房附近没有无关人员。盘车人员要按照指令盘车，不可以用检修操作自动扶梯上行、下行，否则容易发生安全事故		
3	锁紧扶梯制动器		锁紧扶梯制动器，确保扶梯梯级不发生任何移动
4	拆除部分梯级		松开梯级螺栓（M24 六角螺母，36号呆扳手），在装卸口将损坏梯级取下，两边同时操作。提取梯级时，应注意不要碰坏梯级缺失检测传感器。拆卸下来的梯级应摆放整齐，且保护好梯级边缘黄色条，不能竖着安放
	经验寄语：松开和紧固梯级固定螺母时，不要用力过猛、用力太大。确认好螺栓的旋转方向，否则容易造成螺纹、设备的损坏		

实操视频

（二）围裙板、内外盖板、护壁板的维护和保养

围裙板、内外盖板、护壁板的运行与维护见表 2-19。

表 2-19 围裙板、内外盖板、护壁板的运行与维护

序号	步骤名称	运行与维护步骤图示	运行与维护说明
1	拆除扶手内外盖板		拆除内盖板时，将内盖板小心提起并向后拉出嵌条；拆除外盖板可左右移至围裙板缺口处拉出，将外盖板小心提起并向后拉出嵌条。拆下来的各种盖板应放置在洁净、平整的台面上
	经验寄语：内外盖板一般用不锈钢材料制成，边角比较锋利，在拆卸的过程中应做好周边防范措施，远离乘客和无关人员。拆卸内外盖板后，抬起高度不超过地面 50mm，并大声提醒无关人员闪避		
2	围裙板与梯级的间隙 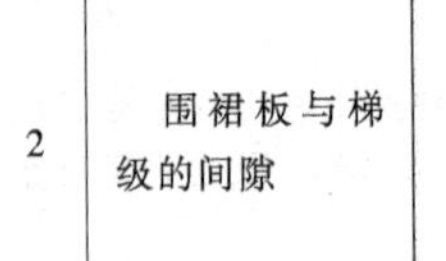	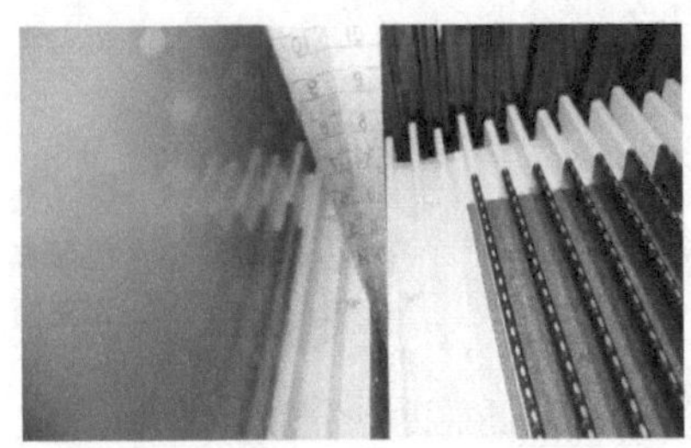	围裙板与梯级、踏板或胶带任何一侧的水平间距之和不应大于 4mm，两边的间隙不应大于 7mm 围裙板应坚固、平滑，围裙板的连接处不应重叠，间隙为 0.5mm 左右
3	护壁板的检查	 	护壁板一般采用不锈钢板或者钢化玻璃制成，护壁板之间的间隙不应大于 4mm，其边缘呈圆角或倒角状 如果采用玻璃做护壁板，则该种玻璃应是钢化玻璃。单层玻璃的厚度不应小于 6mm；当采用多层玻璃时，应为夹层钢化玻璃，并且至少一层的厚度不小于 6mm 护壁板连接处高低差应在 1mm 以内，护壁板上不应有龟裂及损伤
	经验寄语：护壁板与夹板之间应垫厚度不超过 1mm 的橡胶皮，当护壁板受到外力冲击时，其起到一定的缓冲作用（对护壁板、夹板的热胀冷缩也有一定的保护作用）		

（续）

序号	步骤名称	运行与维护步骤图示	运行与维护说明
4	内、外盖板的安装	 内外盖板、PVC嵌条对接完好，无突起和间隙	护壁板边沿与内盖板之间不应有间隙，内盖板安装螺钉应无松动。内、外盖板、PVC嵌条对接平齐
	经验寄语：内盖板、外盖板、围裙板、扶手支架、扶手导轨、护壁板接缝应平整，哪怕是有极小的台阶，也会造成人员伤害。内盖板的倾角≥25°，宽度≤120mm，防止人站在上面		
5	围裙板、内外盖板、护壁板的清洁	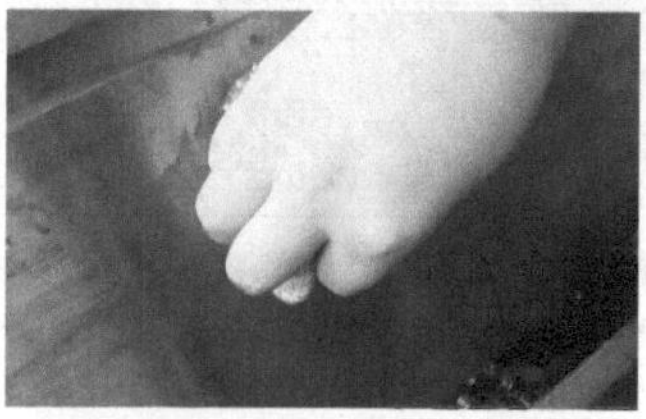	围裙板、内外盖板、护壁板的螺栓应紧固，连接部位应平滑，无毛刺或锐边

（三）扶手驱动链、驱动轮的维护和保养

扶手驱动链、驱动轮的运行与维护见表2-20。

表2-20 扶手驱动链、驱动轮的运行与维护

序号	步骤名称	运行与维护步骤图示	运行与维护说明
1	扶手带驱动轮的维护	 	在轴承和销轴上加入机油（N68或美孚1130） 滚轮和链轮应能灵活旋转，滚轮和链轮表面无异常磨耗、橡胶割裂、剥离等现象。磨损量用游标卡尺测量，当驱动轮外径<139mm，从动轮外径<88mm时，应更换新的 检查链条有无生锈，链条上润滑油应充足
2	扶手驱动链轮的清洁、润滑、调整		擦洗、检查扶手驱动主、从链轮，若发现有局部磨损，则应使用砂轮进行修整，以免其继续磨损链条，检修完毕后，涂以适量的润滑脂
	经验寄语：检查扶手驱动链条的链板及滚子等是否严重磨损链节，其活动有无阻滞，检修后涂以适量的润滑脂		

（续）

<table>
<tr><th>序号</th><th>步骤名称</th><th>运行与维护步骤图示</th><th>运行与维护说明</th></tr>
<tr><td rowspan="2">3</td><td>扶手驱动链条的组装</td><td></td><td>扶手驱动链条调整前，在两轴承旁做标记，确保调整后两链轮在同一中心</td></tr>
<tr><td colspan="3">经验寄语：在安装时，可以先组装扶手驱动链，再调整扶手驱动链轮的位置，以确保两边链轮中心一致。在维护过程中，由于扶手驱动链轮已经固定牢固，更换扶手驱动链时，需要在链轮两侧做好标记，通过专用工具拆卸扶手驱动链。安装时，需做好周围安全防护，防止工具脱手伤人</td></tr>
<tr><td rowspan="2">4</td><td>扶手驱动链的调整</td><td>
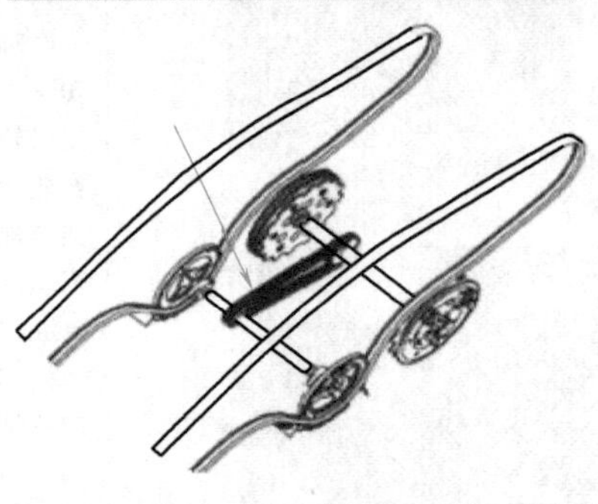</td><td>当自动扶梯上行或下行一圈后，扶手驱动链条松边的中间位置处自由下垂量为 8~12mm
扶手驱动链太松或太紧都会引起扶手带窜动的现象，其调整方法：拧松支撑板上的固定螺栓，通过调节螺杆的转动使支撑板位置变化来实现扶手驱动链的张紧度调整</td></tr>
<tr><td colspan="3">经验寄语：检查扶手驱动链的伸长情况。当扶手驱动链伸长大于 2%时，应更换扶手驱动链。当链条没有达到更换条件，而张紧装置的调整范围又不能达到链条的张紧要求时，可以通过调整扶手带驱动轮轴承座来张紧链条
1）下行时，在上端站用手拉扶手带，如果拉开的距离大于 5mm，则扶手带太松，需调整
2）调整时，必须注意左右支撑板前后位置的一致性
3）通过调节扶手驱动轮主轴的前后位置来调整扶手带驱动链条的张紧</td></tr>
<tr><td>5</td><td>扶手驱动链盖板的安装</td><td></td><td>将扶手驱动链盖板复位</td></tr>
</table>

(四) 扶手导向轮、定位轮、导向轮组、张紧轮的维护和保养

扶手导向轮、定位轮等设备的运行与维护见表 2-21。

表 2-21 扶手导向轮、定位轮等设备的运行与维护

序号	步骤名称	运行与维护步骤图示	运行与维护说明
1	扶手带张紧装置的维护		1)检查张紧装置的安装状态是否良好,安装螺栓有无松动 2)运行中,张紧装置与扶手带有无摩擦声和异响声 3)检查张紧装置内侧和扶手带帆布里有无异物 4)检查扶手带驱动轮表面有无磨损、开裂及变形等异常情况。驱动轮的初始外径为 130mm,当小于 130mm 时应以更换
2	扶手带、胶轮的清洁、润滑		清洁扶手带、扶手胶轮。擦去扶手驱动链原有润滑脂,并涂上相应的润滑脂
3	驱动轮与扶手带之间的间隙		驱动轮与扶手带之间的间隙应小于 0.5mm
4	扶手带托轮的维护		扶手带托轮安装于扶手带中间位置,运行平稳,无异响。应定期清理托轮表面,保持扶手带清洁
5	扶手胶轮的调整		调整扶手胶轮,使胶轮运转平稳

(五) 扶手带、扶手导轨的维护和保养

扶手带、扶手导轨的运行与维护见表 2-22。

表 2-22 扶手带、扶手导轨的运行与维护

序号	步骤名称	运行与维护步骤图示	运行与维护说明
1	端部扶手导轨的维护		确保端部扶手导轨的清洁度，使端部扶手导轨的轴承能够自由灵活地转动
2	扶手导轨连接处的维护		扶手导轨连接处应平滑，无毛刺或锐边
	经验寄语：扶手带在导轨上滑动是否正常，有无异常的阻滞或爬行现象。扶手带运行如有异常，应卸下扶手带，检查滑动导轨有无变形，滚轮组件中每个滚轮转动是否灵活自如，安装滚轮组件的扶手架槽中有无污染物等 提高扶手带的驱动力要从两方面入手：一方面是提高扶手带的驱动力，另一方面是降低扶手带运行时的摩擦阻力		
3	扶手带的清洁	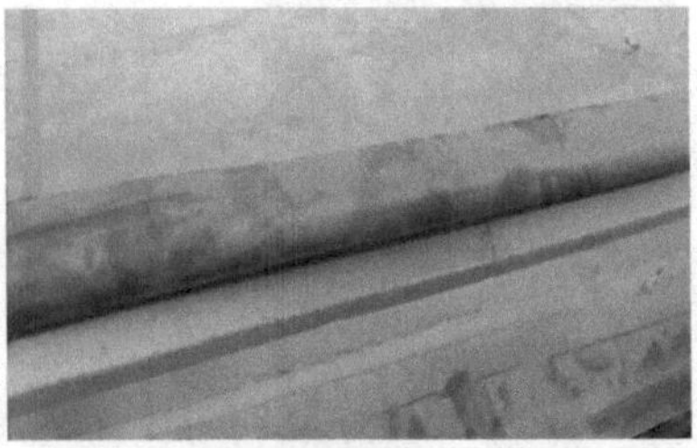 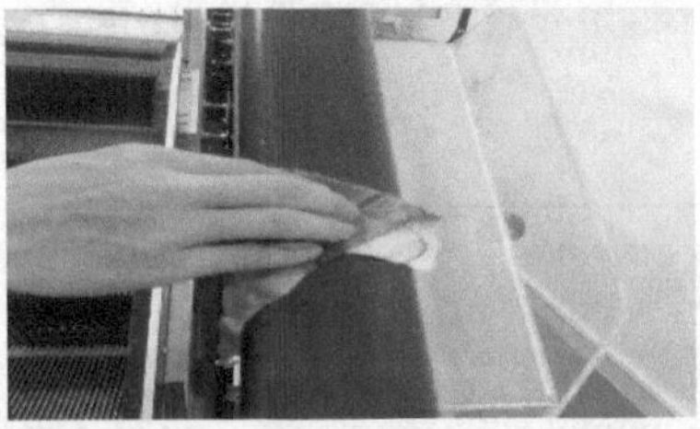	日常维护时应对扶手带做彻底清洗处理，用扶手带清洁剂润湿抹布，再用抹布使劲在扶手带的顶部擦拭。如果扶手带过于脏污，则应反复多次地进行擦拭，直到扶手带被擦得洁净光亮为止，然后再用软布涂上扶手带光亮剂擦拭，以增加其光亮度
	经验寄语：不能在扶梯运行时清洁扶手带，待扶手带表面风干后，才可以擦光亮剂，扶手带表面未风干，不能运行扶梯		

（续）

序号	步骤名称	运行与维护步骤图示	运行与维护说明
4	扶手带张紧测量		扶梯运行2~3周后，在扶梯下段两个托轮的中间，以支架为基准测出A值，在托轮位置测出B值，扶手带的张紧度就是$A-B$，参考值为5~10mm
	经验寄语：若扶手带张紧力过大，则使扶手带与扶手带导轨之间的摩擦力加大，加速了扶手带的磨损，并增加了扶梯的动力消耗；若扶手带张紧力过小，则在其进入导轨前有向上拱起的可能，致使扶手带脱轨，甚至引发安全事故		
5	扶手带与入口的检查		调节扶手导向嵌入装置，使扶手带入口板与扶手带间隙均匀，不能使扶手带与之接触 检查扶手带入口板与扶手带入口开关固定板件之间的距离应不小于3mm
6	扶手带与滚轮之间的调整		将滚轮的两个螺栓松开，向下压紧扶手带，松开后扶手带处于自由状态，再上紧螺栓，滚轮只能接触扶手带的内侧帆布
7	扶手带与摩擦轮之间的调整		扶手带与摩擦轮两侧的间隙应不小于2mm。如果间隙小于2mm，则需要调整摩擦轮的位置
	经验寄语：摩擦轮与扶手带无间隙会导致扶手带和摩擦轮加速磨损、摩擦轮成椭圆和扶手带出现发热等现象		

（续）

序号	步骤名称	运行与维护步骤图示	运行与维护说明
8	扶手带跑偏的调整	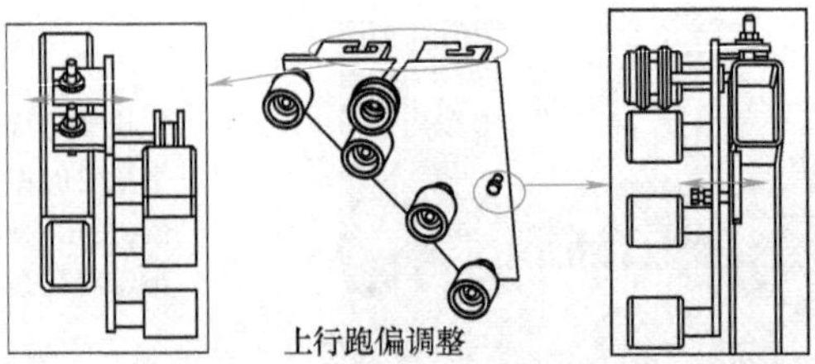 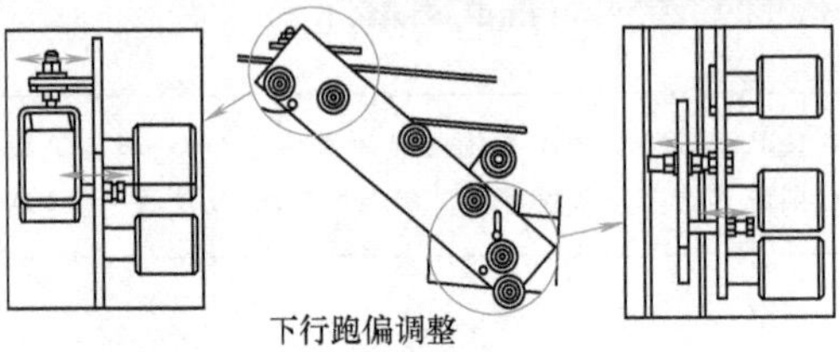 上行跑偏调整 下行跑偏调整	扶梯上行时，如果扶手带有跑偏现象，则需拧松固定上滚轮群的螺栓和螺母，并向跑偏相反方向移动上滚轮，使上滚轮群的滚轮平行于扶手带，调节后拧紧锁紧螺母（下行跑偏相反）
9	扶手驱动轮的调整	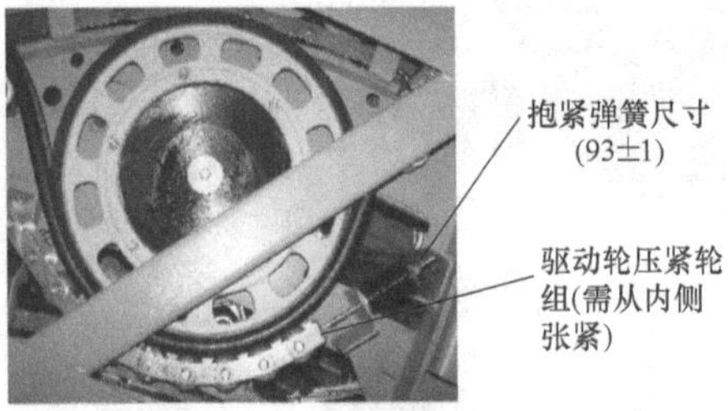 抱紧弹簧尺寸 (93±1) 驱动轮压紧轮组(需从内侧张紧)	扶手驱动轮的调整，就是将有弹簧的一组导轮施加一定的压力，从而用一组链条式的导轮将扶手带抱紧在驱动轮上
	经验寄语：当弹簧长度（L）调整完毕后，需检查压紧链条的滚轮是否已与扶手带完全接触，以确保扶梯运行时压紧链条的滚轮在正常地运转		
10	扶手驱动链的调整	 调整扶手带驱动轴的顶杆螺栓涨紧扶手带驱动链，调整时保证左右两侧一致	自动扶梯或人行道运行时，扶手带前后窜动，可以检查扶手带驱动链是否太松，如果太松，则可以通过调整扶手带驱动轴的顶杆螺栓来张紧扶手带驱动链
	经验寄语：扶手带驱动力的大小对扶手驱动部件的寿命影响很大，过大的驱动力将使大摩擦轮和扶手带磨损加快，过小的驱动力又会使扶梯不能正常运行 扶手带如果暂时不投入使用，应松开压紧弹簧。每4~6周应将自动扶梯运行1~2h，以避免扶手带局部长时间停留在自动扶梯两端弯角处和扶手带长期处于张紧状态下因应力集中而损坏		

企业大咖点睛：长期停用自动扶梯及长期停用后的恢复使用

1. 自动扶梯（人行道）长时间停止使用时，需采取的措施：

1）切断主电源。

2）预计自动扶梯停止使用一个星期以上时，必须松开压带部件的张紧簧。

3）预计自动扶梯停止使用一个月以上时，必须松开梯级链、扶手带张紧的压紧弹簧。

4）定期对停用自动扶梯进行维护、运行，每次运行时间不少于2h。

2. 自动扶梯（人行道）长时间停止使用后重新恢复使用时，需采取的措施：

1）重新恢复梯级（踏板）链、扶手带、压带部件和压紧弹簧的张紧作用。

2）仔细检查自动扶梯控制柜、接触器、电子板、连接导线等。

3）仔细检查自动扶梯安全装置、监控装置、安全开关等。

（六）扶手带与梯级速度测量

1. 线坠测量法

测量扶手带与梯级的同步率，需要在扶梯的倾斜段进行测量。首先在倾斜段尽量靠近下端站处选取一个位置，从扶手带选定位置上，放下一个线坠，并在扶手带和梯级上做出相应标记。

开动自动扶梯上行，待扶手带和梯级上的标记运行到倾斜段靠近上平层位置时停梯，测量扶手带运行的距离、扶手带与梯级的位置偏差，如图 2-63 所示。

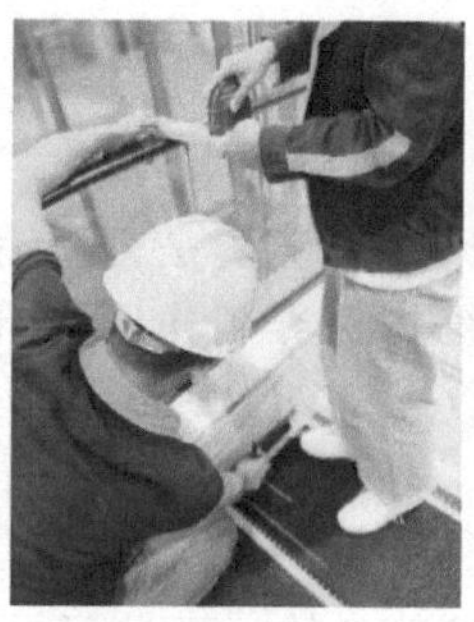
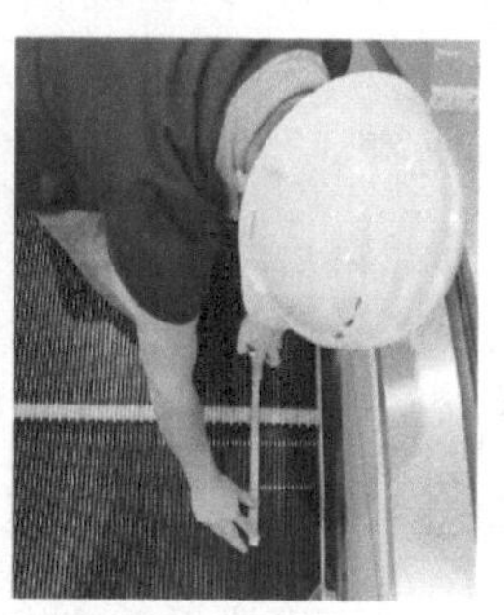

图 2-63　线坠法测量扶手带速度

重复测量三次，在表 2-23 中记录测量数据。

表 2-23　扶手带和梯级运行距离测量

序号	扶手带运行距离 S_1	扶手带与梯级位置偏差 S_2
1		
2		
3		

2. 速度测量方法

（1）测量扶手带的速度　用手将测速表的滚轮沿滚动方向放在扶手带表面，并用力下压，使其接触扶手带，以正常状态开动自动扶梯，观察测速表数据，稳定后，记录好显示的数据 v_1，如图 2-64 所示。

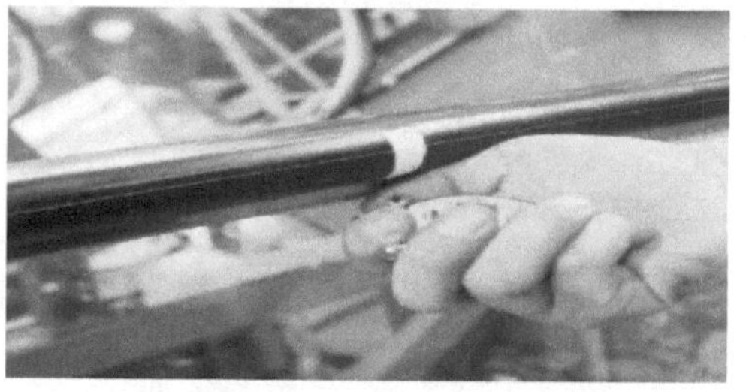

图 2-64　测速表测量扶手带速度

（2）测量梯级的速度　停止自动扶梯，关闭电源，拆出最边一块梳齿板。用手将测速表的滚轮沿滚动方向直接放在梯级梳齿条上，正常状态开动自动扶梯，观察测速表数据，稳定后，记录好显示的数据 v_2。停止自动扶梯，关闭电源，装回梳齿板。

重复测量三次，在表 2-24 中记录测量数据。

表 2-24　扶手带和梯级运行速度测量

序号	扶手带运行速度 v_1	梯级运行速度 v_2
1		
2		
3		

小知识：扶手带和梯级运行不同步的危害

根据 GB 16899—2011 规定：扶手带的运行速度相对于梯级、踏板或胶带的速度偏差为 0～+2%。这样的要求是为了防止乘客在手握扶手时，不会因为扶手带的速度滞后于梯级或踏板的速度，而造成人体后仰而发生意外情况，人往背后摔的伤害远大于往前摔的伤害。

三、自动扶梯扶手系统维护保养实施记录表

实施记录表是对修理过程的记录，保证维护保养任务按工序正确执行，对维护的质量进行判断，完成附表 11 自动扶梯扶手系统维护保养实施记录表的填写。

6.4 工作验收、评价与反馈

一、工作验收表

维护保养工作结束后，电梯维护保养工确认是否所有部件和功能都正常。维护站应会同客户对电梯进行检查，确认自动扶梯维护保养工作已全部完成，并达到客户的修理要求。完成附表 1 扶手系统运行与维护工作验收表。

二、自检与互检

完成附表 2 自动扶梯扶手系统维护的自检、互检记录表。

三、小组总结报告

同学们以小组形式，通过演示文稿、展板、海报、录像等形式，向全班展示、汇报学习成果，完成附表 3 小组总结报告。

四、小组评价

各小组可以通过各种形式，对整个任务完成情况的工作总结进行展示，以组为单位进行评价，完成附表 4 小组评价表。

五、填写评价表

维护保养工作结束后，维护人员完成附表 5 总评表，并对本次维护保养工作打分。

6.5 知识拓展——故障实例

故障实例 1：某酒店自动扶梯左右两侧扶手带打滑，扶梯在运行时，扶手带速度明显滞后于梯级运行速度。

故障分析：

经过维修人员仔细检查后，扶手转向端滚轮链松弛，扶手带在转向部打滑。

排除方法：

通过调校转向端滚轮链中的张紧弹簧，张紧转向部滚轮链。

故障实例 2：左侧或右侧扶手带断裂。当扶手带断裂后，与检测轮相接触的扶手带的张力会急剧减小，扶手带断裂安全开关因失去既定的压力而被触发，扶梯控制系统收到信号后会停止扶梯运行。

故障分析：

1）扶手带过度张紧或松弛。

2）扶手带老化、龟裂。

排除方法：

1）调整扶手带张紧力。

2）更换扶手带。

故障实例3：乘客乘坐自动扶梯时，用手握住扶手带，有发烫的感觉。维修人员对扶手带进行检查，发现扶手带运行时摩擦声较大。

故障分析：

1）扶手带过分张紧。

2）扶手带有严重跑偏。

3）扶手驱动弹簧过分压紧。

排除方法：

1）调整扶手带张力。

2）校正扶手带上、下两侧位置，保持与主驱动轴中心一致。

3）调整扶梯驱动弹簧压紧力。

故障实例4：扶手带发热，围裙板上端站左侧或右侧开关动作，围裙板下端站左侧或右侧开关动作。

故障分析：当有异物进入梯级和围裙板之间或者梯级碰到围裙板时，安全开关受到围裙板的压力而被触发，扶梯安全控制板收到信号后会停止扶梯运行。

排除方法：

1）当梯级碰到围裙板时，调整梯级或者梯级导轨。

2）当有异物卡在梯级和围裙板之间时，取出异物，确认围裙板是否变形，若变形需恢复原形或更换围裙板。

6.6 思考与练习

一、判断题

1. 转向壁是为了保证梯级在直线段上的正常运行。（ ）
2. 用于公共交通型的自动扶梯和自动人行道的扶手带必须设断带监控装置。（ ）
3. 防跌落的安全护栏一般由用户负责。（ ）
4. 安装内外盖板的顺序是首先安装上圆弧段，其次再安装直线段，最后安装下圆弧段。（ ）

二、选择题

1. 护壁板之间的间隙不应大于（ ）。

A. 2mm　　B. 4mm　　C. 3mm

2. 用玻璃制作的护壁板，其厚度至少是（ ）。

A. 8mm　　B. 10mm　　C. 6mm

3. 梯级与围裙板的间隙应不大于（ ）。

A. 4mm　　B. 2mm　　C. 7mm

4. 自动扶梯的端部驱动形式与中间驱动形式相比，其优点是（ ）。

A. 工艺成熟、维修方便　　B. 结构紧凑

C. 能耗低　　D. 可进行多级驱动

5. 安装调试时，自动扶梯或自动人行道在运行时扶手带有噪声应如何解决？(　　)
A. 检查扶手带是否过松　　B. 检查扶手带在扶手带入口处是否与入口橡胶件摩擦
C. 检查扶手支架拼接处是否不齐　　D. 检查扶手支架端部是否去毛刺
E. 检查玻璃安装是否垂直　　F. 检查扶手滚轮轴承是否损坏

三、填空题

1. 公共交通型自动扶梯属于一个________的组成部分，包括____和____处；适应每周运行时间约______，并且在任何 3h 的间隔内，持续重载时间不少于______。

2. 扶手带与梯级的速度允差为______。

四、简答题

1. 为什么扶手带的驱动速度要比梯级运动速度快些？

2. 自动扶梯的哪些部分更换或改变了，才算是重大改造？

任务7　驱动系统的运行与维护

【必学必会】

通过本部分课程的学习，你将学习到：

1. 知识点

1）理解自动扶梯驱动系统的定义和分类。

2）熟悉自动扶梯驱动系统的基本结构和工作原理。

3）掌握驱动主机、减速器、制动器、驱动链、驱动主轴的检查、清洁、润滑、更换与调整的方法。

4）理解企业的维护保养业务流程、管理单据及特别注意事项。

5）掌握安全操作规程，使学生养成良好的安全和文明生产的习惯。

2. 技能点

1）会搜集和使用相关的自动扶梯维护保养资料。

2）会制订维护保养计划和方案。

3）会实施驱动主机、减速器、制动器、驱动链、驱动主轴的检查、清洁、润滑与调整的操作。

4）能正确填写相关技术文件，完成驱动系统的维护和保养。

【任务分析】

1. 重点

1）会实施自动扶梯驱动系统减速器、驱动链、驱动主轴的检查、清洁、润滑、调整的操作。

2）会实施自动扶梯驱动系统驱动主机、制动器的检查、清洁、润滑、调整的操作。

3）会撰写维修保养工作总结，填写维修保养单。

4）能正确填写相关技术文件，完成驱动系统的维护和保养。

2. 难点

1）能展开组织讨论，具备新技术的学习能力。

2）能完成自动扶梯驱动系统的故障排除。

7.1　研习自动扶梯驱动系统的结构与布置

一、自动扶梯驱动系统的基本结构组成及作用

驱动系统是自动扶梯的动力源，它通过主驱动链，将曳引驱动主机旋转提供的动力传递给

驱动主轴，由驱动主轴带动梯级链轮和扶手链轮，从而带动梯级及扶手带的运行。驱动系统由电动机（也称曳引机、驱动主机）、减速器、制动器、驱动链及驱动轴等组成，如图 2-65 所示。

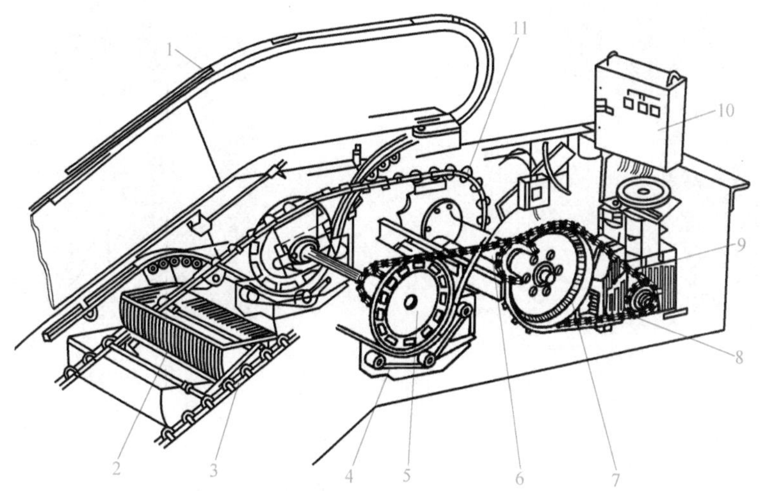

图 2-65 驱动系统整体结构

1—扶手带 2—梯级 3、11—牵引链条 4—扶手带压紧装置 5—扶手带驱动轮
6—驱动主轴 7—传动链轮 8—传动链条 9—驱动机组 10—控制柜

由于自动扶梯主要用于在人流密集的公共场所运载人员，连续运行的时间很长，因此驱动系统应具有以下特点：

1）所有零部件都有较高的强度和刚度，以保证机器在短时过载的情况下有充分的可靠性。

2）零部件具有较高的耐磨性，以保证每天长时间运行条件下的工作寿命。

3）结构紧凑，装拆维修方便。

（一）自动扶梯驱动系统的分类

按照驱动装置所在位置可分为端部驱动装置、中间驱动装置和分离机房驱动装置三种。

端部驱动装置以牵引链条为牵引件，又称为链条式自动扶梯。这种驱动装置安装在自动扶梯金属结构的上端部，称作机房，如图 2-66 所示。端部驱动的结构形式最为普遍，工艺成熟，维修方便。

驱动装置安装在自动扶梯中部的称为中间驱动装置，该驱动装置不需要设置机房，以牵引齿条为牵引件，又称为齿条式自动扶梯，如图 2-67 所示。中间驱动的结构形式紧凑，能耗低，特别是大提升高度时，可以进行多级驱动。但由于驱动装置安装在梯级下面，因此需要注意驱动装置所产生的振动和噪声。

对于一些大提升高度或者有特殊要求时，一般将驱动装置安装在自动扶梯金属结构之外的建筑物上，称其为分离机房，如图 2-68 所示。由于分离机房空间的面积及承重不受限制，因此常用来安装大功率的驱动装置，即用在大提升高度的自动扶梯上。

由于端部驱动装置使用较为普遍，这里主要介绍端部驱动装置，其主要组成部件有曳引驱动主机、制动器、牵引构件等，如图 2-69 所示。

端部驱动装置的工作原理如下：当驱动装置通电后，制动器松开，电动机转动，经由减速器减速为自动扶梯提供动力使其正常工作，并由制动器在自动扶梯产生故障或需停止的情况下制停自动扶梯，后通过链条带动驱动主轴。驱动主轴上装有两个牵引链轮、两个扶手驱动轮、驱动链轮和紧急制动器等。牵引链条上装有一系列梯级，由主轴上的牵引链轮带动。

主轴上的扶手驱动轮通过扶手驱动链使其驱动扶手带运行。

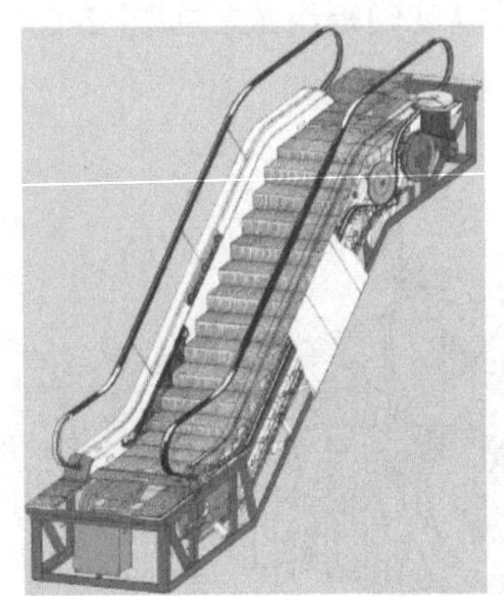

图 2-66　端部驱动装置

图 2-67　中间驱动装置

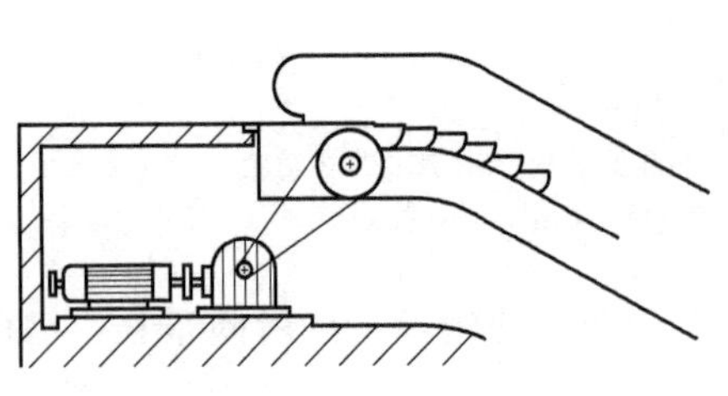

图 2-68　分离机房

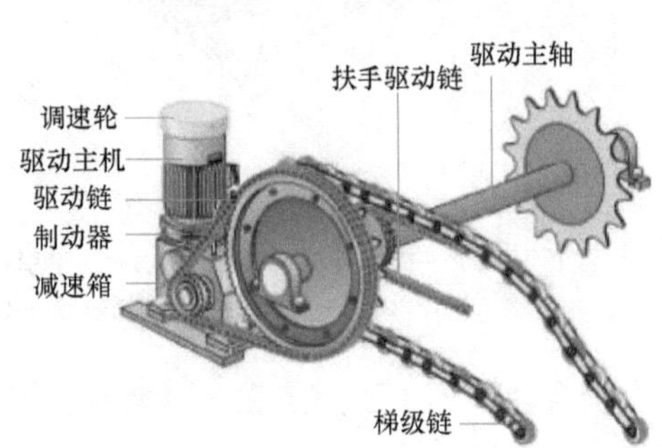

图 2-69　端部驱动装置的结构

画一画：自动扶梯传动原理图（见图 2-70）

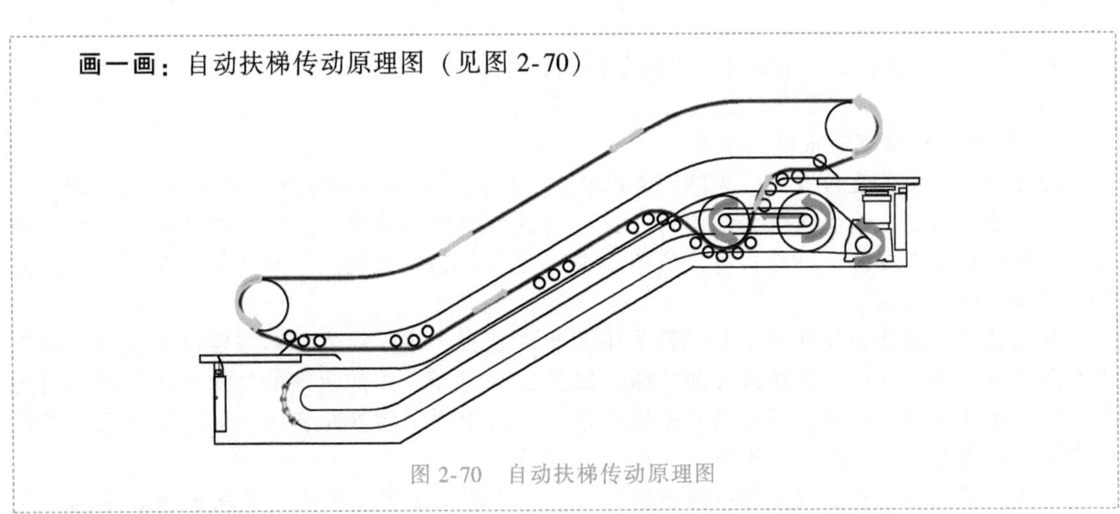

图 2-70　自动扶梯传动原理图

（二）驱动主机

驱动主机直接安装在自动扶梯的桁架上，是整个自动扶梯的原动力，也称电动机或曳引机。

1. 驱动主机的型号

驱动主机为四极的三相交流异步电动机，电动机的功率根据提升高度的不同分为 3.7kW、5.5kW、7.5kW、11kW 等几种规格。

2. 驱动主机的分类

驱动主机主要有立式驱动主机和卧式驱动主机两大类，分别如图 2-71、图 2-72 所示。

一般情况下，立式驱动主机比卧式占地面积小，减小了减速器输入轴的转速，进而降低

图 2-71　立式驱动主机

图 2-72　卧式驱动主机

了噪声。同时，在结构上把电动机装在减速器上，减小了主机的宽度尺寸，节省了空间，降低了成本和售价（一般低 20%）。另外，其结构比较简单，就目前驱动主机发展的方向，正向小型化发展，尽量要求驱动主机的尺寸小，所以自动扶梯驱动主机多采用立式驱动主机。

（三）减速器

减速器也称减速箱，是自动扶梯重要的驱动机构之一。

减速器有蜗杆减速器、齿轮减速器、蜗杆-齿轮减速器、行星齿轮减速器等几种形式，如图 2-73 所示。蜗杆减速器由于效率低、噪声大，已逐渐被淘汰；齿轮减速器一般采用两级传

a) 蜗杆减速器　b) 齿轮减速器　c) 蜗杆-齿轮减速器　d) 行星齿轮减速器

图 2-73　减速器的类型

动结构，具有 94%左右的传动效率，多用于对传动效率要求较高的公交型自动扶梯和重载型自动扶梯上。

目前，广泛采用圆弧圆柱蜗杆（也称尼曼蜗杆）减速器和平面包络蜗杆减速器，其承受负载的能力大、效率高、噪声低，特别是平面包络蜗杆减速器，其承载能力是阿基米德蜗杆减速器的 4 倍。

电动机和减速器的连接如图 2-74 所示。减速器与电动机的连接方式有刚性连接、挠性连接和直接连接三种。刚性连接对两轴的同心度要求较高，目前应用较少，挠性连接应用较多。

（四）制动器

制动器是自动扶梯减速、停止、超速、逆转、故障、停电等情况下防止意外事故发生的

制动装置，它是自动扶梯中不可缺少的重要部件之一。《自动扶梯和自动人行道的制造与安装安全规范》（GB 16899—2011）明确要求，自动扶梯应具有的制动系统包括工作制动器、附加制动器、超速保护和非操作逆转保护。

制动系统是靠摩擦原理产生摩擦力矩来制动驱动主机运行的系统，自动扶梯制动器结构如图 2-75 所示。

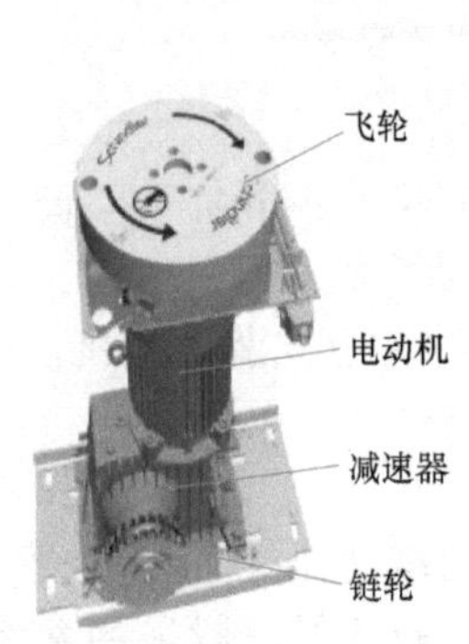

图 2-74　电动机和减速器的连接

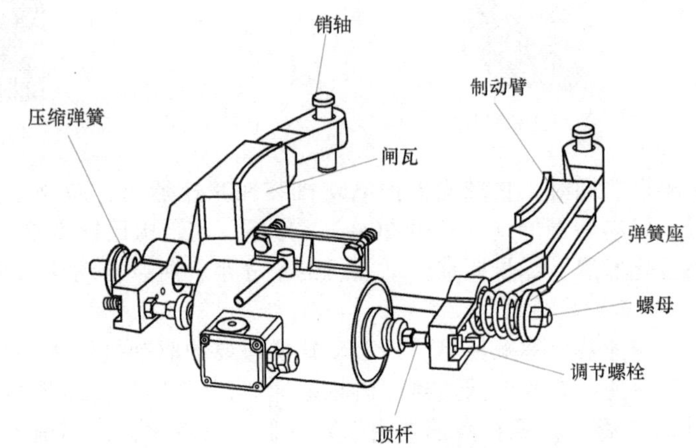

图 2-75　自动扶梯制动器结构

1. 工作制动器

工作制动器是自动扶梯必须配置的制动器，其作用是使自动扶梯有一个接近匀减速的制动过程直至停机，并使其保持停止状态。工作制动器应在动力电源或控制电路断电的情况下自动工作，安装于减速器的高速轴上。工作制动器应采用常闭式的机电一体式制动器，它在持续通电的情况下保持正常释放，将制动器电路断电后，制动器立刻自动制动。自动扶梯工作制动器如图 2-76所示。

图 2-76　自动扶梯工作制动器

另外，为了使制动器制动时有一个缓冲距离，以保证乘客乘坐安全，自动扶梯的制停距离应满足表 2-25。

表 2-25　自动扶梯的制停距离

名义速度/(m/s)	制停距离范围/m
0.5	0.20～1.00
0.65	0.30～1.30
0.75	0.40～1.50

工作制动器可分为带式制动器、块式（闸瓦式）制动器和盘式（蝶式）制动器。

带式制动器的摩擦力是依靠制动杆及张紧的钢带作用在制动轮上的压力而产生的。在钢带上铆接着制动衬垫以增加摩擦力。带式制动器结构简单、紧凑、包角大。其结构设计使得制动力矩能根据移动方向自动调节，即两个方向运转所产生的制动力矩不相等。带式制动器如图 2-77 所示。

图 2-77　带式制动器

块式制动器的制动力是径向的，所用制

动的块是成对的，因此制动块压力相互平衡，制动轮轴不受弯曲载荷，如图 2-78 所示。这种制动器结构简单，制造与安装都很方便，因此在自动扶梯中获得了广泛使用。

盘式（蝶式）制动器的制动力是轴向的，并且成对相互平衡，其摩擦力对动轴所产生的制动力矩大小可按制动块对数多少而定。盘式制动器结构紧凑，与块式制动器相比，当制动轮的转动惯量相同时，盘式制动器的制动力矩大，制动平稳、灵敏，散热性能好。盘式（蝶式）制动器如图 2-79 所示。

图 2-78 块式制动器

图 2-79 盘式（蝶式）制动器

小知识：三菱自动扶梯制动器

驱动主机的功率为 11kW 及以下的制动器采用盘式（蝶式）制动器，并配备了 MGS 开关（电磁式制动器动作确认开关），如图 2-80 所示，大幅度提高了制动器的平稳性和安全性。

图 2-80 带 MGS 开关的盘式（蝶式）制动器

2. 附加制动器

附加制动器又称为紧急制动器，主要是为了防止工作制动器失效。对于用驱动链驱动主轴的自动扶梯，一旦驱动链突然断裂，两者之间即失去联系。此时，如果在驱动主轴上装设一只或多只制动器，直接作用于梯级驱动系统的非摩擦部件上，使其整个系统停止运行，则可以防止意外发生。附加制动器的形式根据每个厂家的设计而不同，常见的有盘式 附加制动器、棘轮棘爪式附加制动器等，如图 2-81 所示。

附加制动器是指在以下任一情况下自动扶梯设置的一个或多个附加制动装置：

1）工作制动器和梯级、踏板或扶手带驱动装置之间不是用轴、齿轮、多排链条或多根单排链条连接的。

2）工作制动器不是符合标准规定的机-电式制动器。

3）提升高度超过 6m。

附加制动器应在以下两种情况下动作：在自动扶梯的速度超过额定速度的 1.4 倍之前；在梯级、踏板或扶手带改变其规定运行方向时。如果电源发生故障或安全电路失电，则允许附加制动器和工作制动器同时动作。

工作制动器是自动扶梯必备的制动器，附加制动器需要按照自动扶梯标准的要求配备，

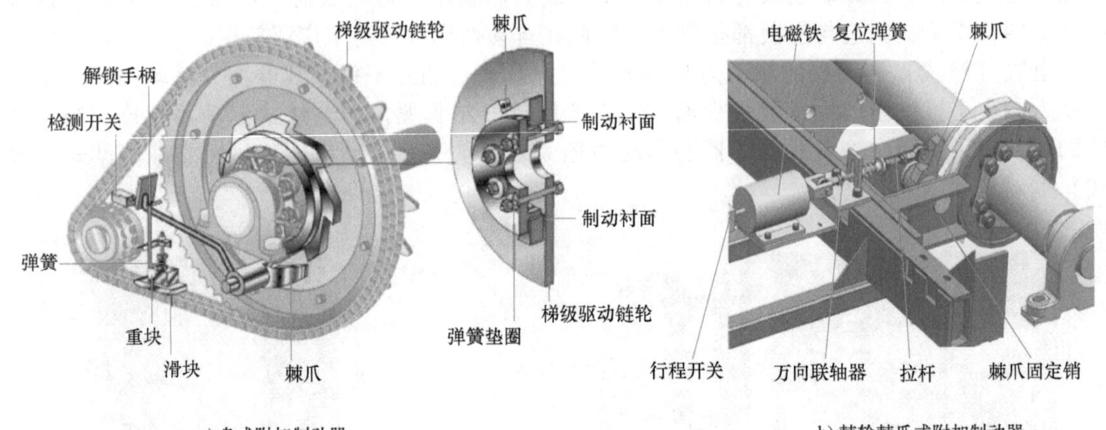

图 2-81 附加制动器

而辅助制动器是根据用户的要求配置的。

（五）驱动链

驱动主机中，驱动链轮和蜗轮同轴，并随蜗轮同步转动，驱动链条将动力传递给梯级链轮，进而带动梯级运动。梯级链轮转动时，驱动主轴（梯级驱动轴）带动驱动从动轴（扶手驱动轴）同步转动，通过扶手带驱动轮及扶手带张紧系统驱动扶手带，从而使扶手带运动。

自动扶梯驱动链是自动扶梯重要的驱动部件，一般为套筒滚子链，由滚子、套筒、销轴、内链板和外链板组成，如图 2-82 所示。

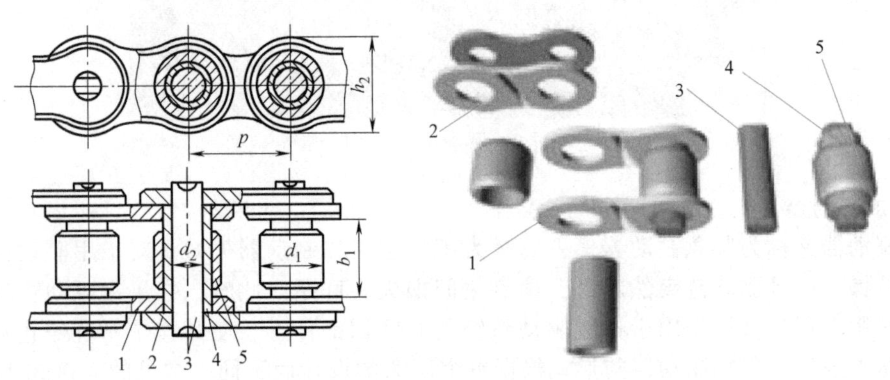

图 2-82 套筒滚子链结构示意图

1—内链板 2—外链板 3—销轴 4—套筒 5—滚子

图 2-82 中，p 为链节距，即滚子链上相邻两滚子中心的距离。

链条的长度用链节数表示，一般选用偶数链节，接头处采用开口销固定，如图 2-83 所示。

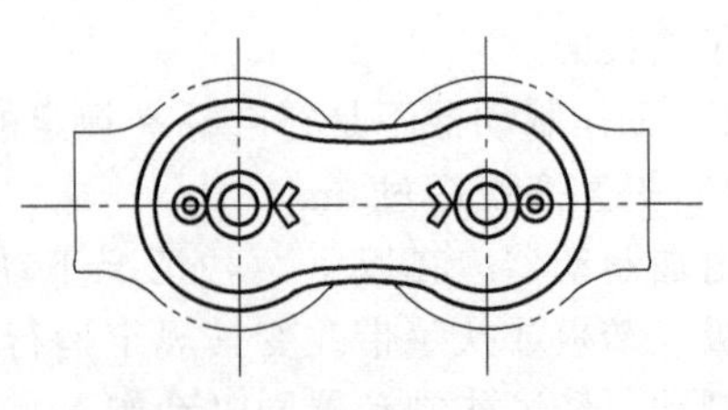

图 2-83 驱动链接头形式

套筒滚子链的安全系数必须大于 5，驱动链包含主机驱动链（见图 2-84）、扶手驱动链、梯级驱动链（见图2-85）。

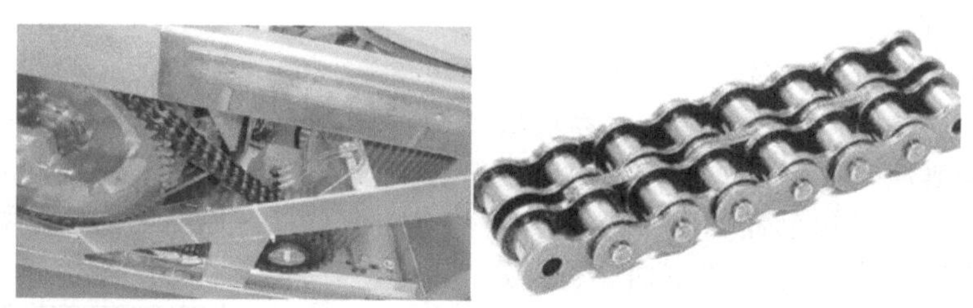

图 2-84 主机驱动链（双排链）

图 2-85 梯级驱动链

小知识：链传动

链传动由主动链轮、从动链轮和绕在两轮上的一条闭合链条组成，靠链条和链轮齿啮合传递动力，如图 2-86 所示。

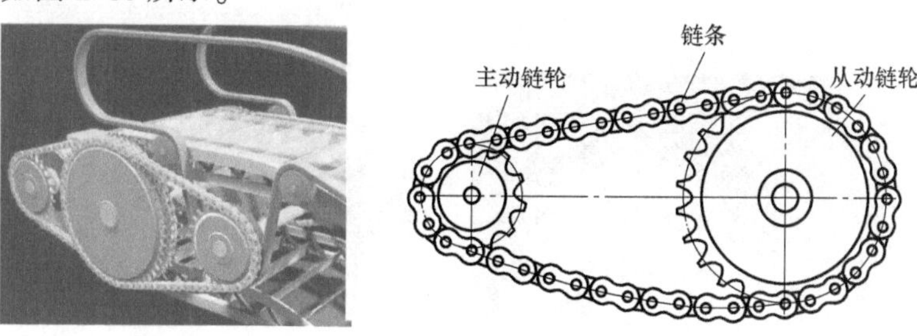

图 2-86 链传动的组成

链有多种类型，按用途可分为驱动链、起重链（见图 2-87a）和牵引链三种。驱动链主要有滚子链和齿形链等类型，如图 2-87b、c 所示。自动扶梯的驱动链就是滚子链。

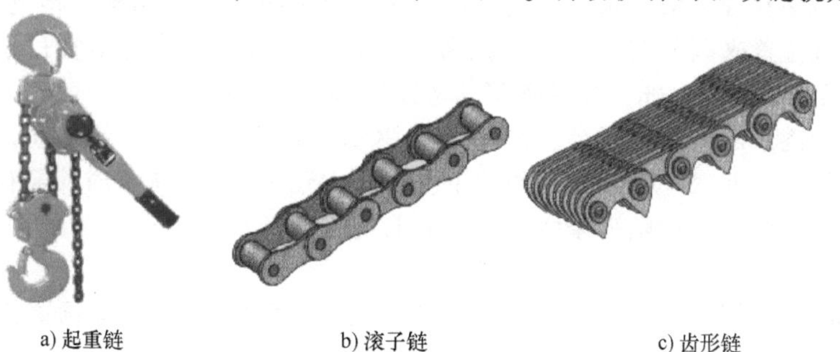

a) 起重链　b) 滚子链　c) 齿形链

图 2-87 链条的类型

1. 主机驱动链

主机驱动链的传递功率较大，一般采用双排链，排数越多，承载能力越高，制造、安装误差也越大，其结构参数如图 2-88 所示。

2. 梯级驱动链

梯级驱动链在梯级两侧各装设一条，两侧梯级驱动链通过梯级轴连接起来，梯级就安装在梯级驱动链上，梯级驱动链要配对安装，链条长度应一致，否则将造成梯级跑偏，其结构参数如图 2-89 所示。图中，p 为节距；h_2 为链片宽；b_1 为内节内宽；$t(T)$ 为链片厚；d_1 为滚子直径；L 为销轴长度；L_e 为链节距（3 节）；d_2 为销轴直径。

梯级驱动链在下转向部通过张力调整器张紧，以吸收梯级驱动链因运行磨耗等原因产生的链条伸长，如图 2-90 所示。

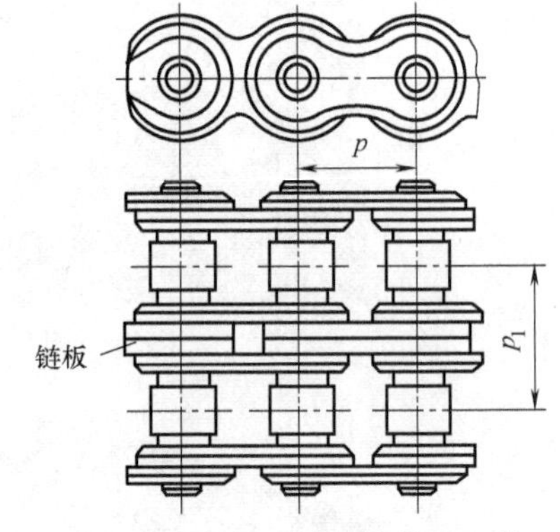

图 2-88　主机双排链的结构参数

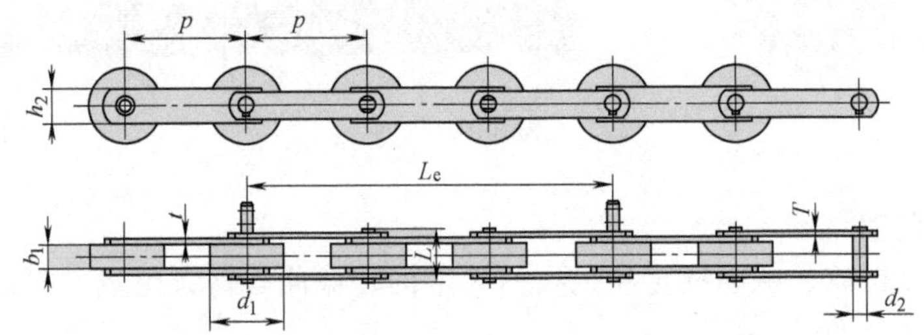

图 2-89　梯级驱动链结构参数

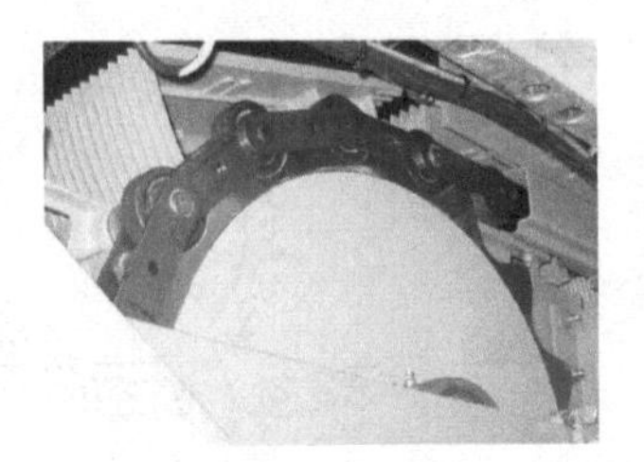
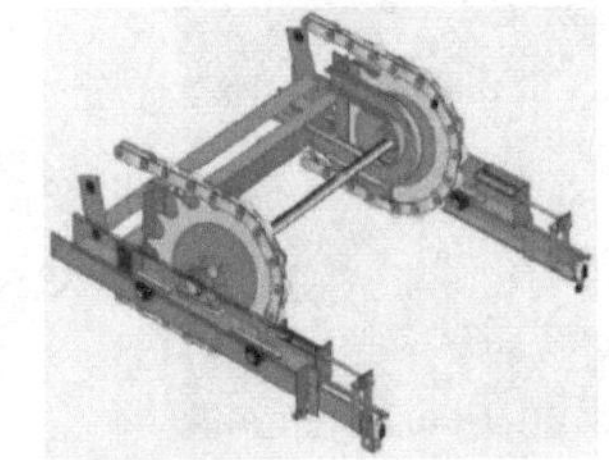
图 2-90　梯级驱动链

小知识：驱动链的调节与更换

曳引机输出轴双排链条的张紧力调节：先松开曳引机的地脚螺栓，将曳引机向后顶出，通过调整曳引机位置来调节双排链条的张紧力，双排链条的张紧力不宜过松或过紧，其下垂量一般调整至不大于 15mm，并调整驱动链断链保护开关有效。

扶手带驱动链条的张紧力调节：调整扶手驱动主轴侧板上的调整螺栓，移动扶手带驱动主轴基座的位置，使扶手带驱动链条的下垂量不大于 10mm。调整时，需拆下 3 个梯级与扶手带驱动链条罩壳。在调整链条张紧力的同时应检查链条与链轮的平行度。

驱动链的更换：

1）若在 8 个拖动滚子中有 3 个拖动滚子有破裂或直接损坏，则必须更换整组驱动链。

2）驱动链的伸长率达 0.9%时，必须更换整组驱动链。

3. 扶手驱动链

扶手驱动链是连接主驱动到扶手驱动的纽带，带动扶手带运转。一般采用单排滚子链，如图 2-91 所示。

（六）链轮

链轮轴面齿形两侧呈圆弧状，以便于链节进入和退出啮合，如图 2-92 所示。链轮齿应有

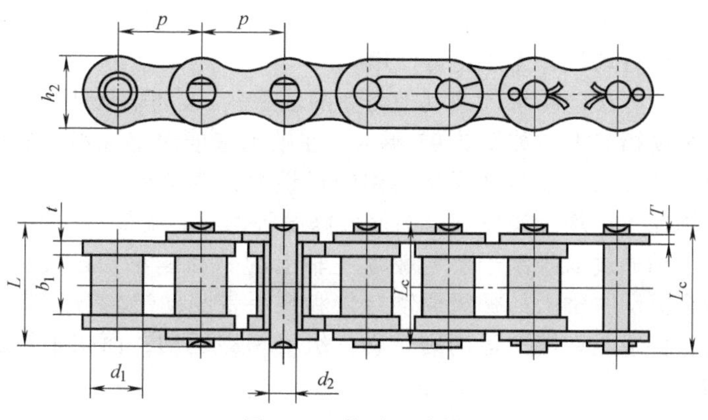

图 2-91　扶手驱动链

足够的接触强度和耐磨性，故齿面多经热处理。链轮一般为中碳钢淬火处理，高速重载时用低碳钢渗碳淬火处理。小链轮的啮合次数比大链轮多，所受冲击力也大，故所用材料一般应优于大链轮（当大链轮用铸铁时，小链轮用钢）。

常用的链轮材料有碳素钢（如 Q235、Q275、45、ZG310-570 等）、灰铸铁（如 HT200）等，重要的链轮可采用合金钢。

图 2-92　链轮

链轮的主要参数有链轮齿数 z、链节距 p、中心距 α 和链长 l，如图 2-93 所示。

链传动的失效形式主要有以下几种：

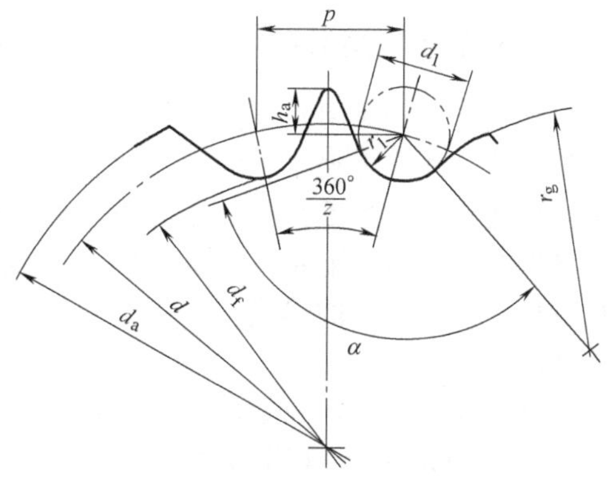

图 2-93　链轮的主要参数

（1）链板疲劳破坏　链在松边拉力和紧边拉力的反复作用下，经过一定的循环次数，链板会发生疲劳破坏。

（2）滚子、套筒的冲击疲劳破坏　链传动的啮入冲击首先由滚子和套筒承受。在反复多次的冲击下，经过一定循环次数，滚子、套筒可能会发生冲击疲劳破坏。

（3）销轴与套筒的胶合　润滑不当或速度过高时，销轴和套筒的工作表面会发生胶合。胶合限定了链传动的极限转速。

（4）链条铰链磨损　铰链磨损后链节变长，容易引起跳齿或脱链。自动扶梯链传动是开式传动，当环境条件恶劣或润滑密封不良时，极易引起铰链磨损，从而急剧降低链条的使用寿命。

（七）驱动轴

驱动系统驱动轴包含驱动主轴和从动轴（回转轴），如图 2-94 所示。驱动主轴是驱动的枢纽，其轴上安装有一对曳引链轮、驱动链轮和扶手带驱动链轮等。两曳引链轮必须配对组装，工厂加工时也是同时进行机加工的，否则在自动扶梯运行时，梯级易与扶梯中心线不垂直，严重时会导致整台自动扶梯无法正常使用。

在驱动主轴两端装有滚动轴承（或其他类型的轴承），滚动轴承装设在轴承室内，轴承室固定在自动扶梯的金属桁架上，如图 2-95 所示。在轴承室或固定轴承室底板的水平方向上装有调节螺杆或螺栓，螺杆另一端与金属桁架用螺母锁紧，调节锁紧螺母可调整驱动主轴的位置。但是，驱动主轴在工厂均已调整好，即使大修设备也不应调整驱动主轴的位置。

驱动主机的输出轴通过双排滚子链与驱动主轴上的驱动链轮相连接，以传递力矩。驱动主轴转动时，安装在驱动主轴上的梯级驱动链轮和扶手带驱动链轮分别带动相应的梯级驱动链和扶手带驱动链，梯级驱动链的运动则带动梯级沿梯路运动，而扶手带驱动链的运动带动扶手带驱动轴转动。

图 2-94 驱动轴

图 2-95 轴承室

小知识：

驱动系统是自动扶梯的动力源，驱动主机、减速器、制动器、驱动链及驱动轴要定期检查、清洁、润滑、维护。如果发生故障（如温升过快过高、电动机轴承损坏、电动机烧坏、减速器油量不足、油品错误、制动器的摩擦副间隙调整不适合、摩擦副烧坏、线圈内部短路烧坏等），则需要及时调整或更换部件，以避免安全事故的发生。

二、驱动系统润滑装置

自动扶梯运行时间长（通常一天运行时间超过 12h），其机械零件经相对运动摩擦后会产生大量热量，并产生粉尘，如不采取措施，久而久之，会造成机件严重磨损，破坏设备的结构性能，降低机件寿命。配备自动加油润滑装置，可以减少机件摩擦产生的热量，降低运行噪声，延长机件的使用寿命。

自动扶梯的润滑剂包括减速器用的极压工业齿轮油、传动链条润滑用的润滑油和轴承润滑脂。常采用的润滑方式有自动润滑和人工润滑。自动润滑的加油时间、加油间隔时间由计算机程序控制，具有自动加油功能，如图 2-96 所示。

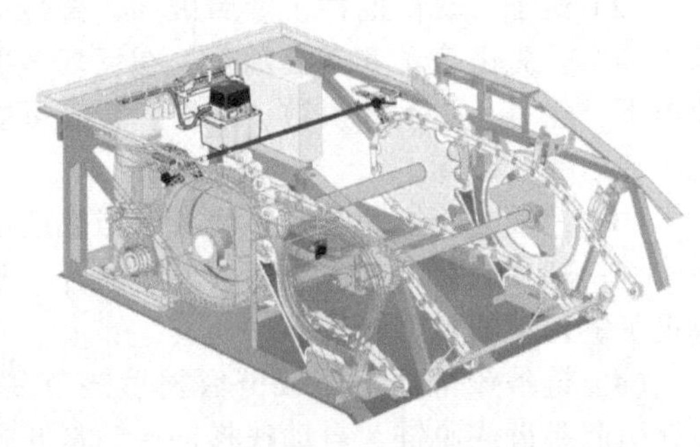

图 2-96 自动扶梯自动润滑系统

自动润滑具有以下特点：

1）加油时间、油量、间隔时间可进行调节，降低了工人的劳动强度。

2）润滑有保证，油量均匀，连续润滑效果好。

3）非重点加油部位尚需人工加油。

1. 减速器的润滑

减速器润滑的作用是保证驱动主机在规定的寿命周期内正常使用，使传动效率不降低，振动和噪声不增大，并减少齿面磨损。无论是齿轮副还是蜗杆副在齿面间都要产生相对运动，由于有相对运动，就会产生两齿面的摩擦，摩擦必然导致金属磨损，而润滑是减少磨损的重要措施。润滑剂实际上是将两齿面分开，在两齿面间形成润滑油膜。

减速器内油量的多少，将直接影响减速器的性能指标和寿命，浸油过多，减速器温度高，散热不好；浸油过少，则会使振动、噪声、传动效率发生变化。一般减速器都装有油标尺和视油镜，也可以参照下面的方法检查油量：

1）对于立式蜗杆副减速器，油面高度与蜗轮轴线一致。

2）对于卧式蜗杆副减速器，油面高度与蜗杆轴线一致。

3）对于卧式齿轮副减速器，油面高度与齿轮轴线一致。

小知识：

若油已浑浊或变质，则应立即更换润滑油。更换方法：用油盘接好出油口，拧下油塞，将减速器内油放尽，再注入同牌号的润滑油，重新注入新油至油标尺中位，一般情况下18个月更换一次。

2. 轴承的润滑

轴承润滑的目的是改善轴承运动体间的润滑状态，延长轴承的使用寿命，降低噪声和温升。在正常使用环境下，润滑脂润滑具有防水、防尘等优点。

润滑脂分为钙基脂、钠基脂、锂基脂和混合脂。由于自动扶梯上所用轴承的运转速度均为低速，所以一般选用钙基脂。在轴承室内加入润滑脂应掌握正确的方法和用量，用量不能过多或过少，一般填充量在60%左右比较合适。由于驱动主轴的运转速度慢，因此可适当注满润滑脂以保证润滑良好。

3. 传动链的润滑

链条的润滑除在其表面涂以润滑油外，还应在链节小轴处注入一定量的润滑油脂，以保证小轴、链片、金属套筒之间有足够的润滑，从而降低磨损。链条润滑的加油部位主要是主驱动链、梯级驱动链、扶手带驱动链；润滑方式有人工加油润滑、自流式润滑和定时、定期、定量自动润滑三种。传动链的润滑如图2-97所示。

图2-97　传动链的润滑

目前大部分自动扶梯装有自动润滑装置，但在实际工作中一般都采用人工润滑和自动润滑相结合的方式对自动扶梯驱动系统进行润滑。驱动系统常用润滑油及润滑方式见表2-26。

表2-26　驱动系统常用润滑油及润滑方式

序号	润滑点	油牌号	润滑方式	附　图
1	主驱动链20A	68#或100#导轨油	自动加油润滑或人工	

（续）

序号	润滑点	油牌号	润滑方式	附　图
2	扶手带驱动链 16A	68＃或 100＃导轨油	自动加油润滑或人工	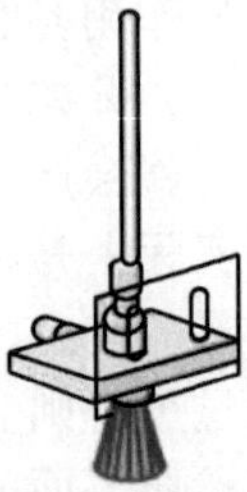
3	辅助制动器	68＃或 100＃导轨油	人工	
4	驱动主轴内轴承	锂基润滑脂	人工	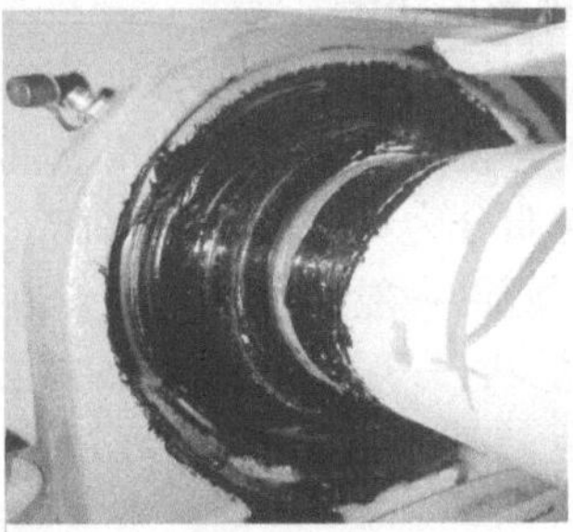
5	扶手带驱动内轴承	锂基润滑脂	人工	
6	梯级驱动链	68＃或 100＃导轨油	自动加油润滑或人工	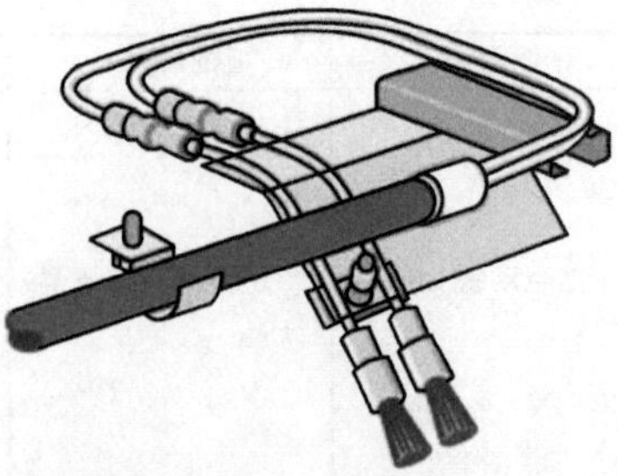

（续）

序号	润滑点	油牌号	润滑方式	附　图
7	减速器	齿轮油	人工	

小知识：驱动系统的润滑

在使用润滑油的过程中，不能乱用润滑油，更不允许将不同特性的润滑油混合使用。

运行中的自动扶梯，视每台自动扶梯状况不同，应灵活掌握加油时间和间隔时间，既要保证有足够的润滑，又不至于使梯级踏板及相关部位粘上过量油污。

在自动扶梯的维护中，应经常检查油管有无变形、挤压、裂纹，接头处有无漏油，油刷处出油是否正常等。对于自动加油系统不能自动润滑的部位，应进行手动加油，如制动器的齿轮副及各种轴销等。

7.2　制订维护保养方案

一、确定工作流程

自动扶梯驱动系统运行与维护工作流程图如图2-98所示。

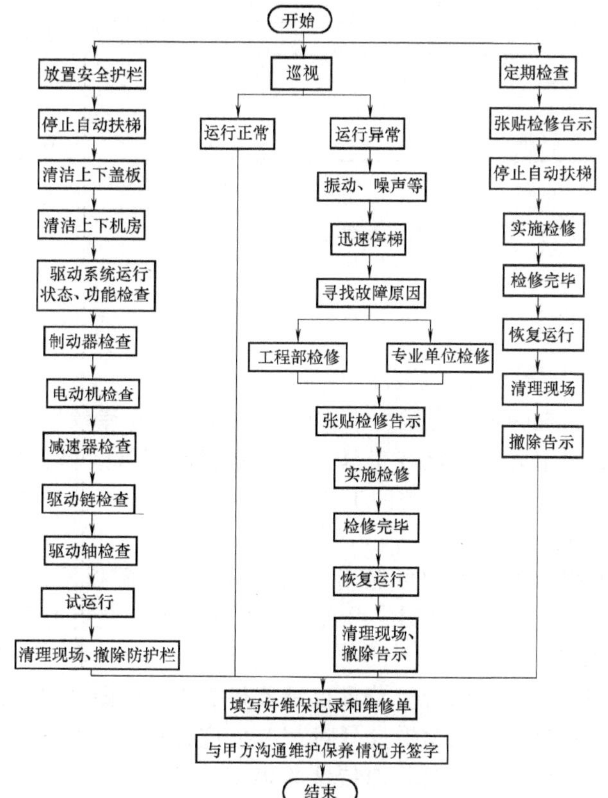

图2-98　自动扶梯驱动系统运行与维护工作流程图

二、工作计划的制订

在实际工作之前，预先对目标和行动方案做出选择和具体安排。计划是预测与构想，即预先进行的行动安排，围绕预期的目标，而采取具体行动措施的工作过程，随着目标的调整进行动态的改变。

自动扶梯驱动系统维护工作计划表见表2-27。

表2-27　自动扶梯驱动系统维护工作计划表

用户名称				合同号	
开工日期		自动扶梯编号		生产工号	
计划维护日期			计划检查日期		
申报技监局	已申报/未申报		申报质监站	已申报/未申报	
维护项目的主要工作内容	1)上下盖板、前沿板的清洁 2)上下机房的清洁 3)驱动系统运行状态、功能的检查 4)电动机温度、异响及振动的检查 5)制动器的检查(附加制动器) 6)减速器油量、通气孔的检查 7)驱动链条、链轮的检查、清洁及润滑 8)驱动主轴、从动轴的检查及润滑				
准备工作情况及存在问题					
人员分工	姓名	岗位(工作内容)	负责人	计划完成时间	操作证
项目经理签字(章)				日期：　年　　月　　日	
客户/监理工程师	审批意见： 签字(章)			日期：　年　　月　　日	

7.3　自动扶梯驱动系统维护保养任务实施

一、任务准备

(一) 工具的准备

根据自动扶梯驱动系统的运行与维护工作流程要求，从仓库领取相关工具、材料和仪器。了解相关工具和仪器的使用方法，检查工具、仪器是否能正常运行，选择合适的材料，并准备自动扶梯驱动系统的运行与维护所需的工具。

1. 常用维护保养工具

在自动扶梯驱动系统维护保养中可能用到的工具有：开闸扳手、活扳手、力矩扳手、锤子、套筒、棘轮扳手、钢直尺、卡簧钳、分贝仪、黄油枪等，常用工具见表2-28。

2. 分贝仪和力矩扳手

(1) 分贝仪　分贝仪又称声级计。分贝仪是最基本的噪声测量仪器，它是一种电子仪器，在把声信号转换成电信号时，可以模拟人耳对声波反应速度的时间特性，对高低频有不同灵敏度的频率特性以及不同响度时改变频率特性的强度特性。因此，声级计是一种主观性的电子仪器。

表 2-28　自动扶梯驱动系统维护保养常用工具

工具名称	工具认识	使用方法
力矩扳手		使用时先设定力的大小，再紧固螺栓。拧紧驱动装置螺栓时，应分次按一定顺序拧紧
棘轮扳手		棘轮扳手使用方便，但不够结实，其不能对驱动主机安装螺栓进行最后的拧紧
锤子	锤头 锤柄	使用前应检查锤柄是否松动，清除锤面和锤柄上的油污
分贝仪	防风球 快速测量 噪声值 A权模式 最大值/最小值 上选择键 A权/C权 下选择键 快速/慢速 背光键 电源开关键	1)打开电源开关，按上下选择键选择适当的档位 2)测量前自我校正一次，判断仪表是否正常 3)测量时，分贝仪与被测设备应保持0.2~0.5m的间距
卡簧钳		1)用力要平稳，以防止脱落或断裂 2)用戴手套的手保护，防止卡簧断裂后伤人 3)戴好护目镜，防止卡簧断裂后伤人
黄油枪（润滑脂枪）	加油活塞压杆 枪头 防滑手柄 缸体 加油拉杆 排气孔 软管 硬管 尖头 平头	对油嘴加注润滑脂时，应对正油嘴，不得歪斜。若不进油，则应停止注油，检查油嘴是否堵塞

小知识：

根据分贝仪的使用要求，若出现下列情况之一的应进行校准：

1）使用到规定期限的。

2）因使用或保管不当，引起损伤或变形的。

3）新购买入库的。

4）未有标示，需要重新鉴定的。

5）其他认为需要鉴定的。

对检测认定合格的分贝仪更换“合格”标识（标识内容：检测设备名称、检测日期、鉴定周期、鉴定单位、合格标识、校正值）。对暂不使用的检测量具用“封存”标识。对经检测为不合格且无维修价值的，由品质部申请报废，并在相关记录中加以注明。

（2）力矩扳手　力矩扳手又称扭力扳手、扭矩可调扳手，是扳手的一种。在安装调整自动扶梯驱动系统时，常选用定值式或数显式手动力矩扳手，如图 2-99 所示。

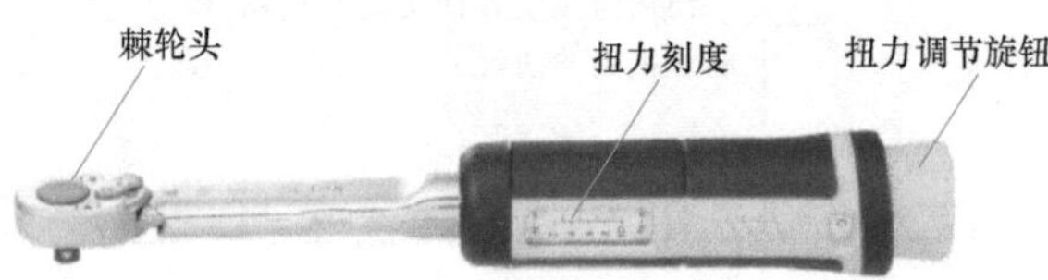

图 2-99　力矩扳手

力矩扳手最主要的特征是：可以设定力矩，并且力矩可调。力矩扳手使用流程如图 2-100 所示。

力矩扳手的使用见表 2-29。

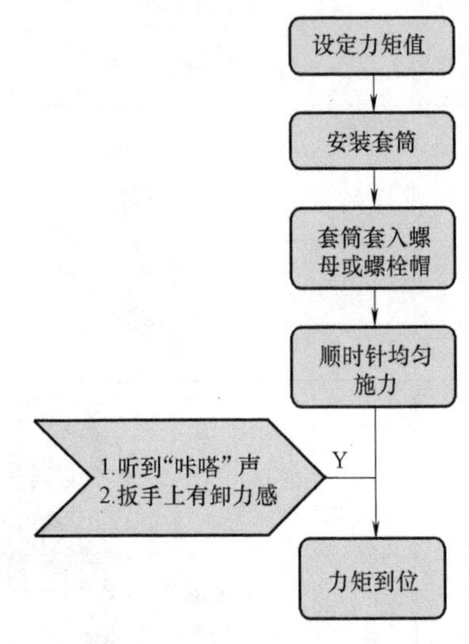

图 2-100　力矩扳手使用流程

表 2-29　力矩扳手的使用

图　示	步骤内容
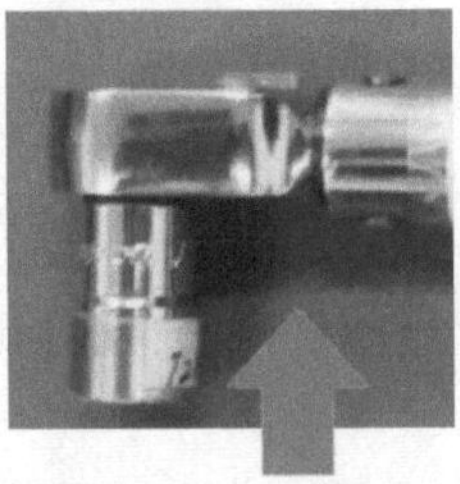	根据螺栓大小，选择合适的套筒，并将套筒安装到方榫上，如 M16 的螺栓，应选择 M16 的套筒
	若螺栓为 M14(6.8)，则应选择 M14 的套筒
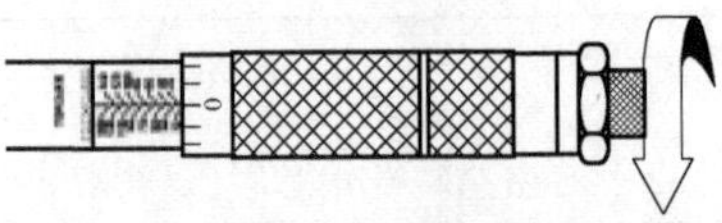	左旋，松开锁定环
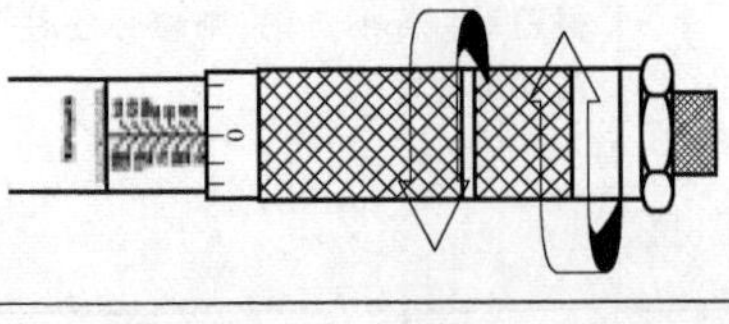	旋动设定轮，调整力矩，右转为松动，左转为加力矩

（续）

图　示	步骤内容
	设定力矩，其中 A 为主值，读离副标尺最近的值，即如左图所示为 50N · m；B 为副值，读主标尺轴线所对应副标尺的值，即如左图所示为 8N · m；则实际力矩值 = A+B = 50N · m+8N · m = 58N · m
	若螺栓为 M14(6.8)，则预紧力矩应为 98N · m，其中 A 应是 90N · m，B 应是 8N · m
	右旋，恢复锁定环
	调节换向手柄，选定施力方向
	测量时将手放在手把中心位置
	施加外力时必须按标明的箭头方向，在手柄上缓慢用力。当拧紧到发出信号“咔嗒”的一声(已达到预设力矩值)时，停止加力
	如果长期不用，则调节标尺刻线退至力矩最小值处

小知识：

力矩扳手的结构如图 2-101 所示，力矩扳手各部件的作用见表 2-30。

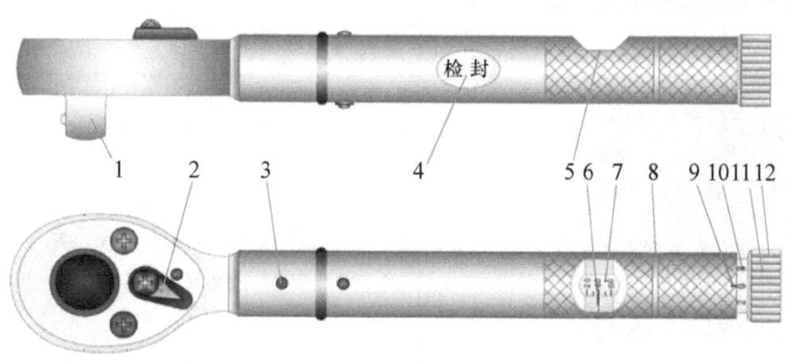

图 2-101　力矩扳手的结构

表 2-30　力矩扳手各部件的作用

序号	名称	作用	序号	名称	作用
1	方榫	用于安装套筒	6	主标尺基准线	读取力矩主值的基准线
2	换向手柄	用于改变力矩的方向,调整棘轮的方向	7	主标尺	用于读取力矩的主值
			8	加力线	检查力矩扳手所加力
3	定位销	用于定位力矩扳手的棘轮头	9	副标尺基准线	读取力矩副值的基准线
4	检封	当力矩扳手校准后,贴上检封,以保证测量的准确,避免力矩数据不准	10	副标尺	用于读取力矩的副值
			11	设定轮	用于设定力矩的大小
5	主标尺窗	读取力矩主值的窗口	12	锁定环	锁定预设力

（二）物料的准备

在自动扶梯驱动系统维护保养中可能用到的物料有：制动弹簧、制动片、轴承、棉纱、砂纸、润滑油、开口销等，常用物料见表 2-31。

表 2-31　自动扶梯驱动系统维护保养常用物料

物料认识	使用方法
轴承	用清洁润滑剂对蜗杆轴承进行清洁,并用砂纸轻微打磨蜗杆轴上的毛刺,严禁使用锉刀或砂轮机进行修复。安装新轴承时,应使用专用工具将轴承逐个敲入轴承箱,在敲击过程中用力要均匀,应慢慢敲入,直至完全敲不动为止
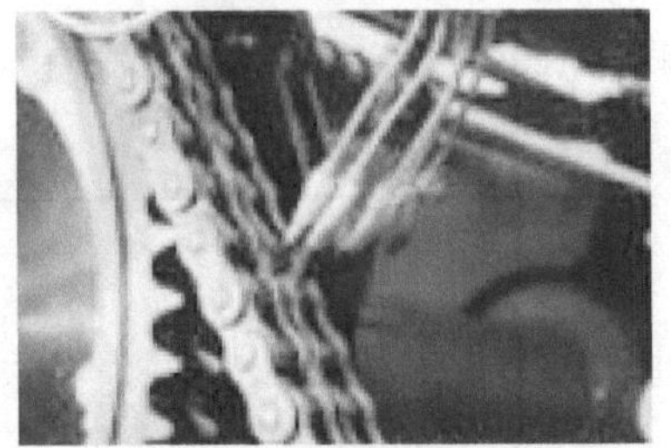 润滑油	自动扶梯常用润滑油有:齿轮油(减速器)、润滑脂(电动机轴承、链条内部)
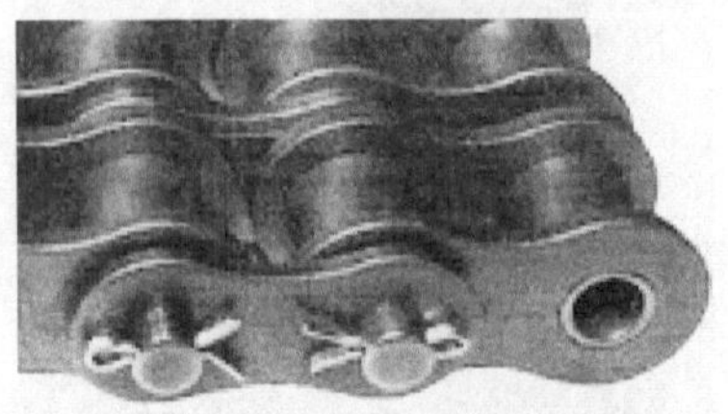 开口销	采用的开口销不应有折断、裂纹、锈蚀等现象;应由根部劈开,使开口销不致窜动

1. 轴承

图 2-102 滚动轴承

轴承是一个支撑轴的零件，它可以引导轴的旋转，也可以承受轴上空转的部件，轴承的概念很宽泛。轴承的类型多种多样，每种都有各自不同的用途。根据轴承中摩擦的性质，可以分为滑动轴承和滚动轴承。自动扶梯中最常见的轴承是滚动轴承，即有滚动体的轴承，如图 2-102 所示。

（1）轴承代码　轴承品种规格繁多，通常采用一个或几个字母和数字组合成的符号，来表示不同的结构类型、尺寸、技术要求，这种标记就是轴承的代号。

轴承代号由基本代号、前置代号和后置代号构成。基本代号表示轴承的基本类型、结构和尺寸，是轴承代号的基础；前置、后置代号是轴承在结构形状、尺寸、公差、技术要求等有改变时，在其基本代号左右添加的补充代号。

标准轴承一般都有一特定的基本代号，以表示轴承的型式和标准化的基本尺寸。基本代号包含数字和字母或数字与字母相结合，其代表的意义为：

1）第一位数字或第一位字母或组合字母，为轴承的类型代号。

2）第二位数字代表轴承的宽度或高度系列。

3）第三位数字代表轴承的内径系列。

4）最后 2 位数字若乘以 5 则代表内径尺寸。

滚动轴承代号的构成见表 2-32。

表 2-32 滚动轴承代号的构成

<table>
<tr><th rowspan="2">前置代号</th><th colspan="5">基本代号</th><th colspan="8">后置代号</th></tr>
<tr><th>五</th><th>四</th><th>三</th><th>二</th><th>一</th><th>1</th><th>2</th><th>3</th><th>4</th><th>5</th><th>6</th><th>7</th><th>8</th></tr>
<tr><td rowspan="3">成套轴承分部件代号</td><td rowspan="2">类型代号</td><td colspan="2">尺寸系列代号</td><td colspan="2" rowspan="3">内径代号</td><td rowspan="3">内部结构代号</td><td rowspan="3">密封、防尘与外部形状变化代号</td><td rowspan="3">保持架及其材料代号</td><td rowspan="3">轴承材料代号</td><td rowspan="3">公差等级代号</td><td rowspan="3">游隙代号</td><td rowspan="3">配置代号</td><td rowspan="3">其他代号</td></tr>
<tr><td>宽（高）度系列代号</td><td>直径系列代号</td></tr>
<tr><td colspan="3">组合代号</td></tr>
</table>

（2）轴承的安装　轴承安装的好坏，将直接影响轴承的精度、寿命和性能。因此，必须按操作标准进行轴承安装。轴承安装步骤流程如图 2-103 所示。

2. 开口销

当组成驱动链的总链节数为偶数时，可采用开口销或弹簧夹将头上的活动销轴固定。

开口销（见图 2-104）是一种机械零件，为避免损坏孔壁，可在销孔中加脂润滑油，制作该零件需要使用优质钢或弹性好的刚性材料。

开口销是一种金属五金件，俗名弹簧销。开口销有良好的韧性，每一个脚应能经受反复多次的弯曲，而在弯曲部分不发生断裂或裂纹。常用开口销规格见表 2-33。

（1）开口销的安装规范

1）所用开口销不应有折断、裂纹、锈蚀等现象。

2）开口销的公称规格应等于开口销孔的直径，如图 2-105 所示。

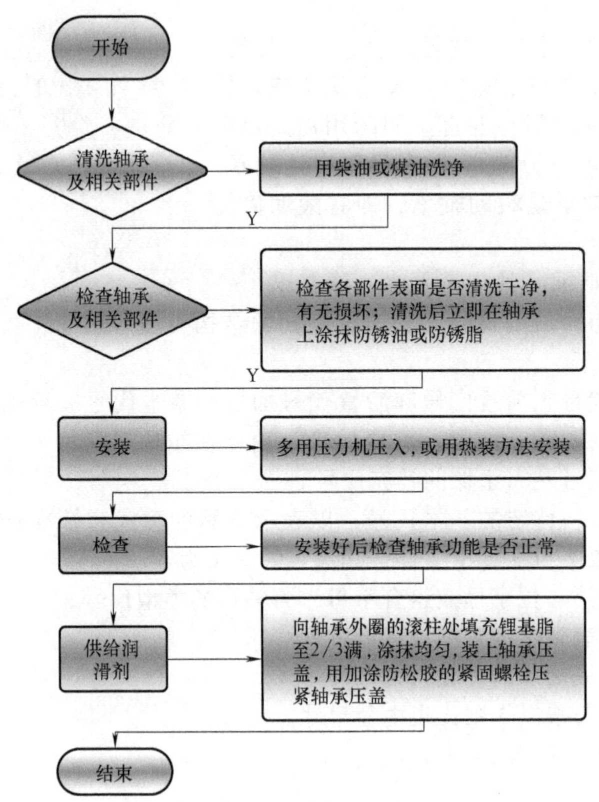

图 2-103　轴承安装步骤流程

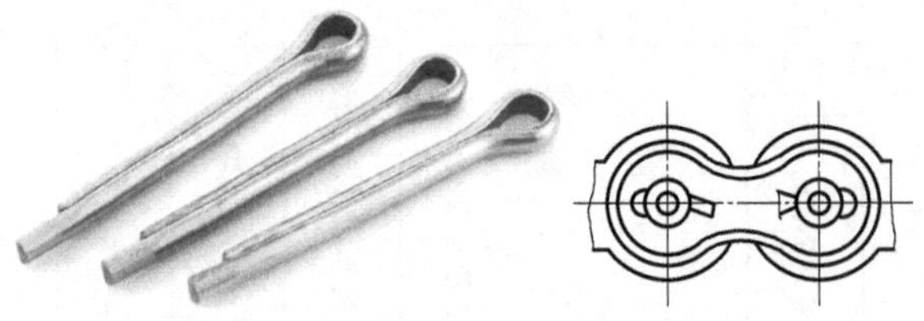

图 2-104　开口销

表 2-33　常用开口销规格

销轴公称直径 D/mm	销孔公称直径 D_1/mm	开口销规格 $d\times l$/mm×mm
5	1.6	1.6×10
6	1.6	1.6×10
8	2	2×12
10	3.2	3.2×16

3）应由根部劈开，使开口销不致窜动。

4）开口销开口必须对称，两脚劈开后都须卷在圆销或轴上，使劈开部分的弧面与圆销或轴的圆弧面平行，并尽量靠近圆销或轴，使两开口角度大于 180°，如图 2-106 所示。

（2）开口销的装配规范

1）用手或钳子将开口销插入圆柱销内，不能用榔头将开口销打进去。

2）用螺钉旋具将开口销掰开。

3）掰开开口销的角度一般为 60°，如图 2-107 所示。当与工件相碰时，可将开口销按图 2-108 所示卷起来。

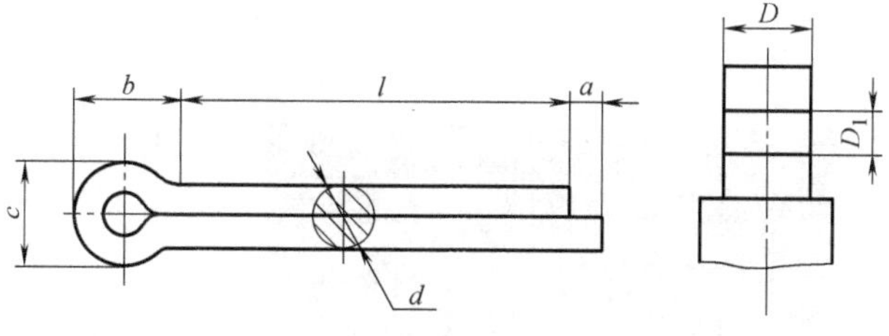

图 2-105　开口销

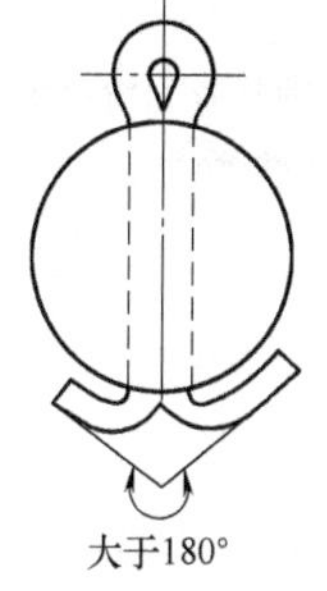

图 2-106　开口销安装示意图

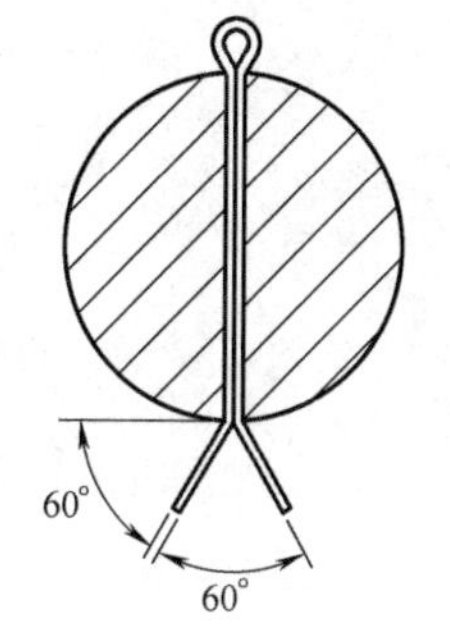

图 2-107　开口销的角度

图 2-108　开口销的卷起

4）开口销在打开时，注意使分开的部分平直、对称，不允带 *R* 形（图 2-109a）和上空档（图 2-109b）。

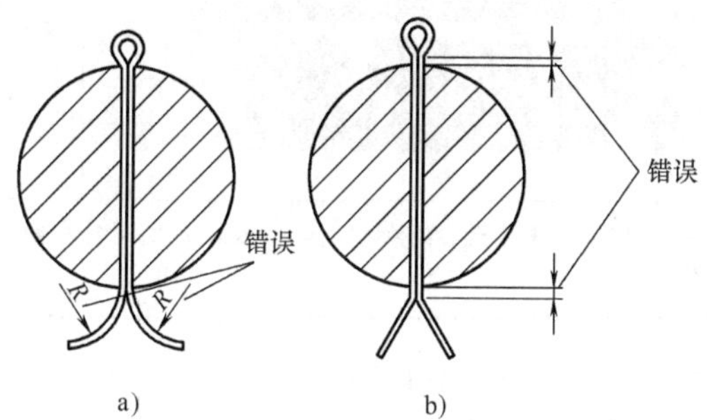

图 2-109　开口销的错误使用

二、任务实施

（一）自动扶梯驱动系统的检查

自动扶梯驱动系统的检查见表 2-34。

表 2-34　自动扶梯驱动系统的检查

序号	步骤名称	运行与维护步骤图示	运行与维护说明
1	切断电源、放置防护栏		切断电源前确认自动扶梯上无人。在自动扶梯上下入口处放置安全防护栏

（续）

序号	步骤名称	运行与维护步骤图示	运行与维护说明
2	正常运行状态的检查	 	起动自动扶梯，待其正常运行后，空载下正反转各连续运转 20min，检查驱动主机、减速箱等是否有异常振动和噪声。驱动主机通风孔处不允许堵塞，定期检查和清理驱动主机外壳上的灰尘和杂物
3	检修运行状态的检查		打开机房盖板将检修开关切换至检修状态，或使用移动检修盒操作自动扶梯检修运行
	经验寄语：自动扶梯驱动装置梯级大、重量大，在维护保养前，应做好充足的防护措施。驱动系统的维护保养必须由两人同时作业，严禁单独作业		

（二）自动扶梯制动器的检查、清洁与调整

自动扶梯制动器的检查、清洁与调整见表 2-35。

表 2-35　自动扶梯制动器的检查、清洁与调整

序号	步骤名称	运行与维护步骤图示	运行与维护说明
1	制动器外观的检查		断开自动扶梯主电源；检查制动器是否异常发热；清扫制动器，去除积灰、油污及杂物，确认各接线牢固、正常；检查制动器下是否经常出现大量制动片粉末
	经验寄语：如果有油渗入到摩擦片工作面上，会降低制动力，因此必须确保不会有油滴到或溅到制动器摩擦片处。如果有油渗入到摩擦片工作面上，则必须更换制动器		

（续）

序号	步骤名称	运行与维护步骤图示	运行与维护说明
2	制动器动作的检查	 	自动扶梯正常上下运行各三次以上，每次采用急停方式停止，检查内容包括：制动臂是否正常工作；确认自动扶梯正常运行时制动器有无摩擦声或其他异响；确认制动时没有异响和抖动，特别是尖啸声；确认电气控制回路中相关的接触器工作是否正常；制动器是否异常发热
	经验寄语：自动扶梯通电状态测试时需至少两人，检测人员在就近出入口观察，并先确认急停开关的动作有效，一旦有异常情况，应立即按下急停开关，确保扶梯无法运行。制动器如果异常，应立即更换		
3	空载制动距离的检查		使自动扶梯空载运行，然后紧急制动，检查制动距离是否在标准规定范围内
	经验寄语：在围裙板上和一个梯级上做好标记，使自动扶梯分别空载上行和下行至名义速度，当两个标记重合时，按下急停开关使其制动停止，测量两个标记之间的制动距离。进行制动距离检查时，需确保梯级全部安装到位		
4	制动力矩的检查与调整	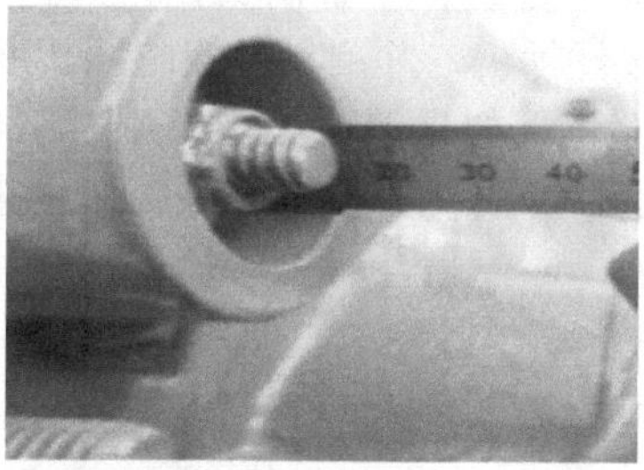	检查制动弹簧有无裂痕损坏，用钢直尺测量两边制动弹簧的长度，以确保制动有效，偏差不超过2mm
	经验寄语：在正常情况下不要随意调整制动器力矩，调整不当会影响制动距离，在出厂时已设定，维护时如发现问题，应现场按要求谨慎调整		
5	制动行程的检查与调整		检查制动器的工作状态，调整制动力矩，铁心行程大于0.5mm，但不超过2mm

（续）

序号	步骤名称	运行与维护步骤图示	运行与维护说明
6	抱闸检测开关的检查	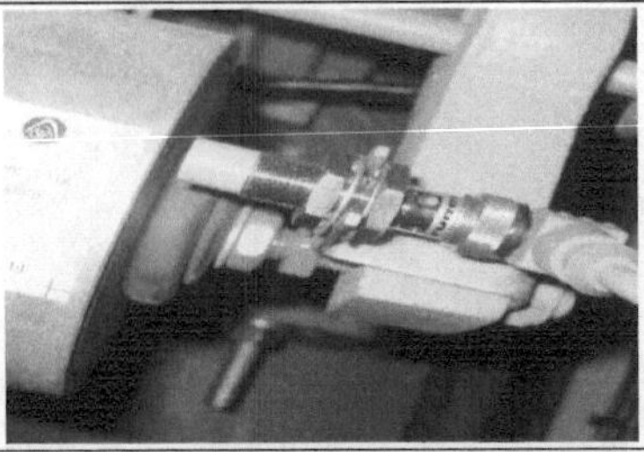	抱闸检测开关与抱闸的距离不应超过4mm
7	闸瓦的检查	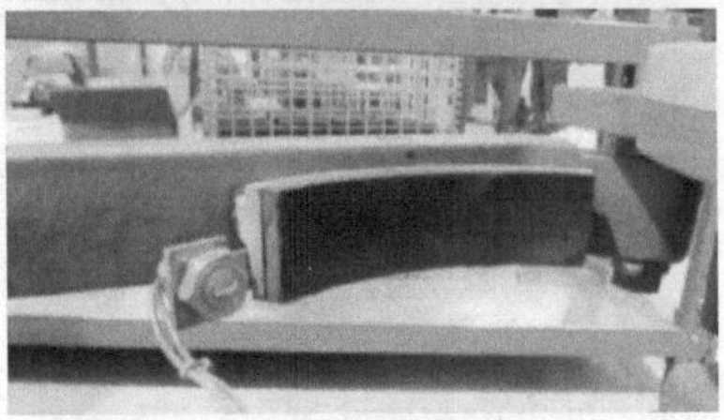  	当制动器合闸时，闸瓦与制动轮的接触面积应不小于闸瓦面积的80%。松闸时，闸瓦与制动轮表面四个角的平均间隙不超过0.7mm 检查闸瓦衬片有无破裂、无油污、磨损是否均匀。如有破裂则需更换，如有油污则进行清洁，如磨损不均匀则进行调整。用钢直尺测量衬片厚度，小于5mm时需更换

以上检查均需在自动扶梯断电情况下进行，检查闸瓦制动片时，需要锁死主驱动链，防止自动扶梯溜车。拆下的制动弹簧应做好标记，并测量弹簧的原长度。

制动器是自动扶梯中非常重要的部件，如果调整不当，则会引起部件损坏，甚至造成人身伤害事故，因此必须仔细检查与调整。待制动器检查调整工作结束，确认锁紧螺母紧固后，将自动扶梯上下制动三次，制动器应能可靠停止自动扶梯。

（三）自动扶梯驱动主机的检查、清洁与调整

自动扶梯驱动主机的检查、清洁与调整见表2-36。

表2-36　自动扶梯驱动主机的检查、清洁与调整

序号	步骤名称	运行与维护步骤图示	运行与维护说明
1	主机地脚螺栓的检查		检查固定螺钉是否松动。当主机地脚螺栓为M24时，拧紧力矩为315N·m；当主机地脚螺栓为M20时，拧紧力矩为184N·m

（续）

序号	步骤名称	运行与维护步骤图示	运行与维护说明
2	驱动主机温度的检查	 	检查主机的热敏电阻是否正常。自动扶梯连续运行4～5h后，停止运行，打开前沿板，用点温计测量主机温升不超过60℃；检查自动扶梯环境温度是否过高，驱动主机壳体表面的温度应在80℃以下
3	驱动主机异响及振动的检查	 	自动扶梯运行时，驱动主机应运转平稳，无异响和振动，运行噪声应低于65dB，螺栓无松动现象
4	主机测速开关的检查	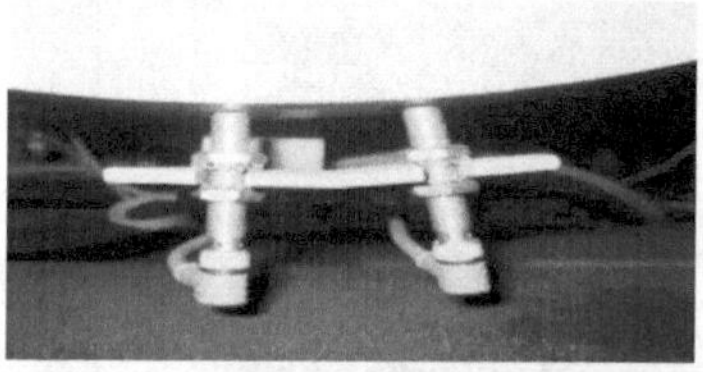	测速开关与电动机飞轮之间的间隙小于1mm
5	轴承的检查		运行2500h（0.5～1年）检查一次轴承温度，轴承的温度不得超过95℃。每月添加一次钙基润滑脂，每年清洗换油一次

电动机轴承损坏、电动机烧坏是驱动主机常见故障，必须由经专业部门培训并取得上岗证书的人员排除故障并更换零部件。使用黄油枪对自动扶梯各轴承加油，需要将旧油挤出，新油露出为止。如果不将旧油挤出，而留在轴承内，则会加速轴承的磨损。

（四）自动扶梯减速器的检查、清洁与润滑

自动扶梯减速器的检查、清洁与润滑见表 2-37。

表 2-37 自动扶梯减速器的检查、清洁与润滑

序号	步骤名称	运行与维护步骤图示	运行与维护说明
1	固定螺栓的检查		检查减速器的固定是否良好，是否移位，固定螺栓是否变形或剪切。切断电源，拧动螺母，检查其是否紧固
2	润滑油的检查	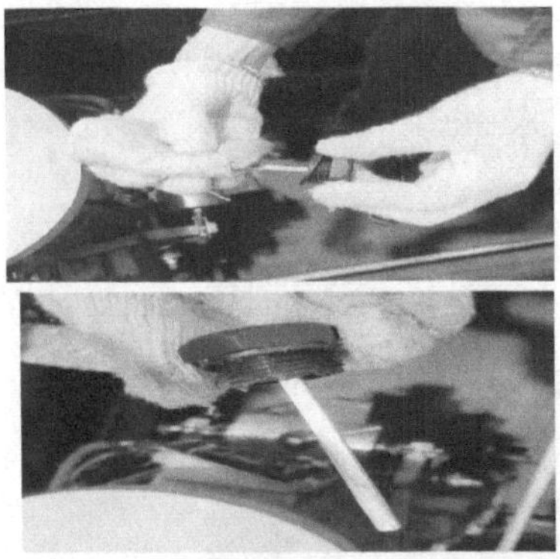	在自动扶梯停止运行 5min 后检查减速器油量。油量应该在油尺的上、下标尺之间。检查油封、排油螺栓等处有无泄漏
3	轴承的检查及润滑		1）滚动轴承每月添加一次钙基润滑脂，每年清洗换油一次 2）每年检查一次轴承磨损情况，磨损严重时应立即更换
4	清理润滑油箱的沉积物		定期清理润滑油箱内的沉积物，否则会堵塞油管，导致油路不畅，各驱动链得不到充分润滑

（续）

序号	步骤名称	运行与维护步骤图示	运行与维护说明
5	检查油路是否通畅		手动打开加油泵，检查加油嘴是否出油正常。如果加油嘴没有润滑油滴出，则需要对油路进行检查或者更换加油管
	经验寄语：链条、链轮上的润滑油不能过少，否则起不到润滑作用；润滑油也不能过多，否则混合灰尘后易形成油泥，加速链条、链轮的磨损		
6	油嘴位置的检查		油刷应在驱动链、梯级链、扶手驱动链的上方中间位置
7	蜗轮蜗杆的检查		检查蜗轮蜗杆有无磨损
	经验寄语：三年更换一次减速器齿轮油，若是新曳引机，则安装三个月内更换齿轮油		

（五）自动扶梯驱动链及链轮的检查、清洁、除锈、润滑与调整

自动扶梯驱动链及链轮的运行与维护见表2-38。

表2-38 自动扶梯驱动链及链轮的运行与维护

序号	步骤名称	运行与维护步骤图示	运行与维护说明
1	驱动链固定螺栓的检查	 	检查驱动链张紧调整螺栓、链轮固定连接螺栓等是否紧固；切断电源，拧动螺母，检查其是否紧固；用双手拧动螺母应无松动现象

（续）

序号	步骤名称	运行与维护步骤图示	运行与维护说明
2	驱动链的检查		插上检修盒，按下上下行按钮，观察主驱动链链节是否有锈迹、油泥等杂物
			检查主驱动链的安全保护装置是否动作灵敏，用钢直尺测量检测装置与驱动链的距离为3.5~7mm
			检查驱动链条的张紧是否符合要求，主驱动链条在空载状况下有8~12mm的活动量
		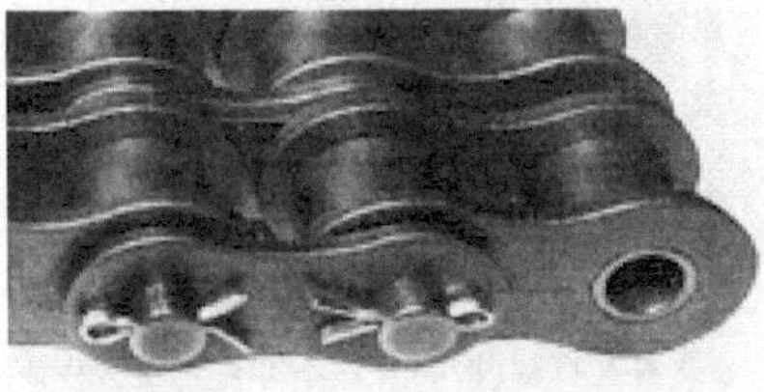	检查驱动链条有无脱铆松动，活结是否完好，卡簧是否牢靠
			倒顺车时链条无跳动，链条运行平稳、不可跳动，链条与链轮的中心平面在同一个平面上
3	链轮的检查		检查链轮齿是否有非正常的严重磨损痕迹，如果有，则应判别情况加以修整或更换，以防损伤链条

（续）

序号	步骤名称	运行与维护步骤图示	运行与维护说明
4	驱动链除锈		对于已停用的自动扶梯，要定期开梯运行，预防机械部件的大面积生锈。如果锈蚀严重，就需要更换相应的部件，同时做好防锈工作
5	驱动链的清洁与润滑		清扫驱动链上的沙石及灰尘。清洁驱动链后，应做好充分润滑，检查自动加油装置是否正常工作，储油罐的油量是否十分充足，油嘴位置是否位于链片的正上方，用卷尺测量油嘴与主驱动链（梯级链）的距离为5～10mm
	经验寄语：驱动链应有足够的润滑，润滑不足将导致驱动链生锈，加速驱动链的磨损，缩短其使用寿命。主驱动链必须手动加油润滑时，可在清洁驱动链后，用毛刷将专用机油刷在链条辊子上，此项工作可在自动扶梯运行时进行，但要注意安全。错误示范：  润滑不当  油嘴位置不对  储油罐油量不足		

（六）自动扶梯驱动主轴、从动轴的检查、清洁、润滑与调整

自动扶梯驱动主轴、从动轴的运行与维护见表2-39。

三、自动扶梯驱动系统维护保养实施记录表

实施记录表是对修理过程的记录，保证维护保养任务按工序正确执行，对维护的质量进行判断，完成附表12自动扶梯驱动系统维护保养实施记录表的填写。

表 2-39　自动扶梯驱动主轴、从动轴的运行与维护

序号	步骤名称	运行与维护步骤图示	运行与维护说明
1	驱动主轴、从动轴的检查		检查驱动主轴、从动轴两端定位件的螺栓有无松动；检查驱动主轴、从动轴有无灰尘、油污、变形、裂痕等
2	驱动主轴、从动轴的清洁与润滑		每次保养时，将两端轴承座上端面的一个螺钉拿下，用高压油枪从螺孔中压入润滑脂，然后再将螺钉拧上，润滑脂应清洁无杂质
3	驱动主轴、从动轴的调整		用水平测量仪检查驱动轴的水平度，误差≤0.5/1000mm

7.4　工作验收、评价与反馈

一、工作验收表

维护保养工作结束后，电梯维护保养工确认是否所有部件和功能都正常。维护站应会同客户对电梯进行检查，确认自动扶梯维护保养工作已全部完成，并达到客户的修理要求。完成附表 1 驱动系统运行与维护工作验收表。

二、自检与互检

完成附表 2 自动扶梯驱动系统维护的自检、互检记录表。

三、小组总结报告

同学们以小组形式，通过演示文稿、展板、海报、录像等形式，向全班展示、汇报学习成果，完成附表 3 小组总结报告。

四、小组评价

各小组可以通过各种形式，对整个任务完成情况的工作总结进行展示，以组为单位进行评价，完成附表 4 小组评价表。

五、填写评价表

维护保养工作结束后，维护人员完成附表 5 总评表，并对本次维护保养工作打分。

7.5 知识拓展

一、自动扶梯驱动系统应急救援

自动扶梯驱动系统部件故障（如驱动链断裂、制动器失灵等）时，其应急救援流程如图 2-110 所示。

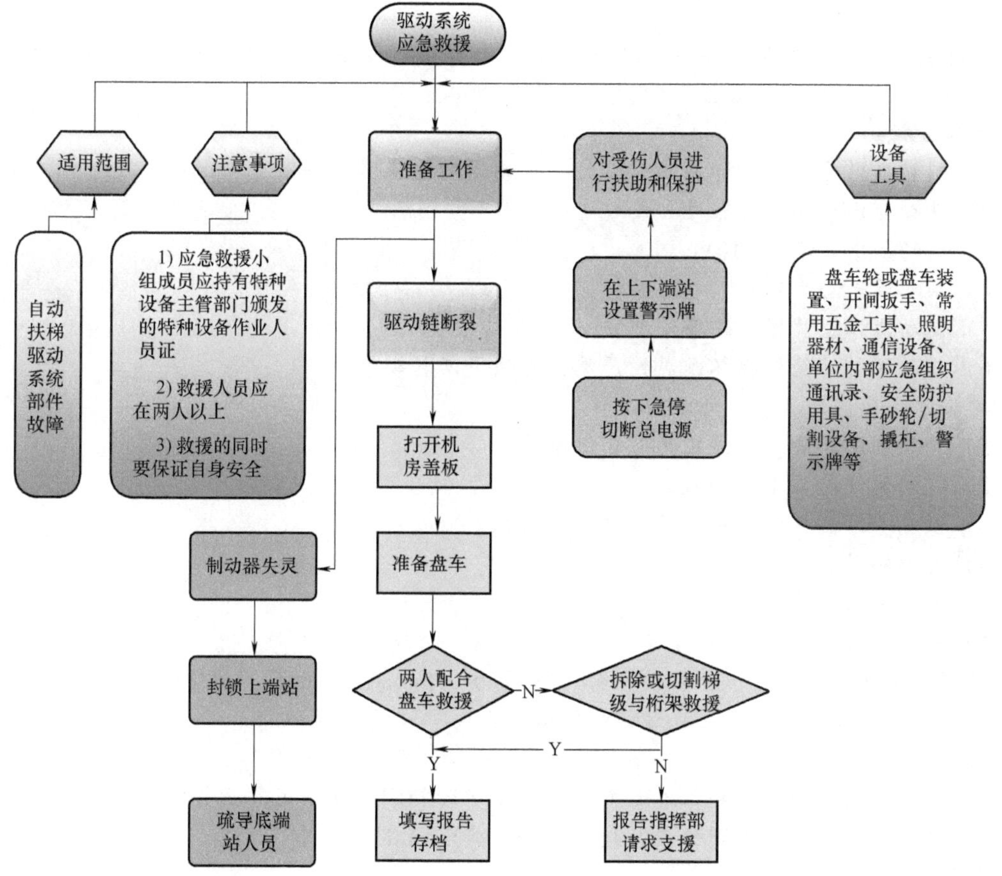

图 2-110 自动扶梯应急救援流程

应急救援操作注意事项：

1）确定盘车方向，在确保盘车过程中不加重或增加伤害的情况下，可通过反方向盘车方法救援。

2）盘车救援前应确认自动扶梯全行程之内没有无关人员或其他杂物；自动扶梯上（下）入口处应有维修人员进行监护，并设置安全警示牌。严禁其他人员上（下）自动扶梯。

3）确认救援行动需要自动扶梯运行的方向。

4）拆下来的上（下）机房盖板须放到安全处。

5）盘车救援：一名维修人员打开制动器，另一名缓慢转动盘车手轮，使自动扶梯向救援行动需要的方向运行直到满足救援需要或决定放弃手动操作扶梯运行方法。

6）如上述方法无法进行，应参照下列方法进行救援。

① 可对梯级和桁架进行拆除或切割作业，完成救援活动。

② 当上述救援方法不能完成救援活动时，应急救援小组负责人应向本单位应急指挥部报告，请求应急指挥部支援。

7）填写“应急救援记录”并向上级领导部门报告，存档。

8）自动扶梯在正常运行时不会发生人员伤亡事故，如果在正常运行时出现停电、急停回路断开等情况，则可能造成制动器失灵，出现扶梯向下滑车的现象，人多时会发生人员挤压事故，此时应立即封锁上端站，防止人员再次进入自动扶梯。

二、自动扶梯驱动系统故障实例

故障实例1：某大厦一台自动扶梯，速度为0.5m/s，提升高度为4m，倾斜角为30°，自动扶梯通电运行后制动器打不开。

故障分析：

1）制动器弹簧过紧，弹簧压力太大导致制动不能正常工作。

2）铁心与调节螺杆间隙过大或过小。

3）制动器电压不足110V。

4）制动器制动力不够，电磁铁损坏。

5）制动器摩擦片损坏或磨损严重。

6）制动臂转动销轴损坏或腐蚀严重，无法灵活转动。

排除方法：

1）调整制动弹簧，制停距离符合标准要求。

2）将间隙调整至1~1.2mm。

3）检查电路，更换损坏变压元件、电路板。

4）更换制动器电磁铁。

5）更换制动器摩擦片。

6）更换制动臂转动销轴。

故障实例2：某大厦一台自动扶梯，速度为0.5m/s，提升高度为4m，倾斜角为30°，自动扶梯主驱动异响，驱动主机运行时轴承处出现“吱吱”声。

故障分析：

1）主驱动长期润滑不到位或长期停用，主驱动轴润滑油不足导致异响出现。

2）主驱动长期润滑不到位或长期停用导致轴承损坏。

排除方法：

1）排除残余润滑油及杂质后加注润滑油（二硫化钼），注油率不小于90%。

2）更换轴承。

故障实例3：某大厦一台自动扶梯，速度为0.5m/s，提升高度为4m，倾斜角为30°，自动扶梯梯级有抖动感，乘坐时出现不舒适感。

故障分析：

1）因长时间运行，主机链条因主机振动、主机发生移位，或由于长时间转动受力及磨

损使链条拉长，或因调整链条时过分张紧，使得链条运行不顺。

2）扶梯长时间的运行使链条和链轮磨损，致使链条不在节圆直径上，而是在比节圆直径大的直径上进行运动。导致出现链条在链轮上“爬高”的现象。在极端情况下，传动链条在链轮的顶圆直径上运动，链条会在轮齿上跳跃。这样自动扶梯在运行过程中，梯级会产生一顿一抖的现象。

3）主机转速不稳或电压不稳，导致扶梯运行状态不稳定。

4）主机小链轮与主驱动大链轮不在同一平面，导致链条跑偏出现咬边现象。

排除方法：

1）调整主驱动链张紧力。如果不在右图所示范围内，则需通过调整驱动装置底板位置来调整驱动链张紧力。

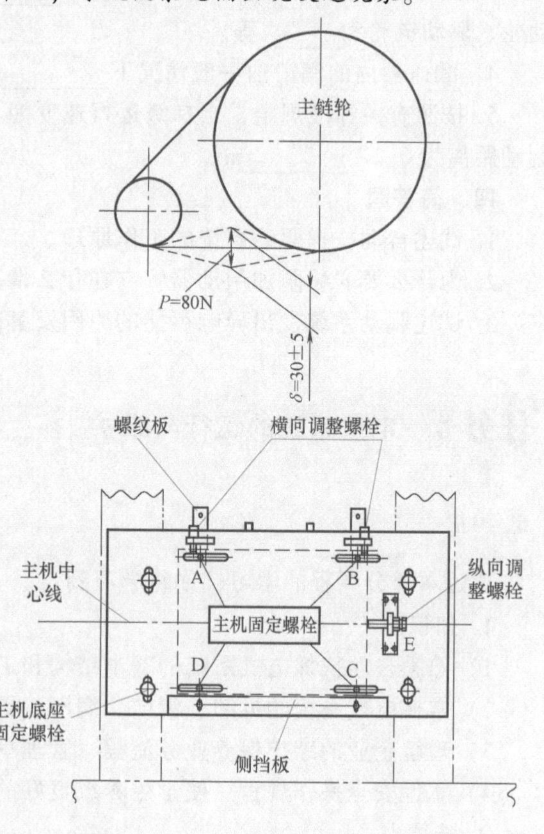

① 确认纵向调整螺栓有10mm调整余量；稍松开主机固定螺栓（对角）A、C或B、D。

② 松开驱动链张紧用调整螺母E，通过纵向调整螺栓来调整驱动装置前后位置，调整驱动链张紧力。调整好后锁紧螺母E。

③ 紧固主机固定螺栓A、B、C、D，检查所有螺栓是否拧紧。

④ 最后再次确认驱动链张紧力是否良好。

2）检查驱动主机和主驱动轴之间的传动链条及链轮是否已磨损损坏，若损坏应更换链条及链轮，然后调整曳引机底座的张紧凸轮使传动链条适度张紧。

3）测量电压值是否稳定，如不稳定建议增加稳压器。若是主机转速不稳，则建议维修或更换主机电动机或减速箱。

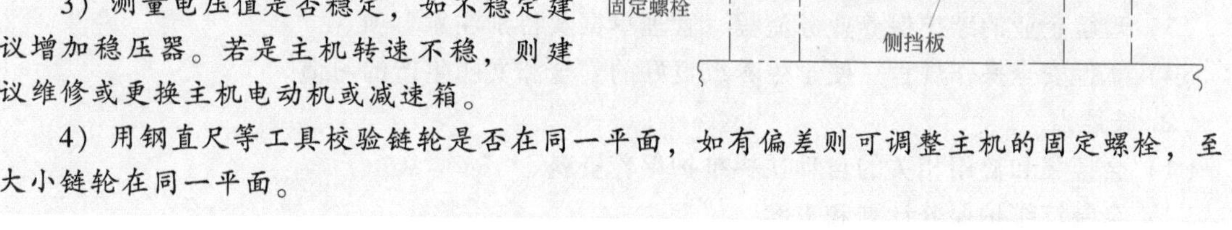

4）用钢直尺等工具校验链轮是否在同一平面，如有偏差则可调整主机的固定螺栓，至大小链轮在同一平面。

7.6 思考与练习

一、判断题

1. 自动扶梯的驱动主机放在下端是一种较好的方案。（ ）
2. 驱动机房中的手动盘车装置是必须设置的。（ ）
3. 紧急制动器（附加制动器）在速度超过额定速度1.4倍之前起动。（ ）
4. 工作制动器与紧急制动器是不允许同步动作的。（ ）
5. 自动扶梯有故障时，工作制动器必须先动作，附加制动器后动作。（ ）

二、选择题

1. 紧急制动器（附加制动器）一般装在（ ）。

A. 驱动主机上　　B. 张紧装置上　　C. 驱动主轴上

2. 自动扶梯的首次验收检验中应包括（　　）。

A. 梯级静态试验　　B. 扶手带强度检验　　C. 有载制动试验

三、填空题

1. 驱动系统的作用是将动力传递给________系统和________系统。

2. 按照自动扶梯驱动系统所在位置，可分为________驱动、__________驱动和______驱动三种。

3. 自动扶梯的驱动主机通过链条带动______主轴，主轴上装有两个______、两个扶手驱动轮、驱动链轮和______等。

4，减速器内的润滑油一般情况下________个月更换一次。

5. 按照有关标准规定，当梯级运行速度为0.5m/s时，空载及有载向下运行的自动扶梯的制动距离为0.2~________m。

四、简答题

1. 试述自动扶梯驱动系统的工作原理。

2. 为什么要安装附加制动器？它在什么情况下起作用？

3. 试述驱动系统发出异响可能的原因及解决方案。

任务8　电气系统的运行与维护

【必学必会】

通过本部分课程的学习，你将学习到：

1. 知识点

1）熟悉自动扶梯电气系统的基本结构和工作原理。

2）掌握电气系统的拆卸、清洁、润滑、更换与调整的方法。

3）理解企业的维护保养业务流程、管理单据及特别注意事项。

4）掌握安全操作规程，使学生养成良好的安全和文明生产的习惯。

2. 技能点

1）会搜集和使用相关的自动扶梯维护保养资料。

2）会制订维护保养计划和方案。

3）会实施电气系统的拆卸、清洁、润滑、检查、更换的操作。

4）能正确填写相关技术文件，完成电气系统的维护和保养。

【任务分析】

1. 重点

1）会实施电气系统的拆卸、清洁、润滑、检查、更换的操作。

2）会撰写维修保养工作总结，填写维修保养单。

3）能正确填写相关技术文件，完成电气系统的维护和保养。

2. 难点

1）能展开组织讨论，具备新技术的学习能力。

2）能完成自动扶梯电气系统的故障排除。

8.1　研习自动扶梯电气系统的结构与布置

一、自动扶梯常用电气设备

自动扶梯常用电气设备主要有熔断器、断路器、交流接触器、热继电器、中间继电器、时间继电器、按钮、指示灯、行程开关等，如图 2-111 所示。

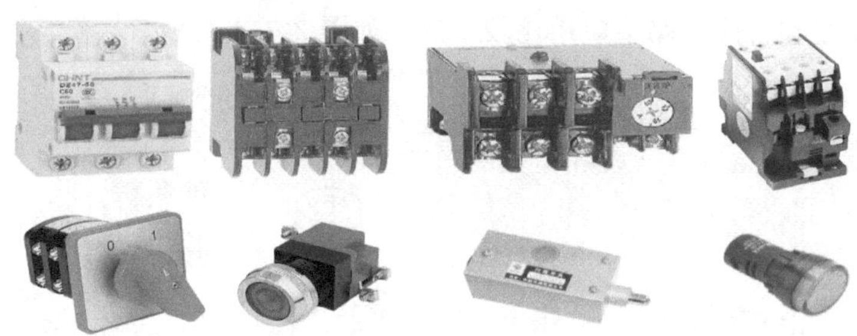

图 2-111　自动扶梯常用电气设备

（一）熔断器

熔断器是一种广泛应用于低压电路或者电动机控制电路中的最简单有效的保护电器。

熔断器的主体是用低熔点的金属丝或者金属薄片制成的熔体，熔体与绝缘底座组合而成熔断器。

熔断器的熔体材料通常有两种：一种由铅锡合金和锌等低熔点、导电性能较差的金属材料制成；另一种由银、铜等高熔点、导电性能好的金属材料制成。熔断器型号、图形和文字符号如图 2-112 所示。

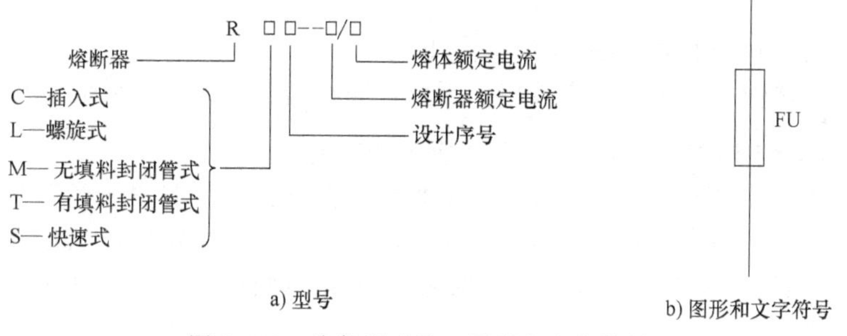

图 2-112　熔断器型号、图形和文字符号

熔断器主要有插入式熔断器、无填料封闭管式熔断器、有填料封闭管式熔断器、螺旋式熔断器和快速熔断器等类型。

1. 插入式熔断器

插入式熔断器主要应用于额定电压为 380V 以下的电路末端，作为供配电系统中对导线、电气设备（如电动机、负荷电器）以及 220V 单相电路（如民用照明电路及电气设备）的短路保护电器。瓷插式熔断器如图 2-113 所示。

图 2-113　瓷插式熔断器

小知识：瓷插式熔断器

1）作用：短路和严重过载保护。

2）应用：串接于被保护电路的首端，主要用于交流双速、调速电梯。

3）优点：结构简单，维护方便，价格便宜，体小量轻。

2. 螺旋式熔断器

螺旋式熔断器主要应用于交流电压为380V、电流为200A以内的电力线路和用电设备中做短路保护，特别是在机床电路中应用比较广泛，如图2-114所示。

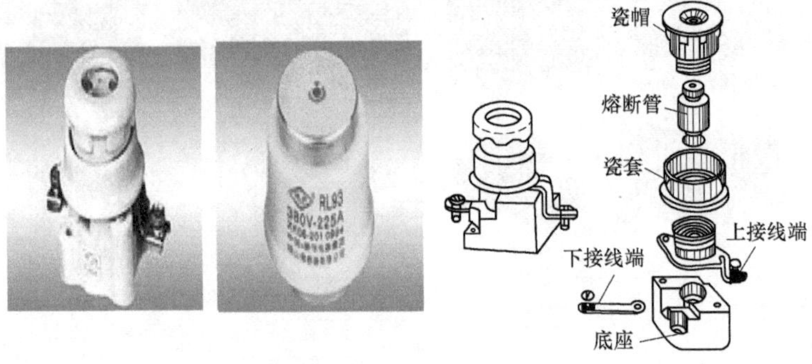

图2-114　螺旋式熔断器

3. 快速熔断器

快速熔断器主要用于半导体整流或整流装置的短路保护。由于半导体的过载能力很低，只能在极短时间内承受较大的过载电流，因此要求短路保护具有快速熔断的能力。快速熔断器如图2-115所示。

图2-115　快速熔断器

快速熔断器的熔体是由纯银制成的，由于纯银的电阻率低、延展性好、化学稳定性好，因此快速熔断器的熔体可做成薄片。

小知识：快速熔断器在日立INV-SDC板上的应用

日立INV-SDC板安装于轿顶箱内，而并非置于控制柜内。其置于轿顶的原因是负责把轿厢内的指令信号传往控制柜，同时将控制柜的有关信号传往轿厢。该板在左下角安装了一个专用快速熔断器，如果用铜丝或普通保险丝代替，则会造成电子板的烧毁。

走进企业：熔断器的选用与维护

1）熔断器的类型应根据线路的要求、使用场合以及安装条件进行选择。

2）熔断器的额定电压必须等于或者高于其所在工作点的电压。

3）熔断器的额定电流应根据被保护电路及设备的额定负载电流选择。熔断器的额定电流必须等于或者高于所安装的熔体的额定电流。

4）熔断器的额定分断能力必须大于电路中可能出现的最大故障电流值。

5）熔断器的选择需考虑在同一电路网络中与其他配电电器、控制电器之间的选择性级差配合的要求。上一级熔断器熔体的额定电流应比下一级熔断器熔体的额定电流大1~2个级差。

根据所维护自动扶梯，填写熔断器使用规格，见表2-40。

表 2-40　自动扶梯熔断器使用规格

照明回路	控制回路	信号回路	安全电路

小知识：使用和维护熔断器时应注意的事项

1）安装前应检查所安装熔断器的型号、额定电流、额定电压、额定分断能力、所配装熔体的额定电流等参数是否符合被保护电路所规定的要求。

2）安装时应保证熔断器的接触刀或者接触帽与其相对应的接触片接触良好，以避免因接触不良产生较大的接触电阻或者接触电弧，造成温度升高而引起的熔断器的误动作和周围电器元件的损坏。

3）熔断器所安装的熔体熔断后，应由专职人员更换同一规格、型号的熔体。

4）定期检修设备时，对已损坏的熔断器应及时更换同一型号的熔断器。

（二）断路器

低压断路器又称自动空气开关或自动空气断路器，简称自动开关，它是一种既有手动开关作用，又能自动进行失电压、欠电压过载和短路保护的电器。

断路器可对不频繁起动的异步电动机、电源线路等实行保护，当它们发生严重的过载、短路及欠电压等故障时，断路器能自动切断电路。断路器如图 2-116 所示。

图 2-116　断路器

断路器具有过电流、短路自动脱扣功能，带有消磁灭弧装置，可以用来接通、切断大电流。断路器的灭弧装置暴露在空气中，在空气介质环境中就可以消除电弧，这类电器一般多用于低压回路。断路器是一种只要有短路现象，开关形成回路就会跳闸的开关，在自动扶梯上大量使用。断路器型号、图形和文字符号如图 2-117 所示。

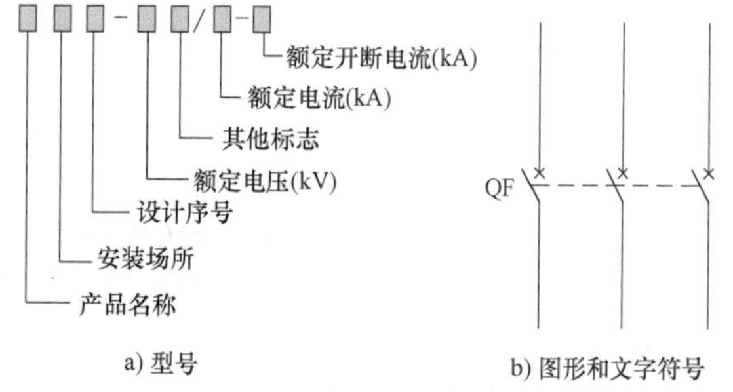

图 2-117　断路器型号、图形和文字符号

小知识：断路器和漏电保护器的区别

断路器和漏电保护器外观的区别在于：漏电保护器有一个橘黄色的测试按钮“T”以及合闸前按下的按钮，而断路器没有，如图 2-118 所示。

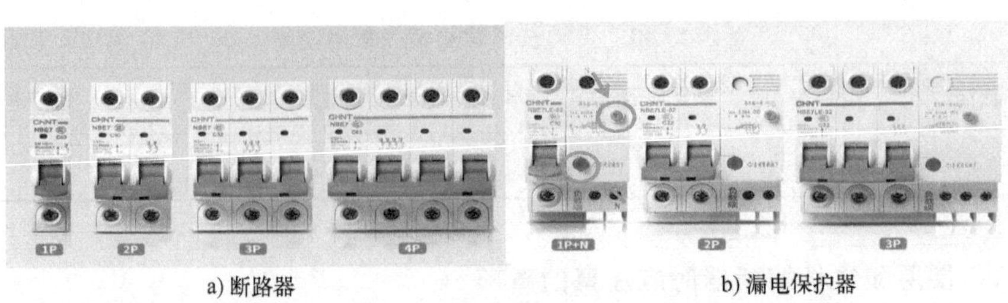

a) 断路器　　b) 漏电保护器

图 2-118　断路器和漏电保护器

（三）交流接触器

接触器是电力拖动与自动控制系统中一种重要的低压电器，也是有触点电磁式电器的典型代表。按主触头通过电流的种类，接触器可分为交流接触器和直流接触器两种。交流接触器如图 2-119 所示。

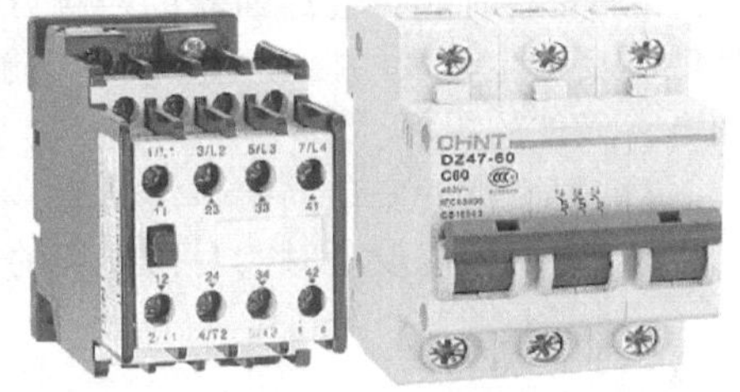

图 2-119　交流接触器

接触器由电磁系统、触头系统、灭弧装置和复位弹簧等几部分构成。交流接触器的结构如图 2-120 所示。

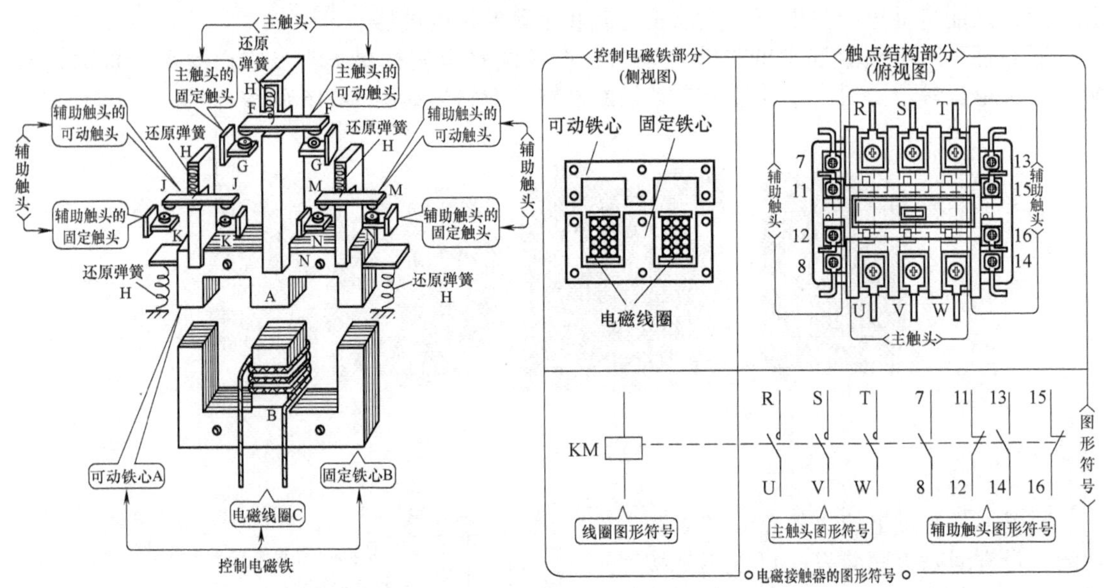

图 2-120　交流接触器的结构

走进企业：自动扶梯交流接触器的维护与检查注意事项

接触器使用寿命的长短、工作的可靠性，不仅取决于产品本身的技术性能，而且与产品的使用维护是否得当有关。

1. 控制柜接触器的检查

1）应检查产品的铭牌及线圈上的数据（如额定电压、额定电流、操作频率和负载因数等）是否符合实际使用要求。

2）用于分合接触器的活动部分，要求产品动作灵活、无卡住现象。

3）当接触器铁心极面涂有防锈油时，使用前应将铁心极面上的防锈油擦净，以免油垢黏滞而造成接触器断电不释放。

2. 维护、更换与调整时的注意事项

1）安装接线时，应注意勿使螺钉、垫圈、接线头等零件遗漏，以免落入接触器内造成卡住或短路现象。安装时，应将螺钉拧紧，以防振动松脱。

2）检查接线正确无误后，应在主触头不带电的情况下，先使线圈通电分合数次，检查产品动作是否可靠，然后才能投入使用。

3. 使用时的注意事项

1）使用时，应定期检查产品各部件，要求可动部分无卡住，紧固件无松脱现象，各部件如有损坏，应及时更换。

2）触头表面应经常保持清洁，不允许涂油，当触头表面因电弧作用而形成金属小珠时，应及时清除。如果触头严重磨损，则应及时调换触头。但应注意，银及银基合金触头表面在分断电弧时生成的黑色氧化膜接触电阻很低，不会造成接触不良现象，因此不必锉修，否则将会大大缩短触头寿命。

（四）热继电器

热继电器是一种采用电流的热效应来切换电路保护的电器。热继电器的形式有多种，其中双金属片式热继电器应用最多。热继电器可分为单极、两极和三极三种，其中三极的又包括带断相保护装置的和不带断相保护装置的；按复位方式分，有自动复位式和手动复位式。热继电器如图 2-121 所示。

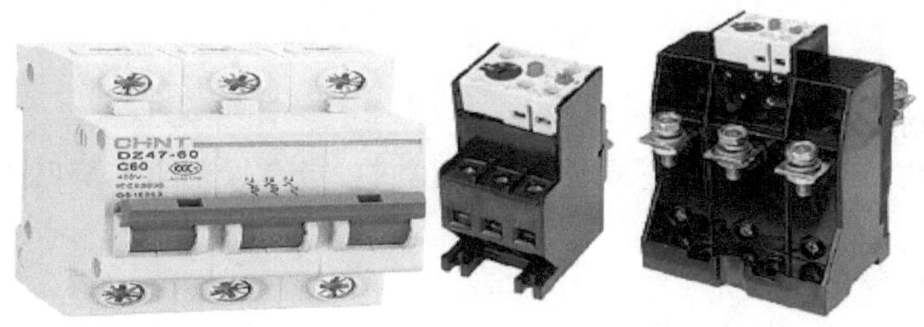

图 2-121 热继电器

在控制电路中，热继电器主要用于电动机过载、断相及电流不平衡运行时的保护及对其他电气设备发热状态的控制，热继电器图形符号如图 2-122 所示。

二、自动扶梯变频控制技术、控制柜和照明系统

（一）自动扶梯变频控制技术

采用变频控制技术，自动扶梯可降低能耗 10%～40%。当检测到扶梯轻载运行时，扶梯自动转入自动运行或分时段运行。自动扶梯运行红外线、超声波检测装置如图 2-123 所示。

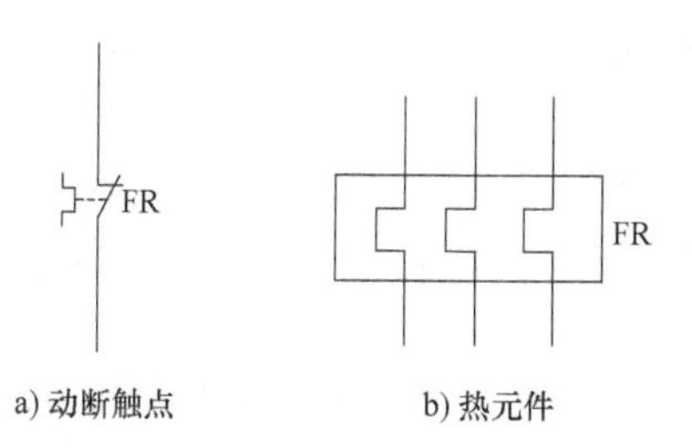

图 2-122 热继电器图形符号

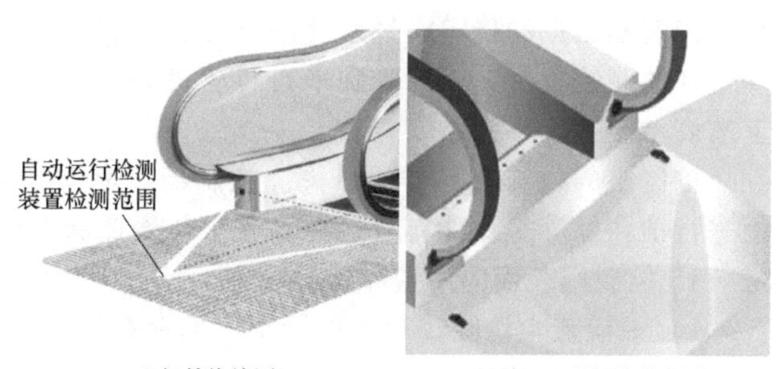

图 2-123 自动扶梯运行红外线、超声波检测装置

自动扶梯分时段运行如图 2-124 所示，根据客流量的多少，对不同时段设置不同的运行速度，以减少能量浪费。无人时以低速运行，以降低能耗。

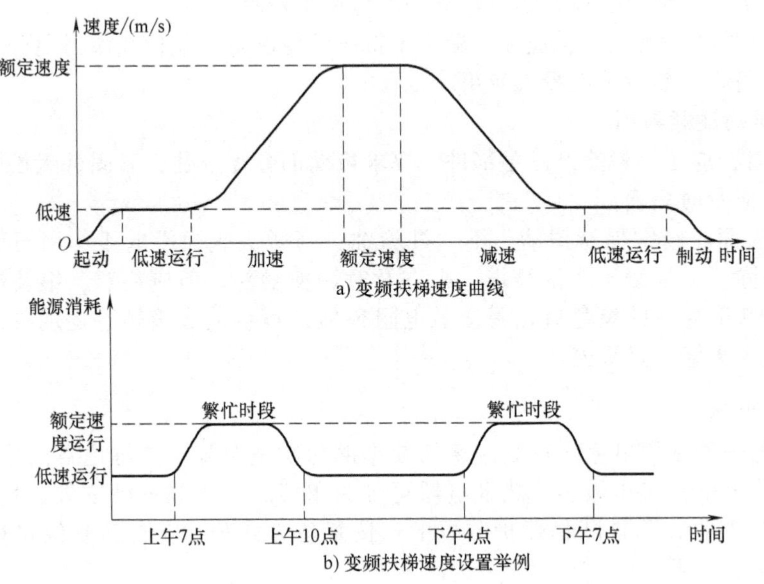

图 2-124　自动扶梯分时段运行

小知识：自动扶梯节能

当无人乘坐扶梯时，扶梯停止或进入待机模式；当有人乘坐扶梯时，扶梯起动运行，这样节能达 30%。

1）自动起动/停止。

速度切换：0.5m/s→0m/s→0.5m/s

不需变频器，入口传感器、交通灯标配。

2）待机模式。

速度切换：0.5m/s→0.2m/s→0.5m/s

需变频器，入口传感器标配。

3）待机模式下自动起动/停止。

速度切换：0.5m/s→0.2m/s→0m/s→0.5m/s

需变频器，入口传感器、交通灯标配。

（二）控制柜维护保养

控制柜是自动扶梯电气系统的核心，是监测和控制自动扶梯运行的计算机。控制柜连接安全和监测装置，并不断收到来自传感器系统关于自动扶梯状况和运行的信息。控制柜位于上端底坑，接近驱动站。

控制柜的内部装有电源开关、控制器、驱动模块、继电器等诸多电器设备。定期对控制柜进行清洁保养工作能有效地提高其工作寿命和安全性。自动扶梯控制柜如图 2-125 所示。

1. 控制柜表面的清洁和保养

1）一般灰尘清除。对于控制柜表面存在的一般性灰尘，先使用干燥、清洁的白抹布擦拭清除，再使用油葫芦清洗，最后用抹布擦干即可。

2）顽固油渍清除。对于控制柜表面存在的比较难以清除的顽固油渍，先用抹布和去污剂

清洁一遍，然后使用毛刷刷净，再将残留的污渍清除。

对于柜顶积灰较多的地方采用工业吸尘器配合清扫。

2. 控制柜内的清洁和保养

柜内清洁前，先用蘸有酒精或清洁剂的干净抹布擦拭掉驱动模块等表面的灰尘。再将柜内电线整理好，用扎带绑好，用保护膜缠好，防止清洗过程中电线松动、脱落。

对于控制柜内一些转角可以使用毛刷刷洗，再用洁净的抹布擦拭干净。

清洁完毕后，拆去电线和器件模块上的保护膜，检查器件是否完好，保证无损坏和松动。再仔细用干的洁净抹布擦拭干净柜子，保证柜子无尘、干燥清洁。清洁时，应按照先上后下、先左后右的原则进行有序的清洗打扫，如图 2-126 所示。

图 2-125 自动扶梯控制柜

图 2-126 控制柜清洁

企业大咖点睛：控制柜清洁要点

1）开始清洗作业前，应确保控制柜已停电，必须用万用表或验电笔进行检查，同时用放电棒进行放电。

2）在进行控制柜内部清洁时，先对控制柜内相应的元器件做好保护工作，以免清扫作业中将灰尘等杂物意外掉落元器件中。

3）维护人员对元器件表面及导线清洁时，应尽量使用软质的清洁工具和非腐蚀性的清洁剂。

4）清洁保养工作完成后需仔细检查控制柜内各电气元件接线是否完好、有无松脱，接地线是否接好，一切检验正常后方可上电运行。

3. 控制柜清洁验收标准

1）控制柜表面干净整洁，用清洁的白纱布擦拭，无不洁痕迹。

2）控制柜内部目测无灰尘杂物，验收人员使用洁净纱布或手套触摸配电柜可触及的部分而白色纱布或手套上不沾染灰尘。

3）控制柜内各部件完好、无损坏；电气设备接线完好、无松脱，控制柜工作正常。

（三）照明系统

自动扶梯的照明系统由梯级间隙照明（绿色荧光管）、LED 梳齿照明、LED 点状型围裙板灯、连续光纤型围裙板灯、扶手照明灯等组成，颜色有白色、蓝色、黄色、红色、绿色、粉红色和紫色等，颜色可以渐变、跳变或固定为某一特定颜色，如图 2-127 所示。装饰灯的照度应不小于 25lx，公共交通型扶梯一般采用双色 LED 灯。

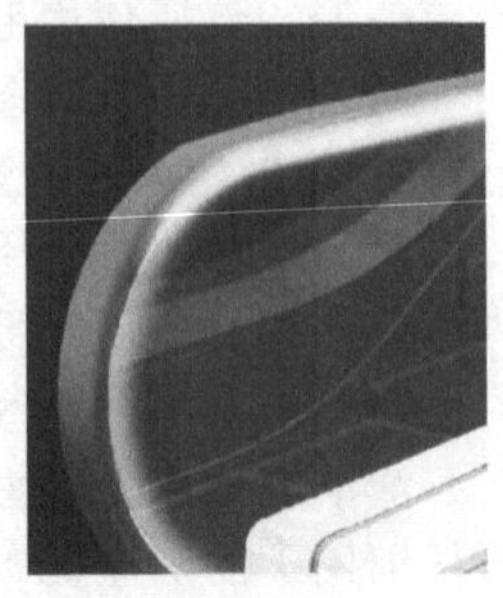

图 2-127　自动扶梯照明系统

小知识：梯级警告灯

在梯路上下水平区段与曲线区段的过渡处，梯级在形成阶梯或在阶梯的消失过程中，乘客的脚往往踏在两个梯级之间而易发生危险。为了避免上述情况的发生，在上下水平区段的梯级下面各安装一个绿色荧光灯，使乘客经过该处看到绿色荧光时，及时调整在梯级上站立的位置。

三、自动扶梯电气安全装置

自动扶梯运行是否安全可靠，直接关系到每一个乘员的生命安全，所以必须在设计、生产、安装、使用等过程中，将可能发生的危险情况全面周到地考虑清楚，并采用有效的措施加以防范和控制。目前，在自动扶梯中设置了较多的电气安全装置。

所有电气安全装置连接到一个共同的安全电路，任何安全装置动作时都能断开安全电路，从而停止自动扶梯。自动扶梯安全电路如图 2-128 所示。

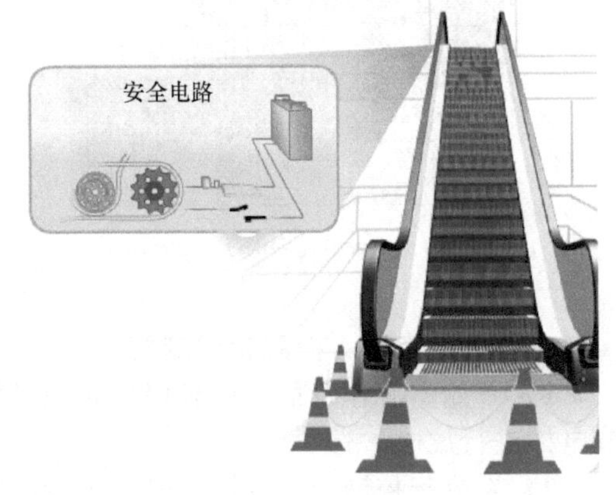

图 2-128　自动扶梯安全电路

自动扶梯的电气安全装置一般可分为两大类，一类是必备的电气安全装置；一类是辅助的电气安全装置，这些电气安全装置在自动扶梯上的安装位置如图 2-129 所示。

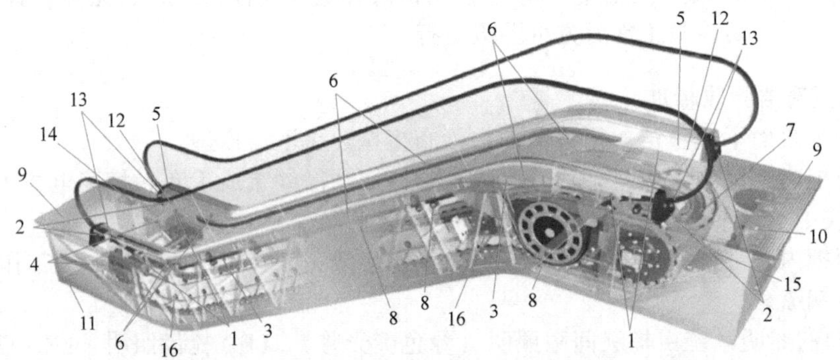

图 2-129　自动扶梯电气安全装置

1—梳齿板开关　2—扶手带入口开关　3—梯级塌陷开关　4—梯级链断链开关　5—上部急停按钮　6—围裙板开关　7—梯路锁　8—扶手带速度和断带监测　9—楼层板监测开关　10—复位按钮　11—水位监控　12—钥匙起动开关　13—下部急停按钮　14—下机房急停开关　15—驱动链断裂保护装置　16—梯级缺少监测装置

1. 必备的电气安全装置

（1）急停按钮　急停按钮位于自动扶梯两端出入口处的围裙板上，供乘客在遇到紧急情况时，按下急停按钮，停止自动扶梯。急停按钮如图 2-130 所示。

当自动扶梯的两急停按钮之间的距离大于 30m 时，需要增加附加急停按钮。

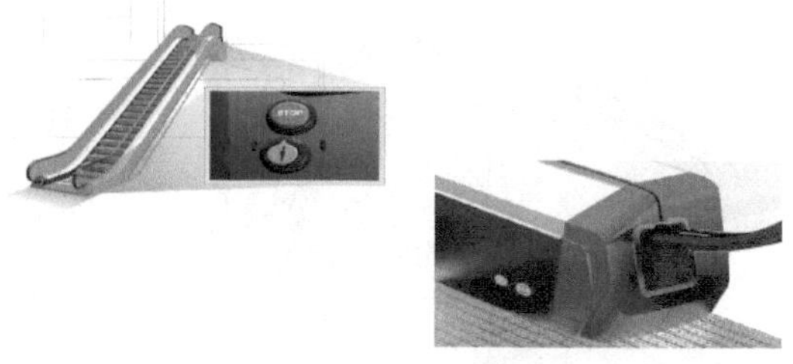

图 2-130　急停按钮

（2）钥匙起动开关　钥匙起动开关是主控开关，用来起动和停止自动扶梯，位于左侧上头部围裙板和右侧下头部围裙板上，如图 2-131 所示。

（3）盖板（楼层板）开关　当楼层板开关打开时，切断安全电路，停止自动扶梯。盖板（楼层板）开关如图 2-132 所示。

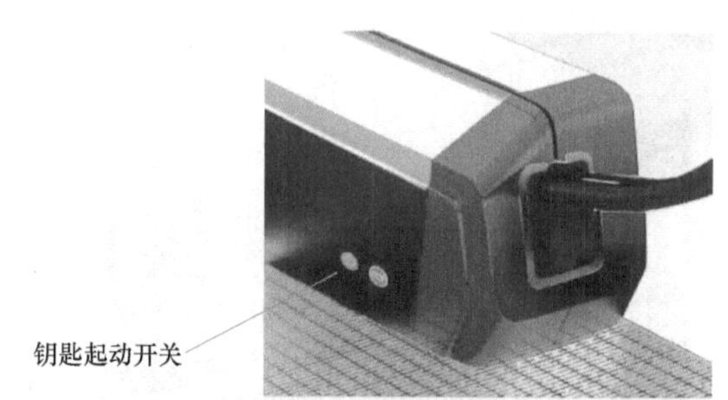

图 2-131　自动扶梯钥匙起动开关

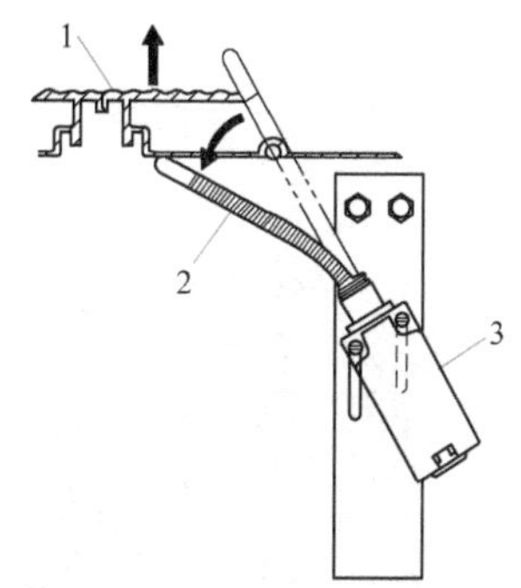

图 2-132　盖板（楼层板）开关

1—楼层板　2—动作杆　3—楼层板开关

（4）扶手带入口开关　当扶手带入口处有异物卡住时，入口防护装置将向后移动，压到安全开关，安全开关断开，使自动扶梯停止，如图 2-133 所示，扶手带出入口开关应紧贴动作面。

（5）梳齿板开关　当有异物卡在梯级踏板与梳齿板之间，导致梯级无法与梳齿板正常啮合时，梯级的前进力将梳齿板抬起移位，连接在梳齿板上的动作臂压到梳齿板开关，梳齿板开关断开，使自动扶梯停止运行，达到安全保护的目的。梳齿板开关如图 2-134 所示。

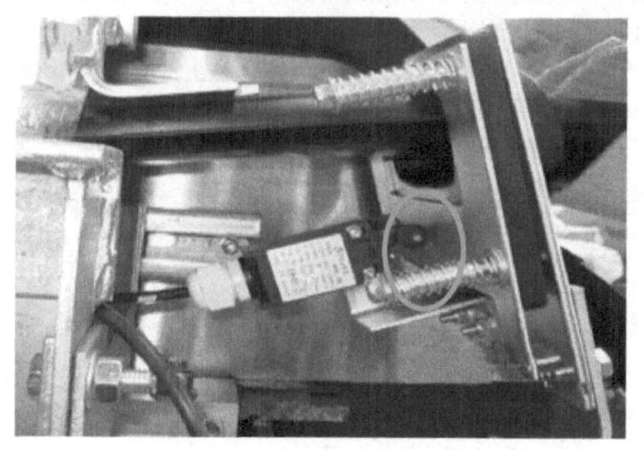

图 2-133　扶手带出入口开关

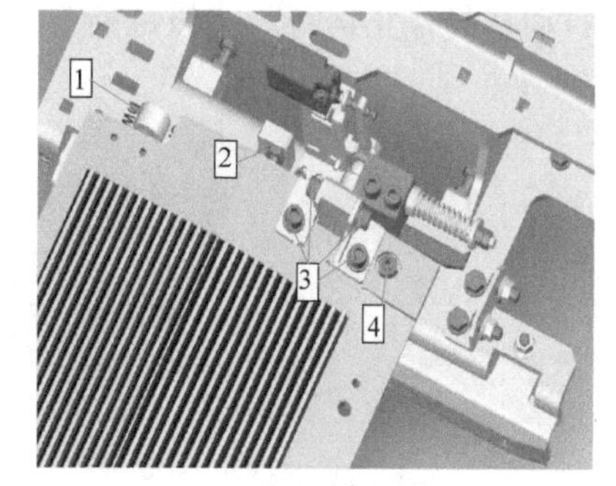

图 2-134　梳齿板开关

1—左右限位块　2—前后限位块　3、4—水平垂直调节螺栓

（6）驱动链断裂保护装置　当驱动链断裂时，驱动链条下垂压下开关检测杆，开关动作，使自动扶梯停止运行。驱动链断裂保护装置如图 2-135 所示。

（7）梯级塌陷保护装置　当梯级弯曲变形或超载使梯级下沉时，梯级会碰到动作杆，转轴随之转动，触动安全开关，安全电路断开，自动扶梯停止运行。梯级塌陷保护装置如图 2-136 所示。

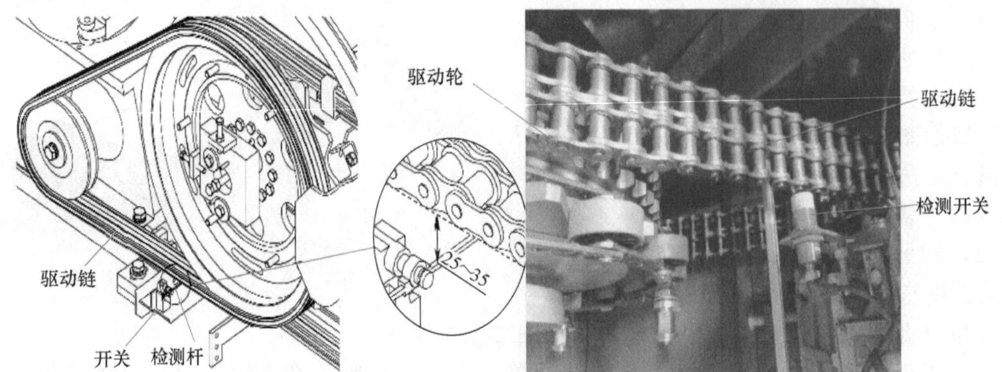

图 2-135　驱动链断裂保护装置

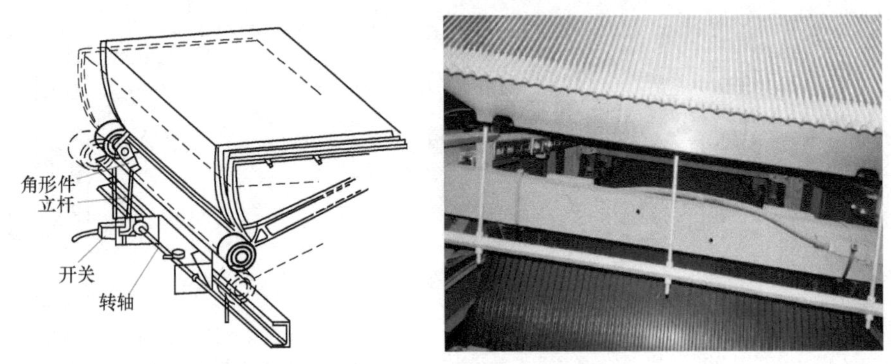

图 2-136　梯级塌陷保护装置

（8）梯级链断裂保护装置　牵引链条由于长期在大负荷状况下传递拉力，不可避免地要发生链节及链销的磨损、链节的拉伸、链条断链等情况，而这些事故的发生将直接威胁乘客的人身安全，所以在牵引链条张紧装置中（张紧弹簧端部）装设开关，如果牵引链条磨损或其他原因导致伸长或断链时，开关能切断电源使自动扶梯停止运行。

当梯级链条伸长或断裂时，张紧装置移动太大，螺杆上的动作条压到开关，开关断开安全电路，自动扶梯停止运行。梯级链断裂保护装置如图 2-137 所示。

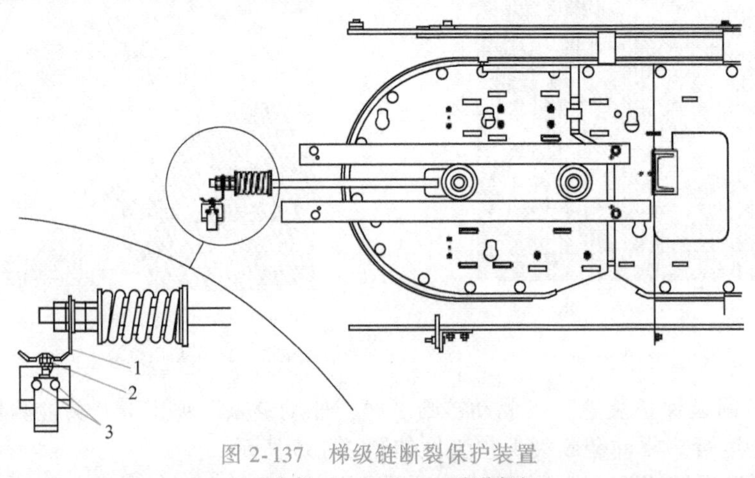

图 2-137　梯级链断裂保护装置

1—动作条　2—开关　3—安装螺钉

2. 辅助的电气安全装置

（1）围裙板开关 当有异物卡在梯级与围裙板之间时，围裙板将发生弯曲，达到一定位移后，触动安全开关动作，切断安全电路，使自动扶梯停止运行。

为保证乘客乘行自动扶梯的安全，在围裙板的背面安装 C 型钢，在与 C 型钢一定距离处设置开关。当异物进入围裙板与梯级之间的缝隙后，围裙板发生变形，C 型钢随之移位并触发开关，自动扶梯立即停车。围裙板开关如图 2-138 所示。

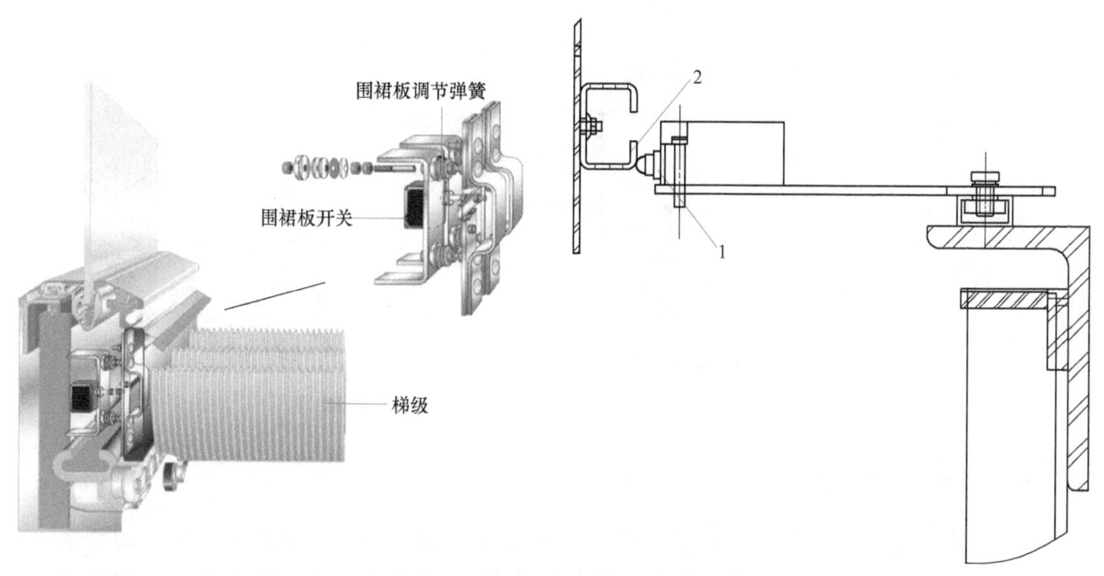

图 2-138 围裙板开关

1—围裙板开关 2—围裙板开关打板

（2）梯路锁 梯路锁从机械和电气两方面锁定扶梯。机械锁安装在扶梯上端的驱动链轮处，当手柄动作后，锁紧机构卡死链轮，扶梯无法移动。同时电气安全开关动作，切断控制回路，扶梯无法起动，如图 2-139 所示。

3. 安全监控装置

（1）电动机速度监控装置 通过感应传感器先后产生一脉冲，将脉冲输入到脉冲计数器电路进行计数，便可以得到自动扶梯的速度和方向。当自动扶梯反转、超过额定速度或低于额定速度时，电动机速度监控装置便切断自动扶梯的电源。电动机速度监控装置如图 2-140 所示。

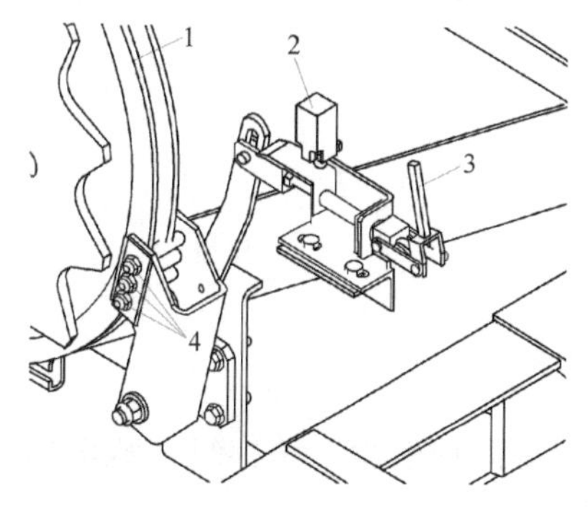

图 2-139 梯路锁

1—链轮 2—电气安全开关

3—手柄 4—螺栓插销

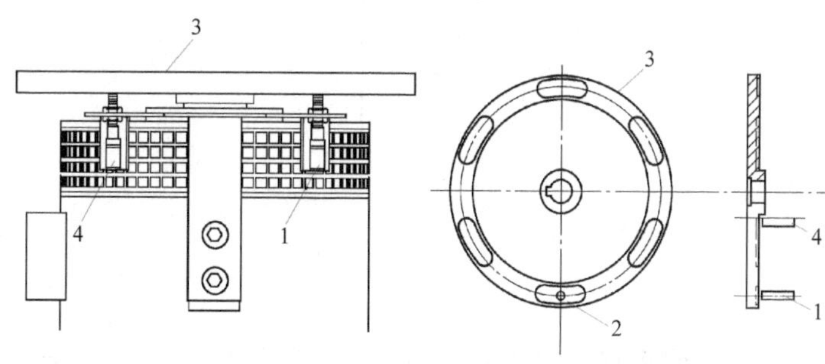

图 2-140 电动机速度监控装置

1、4—传感器 2—测速孔 3—电动机飞轮

（2）制动器打开监测开关　它主要是监测自动扶梯运行时制动器是否打开。当制动器关闭时，开关必须触及支架上的螺栓；当用松闸手柄打开制动器时，开关不能触碰支架上的螺栓。制动器打开监测开关如图 2-141 所示。

（3）制动器磨损监测开关　它主要是监测自动扶梯主抱闸内衬的磨损情况，当抱闸内衬小于 3mm 时，切断安全电路，使自动扶梯停止运行。制动器磨损监测开关如图 2-142 所示。

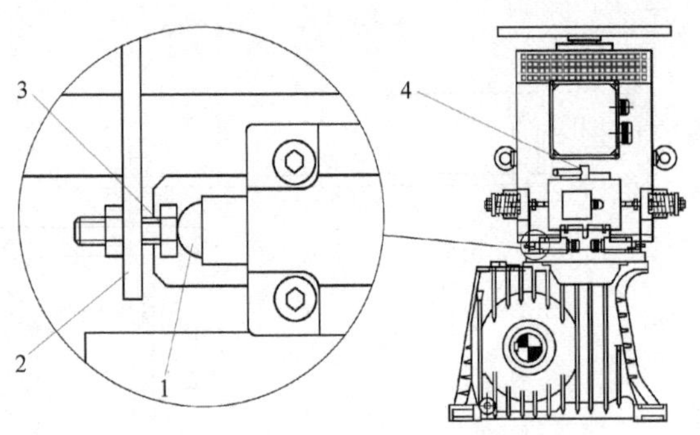

图 2-141　制动器打开监测开关

1—开关　2—支架　3—螺栓　4—松闸手柄

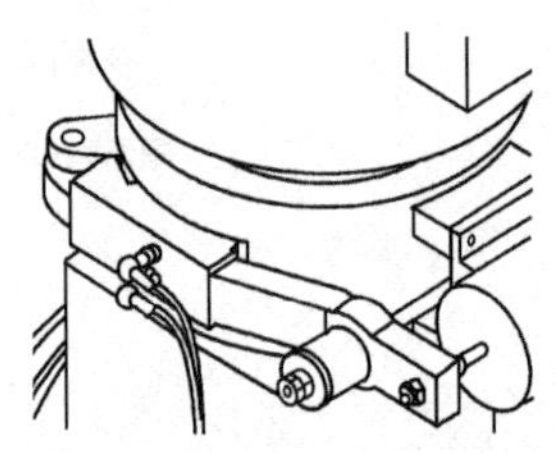

图 2-142　制动器磨损监测开关

（4）扶手带速度及断带监控装置　采用一个接近传感器和一个由扶手带驱动的侧面有钢片检测板的托辊监控扶手带速度和断带。将扶手带速度传感器和梯路速度传感器的信号发送到控制柜，如果扶手带速度偏离额定速度，则安全电路断开，自动扶梯停止运行。扶手带速度及断带监控装置如图 2-143 所示。

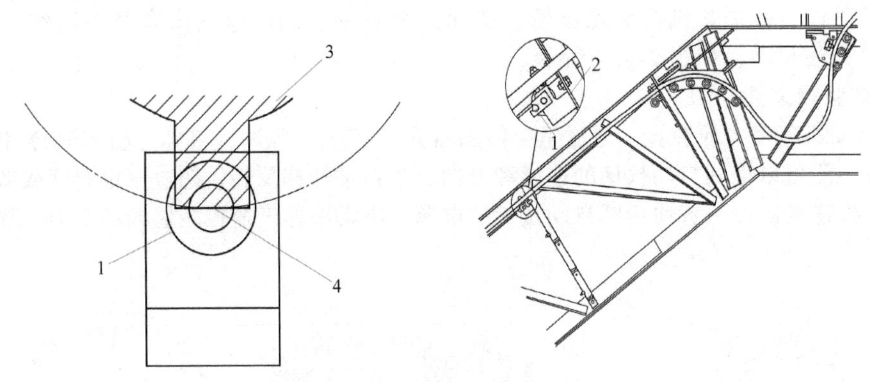

图 2-143　扶手带速度及断带监控装置

1—传感器　2—桁架　3—检测板　4—传感器中心

（5）梯级缺失探测器　用于探测梯路中梯级的缺失。如果梯路中缺少一个梯级，则切断安全电路，使自动扶梯停止运行。梯级缺失探测器如图 2-144 所示。

（6）水位监控开关　当自动扶梯下部底坑积水超过开关安装位置时，切断安全电路，停止自动扶梯。水位监控开关如图 2-145 所示。

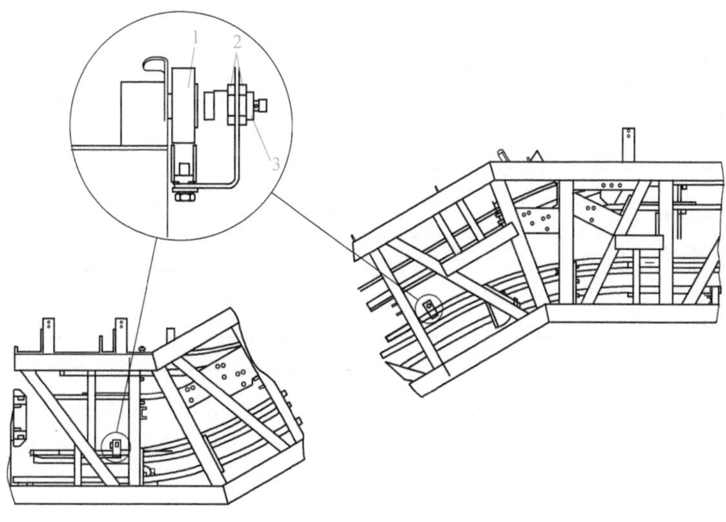

图 2-144 梯级缺失探测器

1—梯级轮 2—锁紧螺母 3—传感器

图 2-145 水位监控开关

走进企业：自动扶梯安全开关的认知

安全开关是在自动扶梯发生异常时，使自动扶梯停止，保护乘客和机器的重要装置。因此，当异常情况发生时，要使安全开关准确地动作，必须首先在充分理解安全开关功能的基础上进行检查，查明安全开关动作时其原因。

观察自动扶梯安全开关的代码、型号规格和复位方式，填写自动扶梯安全开关认知表 2-41。

表 2-41 自动扶梯安全开关认知表

名称	代码	型号规格	复位方式
梳齿板开关			
扶手带入口开关			
梯级塌陷开关			
梯级链断链开关			
上部急停按钮			
围裙板开关			
梯路锁			

（续）

名称	代码	型号规格	复位方式
扶手带速度和断带监测			
楼层板监测开关			
复位按钮			
水位监控			
钥匙起动开关			
下部急停按钮			
下机房急停开关			
驱动链断裂保护装置			
梯级缺少监测装置			

8.2 制订维护保养方案

一、确定工作流程

自动扶梯电气系统运行与维护工作流程图如图 2-146 所示。

二、工作计划的制订

在实际工作之前，预先对目标和行动方案做出选择和具体安排。计划是预测与构想，即预先进行的行动安排，围绕预期的目标，而采取具体行动措施的工作过程，随着目标的调整进行动态的改变。

自动扶梯电气系统维护工作计划表见表 2-42。

表 2-42 自动扶梯电气系统维护工作计划表

<table>
<tr><td>用户名称</td><td colspan="3"></td><td>合同号</td><td></td></tr>
<tr><td>开工日期</td><td></td><td>自动扶梯编号</td><td></td><td>生产工号</td><td></td></tr>
<tr><td>计划维护日期</td><td colspan="2"></td><td>计划检查日期</td><td colspan="2"></td></tr>
<tr><td>申报技监局</td><td colspan="2">已申报/未申报</td><td>申报质监站</td><td colspan="2">已申报/未申报</td></tr>
<tr><td>维护项目的主要工作内容</td><td colspan="5">1）控制柜、电子板的检查与清洁
2）接触器、继电器的检查与清洁
3）急停开关、盖板开关、扶手带入口开关、驱动链断链开关、梯级塌陷开关的维护与保养
4）主机监控装置、抱闸监控装置、扶手带监控装置、梯级监控装置的维护与保养
5）电缆的检查
6）端子排、接线插和插座的检查</td></tr>
<tr><td>准备工作情况及存在问题</td><td colspan="5"></td></tr>
<tr><td rowspan="3">人员分工</td><td>姓名</td><td>岗位（工作内容）</td><td>负责人</td><td>计划完成时间</td><td>操作证</td></tr>
<tr><td></td><td></td><td></td><td></td><td></td></tr>
<tr><td></td><td></td><td></td><td></td><td></td></tr>
<tr><td colspan="4">项目经理签字（章）</td><td colspan="2">日期： 年 月 日</td></tr>
<tr><td>客户/监理工程师</td><td colspan="5">审批意见：

签字（章） 日期： 年 月 日</td></tr>
</table>

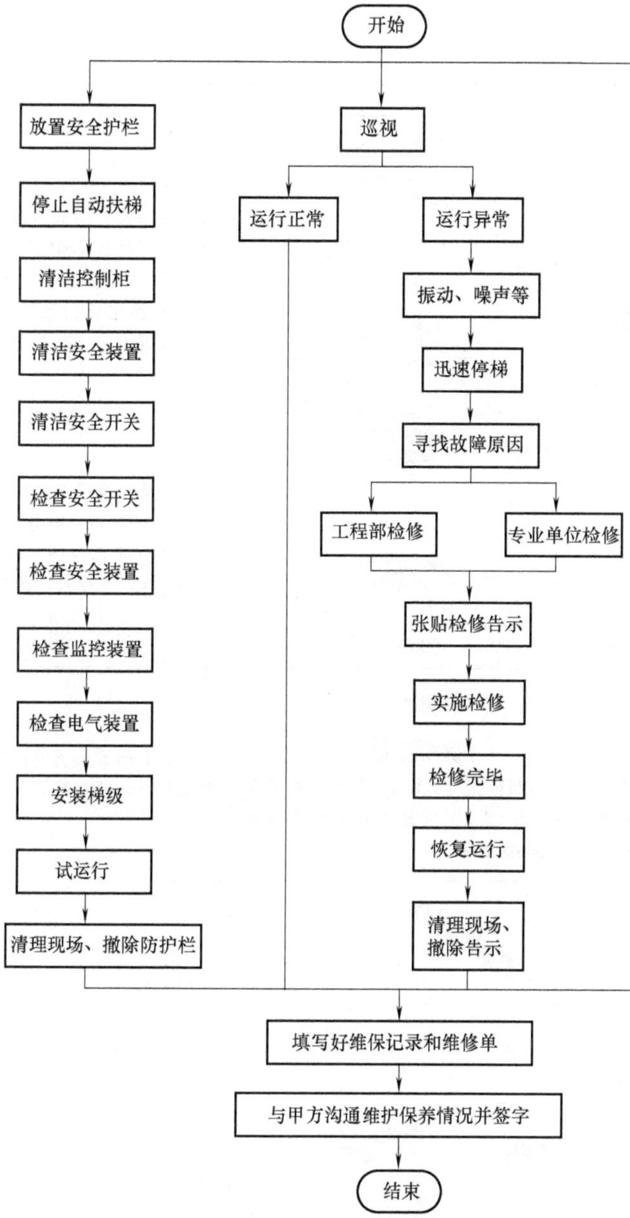

开始

放置安全护栏
停止自动扶梯
清洁控制柜
清洁安全装置
清洁安全开关
检查安全开关
检查安全装置
检查监控装置
检查电气装置
安装梯级
试运行
清理现场、撤除防护栏

巡视
运行正常
运行异常
振动、噪声等
迅速停梯
寻找故障原因
工程部检修
专业单位检修
张贴检修告示
实施检修
检修完毕
恢复运行
清理现场、撤除告示

定期检查
张贴检修告示
停止自动扶梯
实施检修
检修完毕
恢复运行
清理现场
撤除告示

填写好维保记录和维修单
与甲方沟通维护保养情况并签字
结束

图 2-146 自动扶梯电气系统运行与维护工作流程图

8.3 自动扶梯电气系统维护保养任务实施

一、任务准备

（一）工具的准备

根据自动扶梯电气系统的运行与维护工作流程要求，从仓库领取相关工具、材料和仪器。了解相关工具和仪器的使用方法，检查工具、仪器是否能正常运行，选择合适的材料，并准备自动扶梯电气系统的运行与维护所需的工具。

在自动扶梯电气系统维护保养中可能用到的工具有：验电笔、一字螺钉旋具、十字螺钉旋具、电工刀、钢丝钳、尖嘴钳、斜口钳和剥线钳等，常用工具见表 2-43。

表 2-43　自动扶梯电气系统维护保养常用工具

工具名称	工具认识	使用方法
验电笔	正确握法　正确握法　错误握法　错误握法	验电器又称电压指示器，是用来检查导线和电器设备是否带电的工具。验电器分为高压验电器和低压验电器两种 常用的低压验电器是验电笔，又称试电笔，其检测电压的范围一般为 60～500V，常做成钢笔式或改锥式
一字螺钉旋具	一字螺钉旋具的规格用柄部以外的长度表示，常用的有 100mm、150mm、200mm、300mm、400mm 等	螺钉旋具是用来紧固或拆卸螺钉的，按头部形状不同一般分为一字螺钉旋具和十字螺钉旋具两种。按握柄材料不同又可分为木柄和塑料柄两种
十字螺钉旋具	十字螺钉旋具一般分为四种型号，其中：Ⅰ号适用于直径为 2～2.5mm 的螺钉；Ⅱ、Ⅲ、Ⅳ号分别适用于直径为 3～5mm、6～8mm、10～12mm的螺钉	在有电的情况下使用时，要注意不要接触螺钉旋具的金属部分
电工刀		电工刀是用来剖切导线、电缆绝缘层的专用工具
钢丝钳		钢丝钳是一种夹持或折断金属薄片，切断金属丝的工具。电工用钢丝钳的柄部套有绝缘套管（耐压 500V）
尖嘴钳		尖嘴钳的头部“尖细”，用法与钢丝钳相似，其特点是适用于在狭小的工作空间操作
斜口钳		斜口钳是专供剪断较粗的金属丝、线材、导线和电缆等用的工具。它的柄部有铁柄、绝缘柄之分，绝缘柄耐压为 1000V

（续）

工具名称	工具认识	使用方法
剥线钳		剥线钳是用来剥落小直径导线绝缘层的专用工具。它的钳口部分设有几个刃口，用以剥落不同线径的导线绝缘层

（二）物料的准备

1. 按钮

按钮的结构种类很多，可分为自锁式、自复位式、旋柄式、蘑菇头式、带指示灯式、带灯符号式及钥匙式等。有单钮、双钮、三钮及不同组合形式，如图 2-147 所示。

a) 旋柄式　b) 蘑菇头式　c) 自复位式

图 2-147　按钮

按钮一般采用积木式结构，由按钮帽、复位弹簧、桥式触点和外壳等组成。按钮通常做成复合式，有一对常闭触点和常开触点，有的产品可通过串联增加触点对数。按钮结构如图 2-148 所示，其文字符号为 SB。

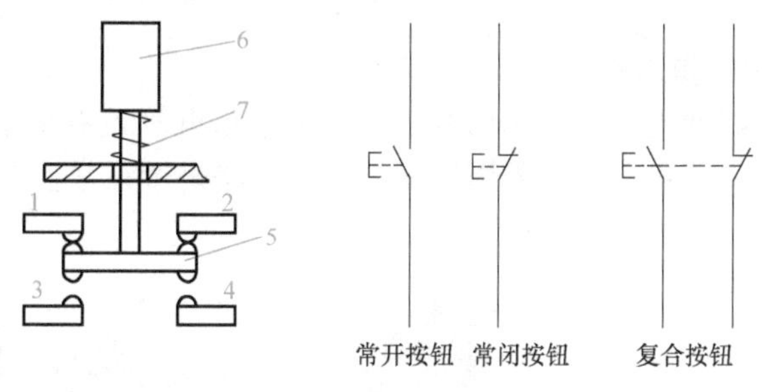

图 2-148　按钮结构

1、2—常闭触头　3、4—常开触头　5—动触头　6—按钮　7—弹簧

急停开关是用来紧急停止电梯使用的开关。急停开关安装地点：机房、轿顶、维修间、底坑。急停开关的正常接通、按下断开、旋转复位和恢复正常分别如图 2-149～图 2-152 所示。

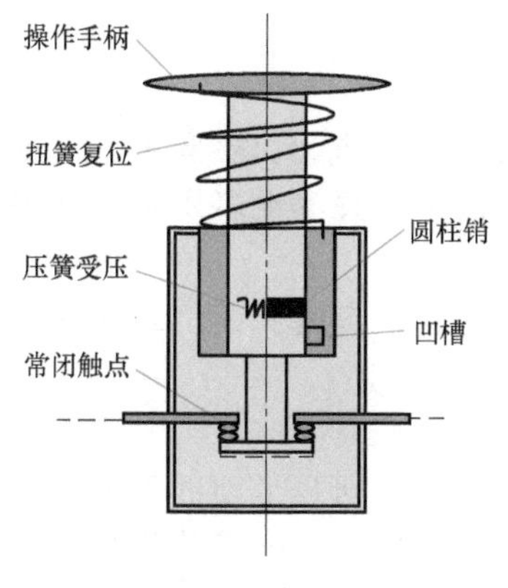

图 2-149　正常接通

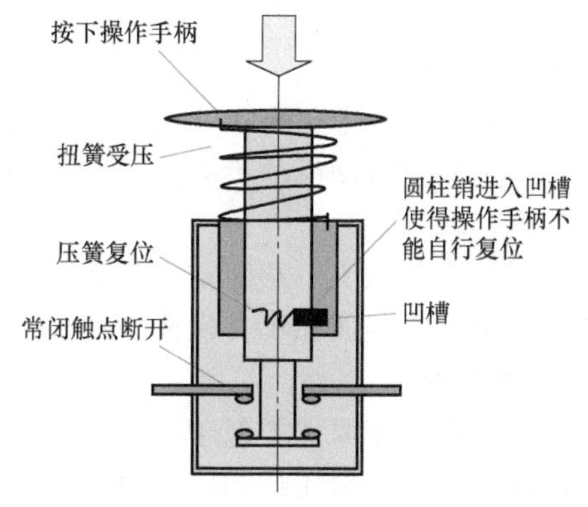

图 2-150　按下断开

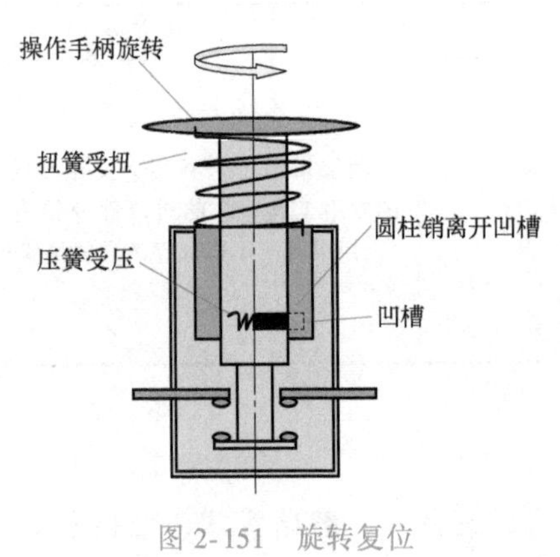

图 2-151　旋转复位

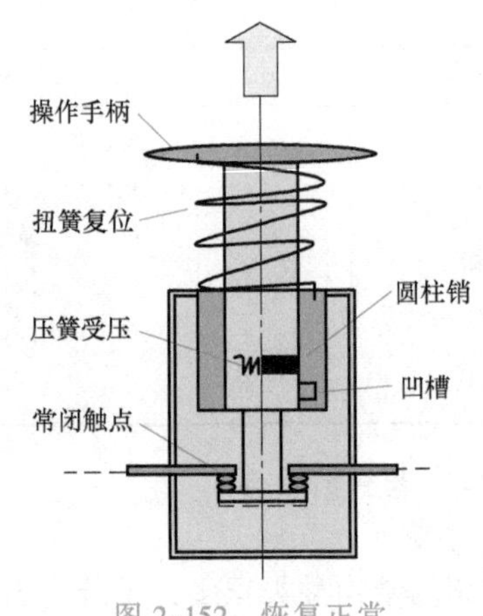

图 2-152　恢复正常

小知识：按钮的选择

选择按钮时，应根据所需的触头数、使用的场所及颜色来确定。常用的 LA18、LA19、LA20 系列按钮适用于 AC500V、DC440V，额定电流为 5A，控制功率为 AC300W、DC70W 的控制回路中。

“停止”和“急停”按钮必须是红色。当按下红色按钮时，必须使设备停止工作或断电。

“起动”按钮的颜色是绿色。

“起动”与“停止”交替动作的按钮必须是黑色、白色或灰色，不得用红色和绿色。

2. 指示灯

红绿指示灯的作用有三：一是指示电气设备的运行与停止状态；二是监视控制电路的电源是否正常；三是利用红绿灯监视回路是否正常。自动扶梯指示灯如图 2-153 所示。

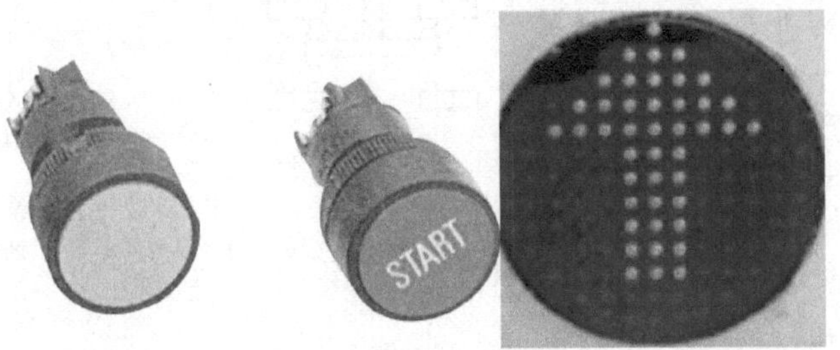

图 2-153　自动扶梯指示灯

3. 转换开关

在自动控制系统中，转换开关一般用作电源引入开关或电路功能切换开关，也可直接用于控制小容量交流电动机的不频繁操作。电梯的电源锁、检修开关等也多用转换开关，如图 2-154 所示。

转换开关的静触头一端固定在胶木盒内，另一端伸出盒外，与电源或负载相连。转换开关的结构紧凑，安装面积小，操作方便。

4. 行程开关

行程开关的动作原理类似于按钮，只是一个是手动，另一个则是运动部件的碰撞。当外界运动部件上的撞块碰压按钮时，开关动作，当运动部件离开后，在弹簧的作用下，开关自动复位。行程开关如图 2-155 所示。

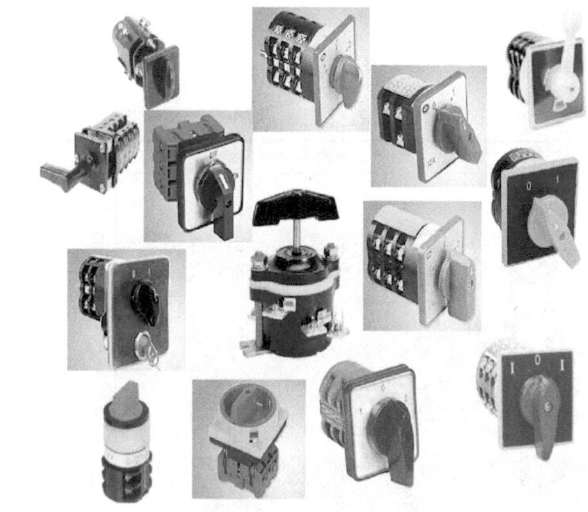
图 2-154　转换开关

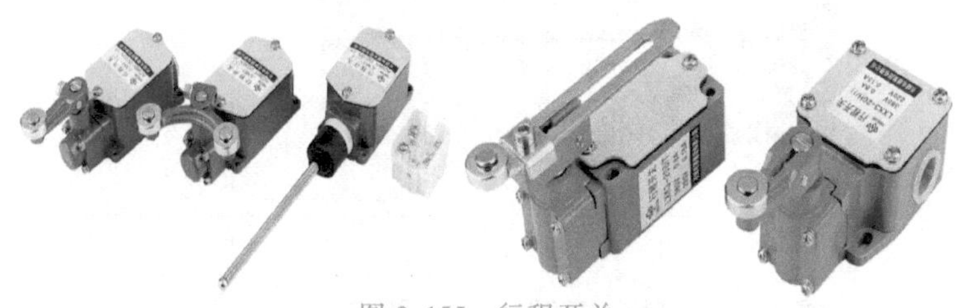
图 2-155　行程开关

二、任务实施

(一) 自动扶梯电气系统维护前准备工作

自动扶梯电气系统维护前准备工作见表 2-44。

表 2-44　自动扶梯电气系统维护前准备工作

序号	步骤名称	运行与维护步骤图示	运行与维护说明
1	切断电源、放置防护栏		切断电源前确认自动扶梯上无人。在自动扶梯上下入口处放置安全防护栏
2	拆卸上下机房盖板		使用专有工具拆卸，两人配合操作。检查上下机房盖板、前沿板有无变形、锈蚀

经验寄语：检查拆卸孔是否松动，有无脱焊现象。检查挂钩是否安装牢固，如果出现滑动现象，则需要认真检查。抬起盖板时，不能用力过猛，不能抬得过高，否则发生安全事故。

(二) 自动扶梯控制柜的维护和保养

自动扶梯控制柜的运行与维护见表 2-45。

表 2-45 自动扶梯控制柜的运行与维护

序号	步骤名称	运行与维护步骤图示	运行与维护说明
1	检查供电电源	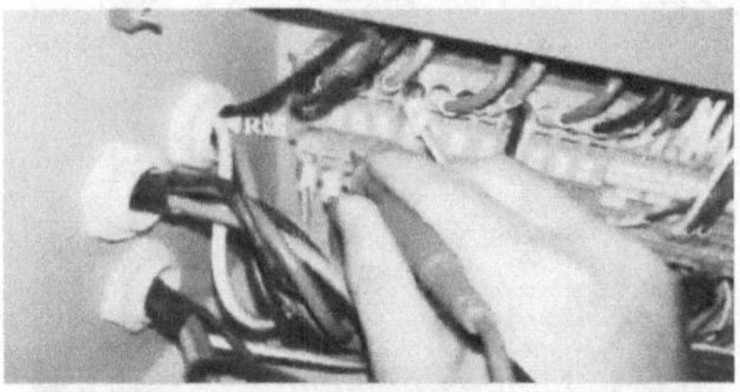 	测量自动扶梯主电源 R、S、T 端是否有电,检查所有电源开关是否都处于断开状态
2	检查主开关	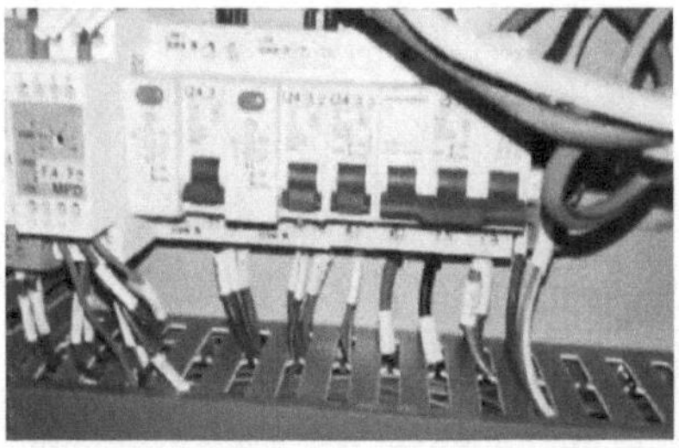	断电清洁,保证电源箱无灰尘、无油污;断电检查接线是否松动,绝缘皮是否破损、老化,线路是否整齐,应无交叉、扭曲、打结现象
	经验寄语:用挂锁或其他等效方式将主开关锁住或使它处于"隔离"位置,以保证不发生由于其他因素而造成的故意动作		
3	维修电源开关		用于接通/切断上、下机房的电源。此电源可供手提灯、电钻等维修工具使用。电源开关应动作可靠,锁紧装置完好 安装位置:上机房接线盒

(续)

序号	步骤名称	运行与维护步骤图示	运行与维护说明
4	维修电源插座		方便维修人员在桁架内获取电源，可供手提灯、电钻等维修工具使用。电源插座应安装牢固、内外清洁、无锈蚀 安装位置：机房内接线盒
5	检查控制柜	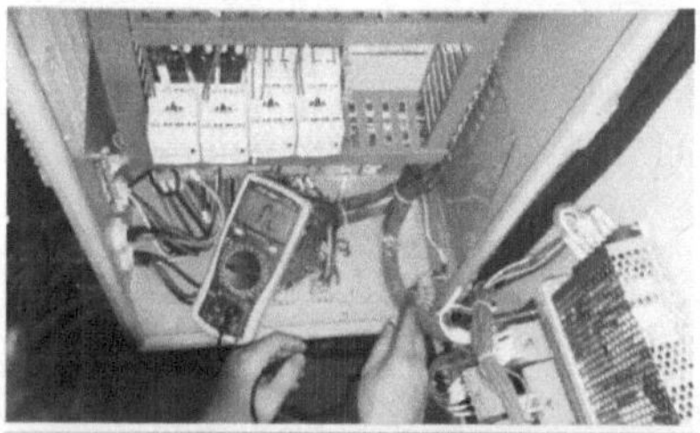 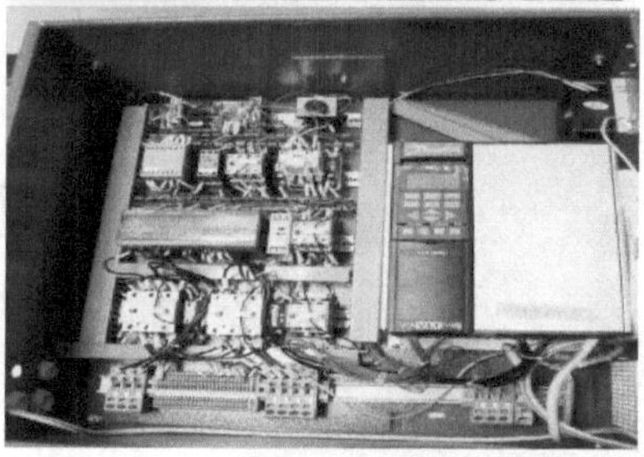	控制柜、变频器地线应接地可靠，绝缘皮无破损、老化，线路整齐，无交叉、扭曲、打结现象 动力电源线管应无损坏，密封保护层完好
	经验寄语：检查变频器时，要切断电源5~10min后再进行，必须确认变频器电源指示灯熄灭，同时要对留存电荷进行放电处理		
6	检查控制柜接触器、继电器	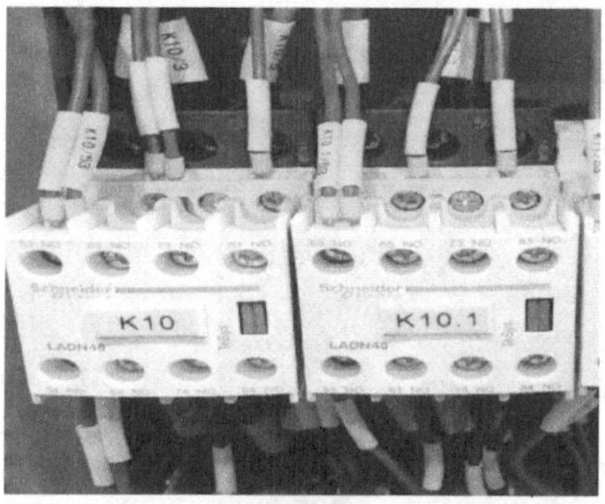	检查继电器、接触器接线是否牢靠，手动确认触头动作是否灵活，是否有粘连现象，并清除接触器的氧化层
7	检查检修装置	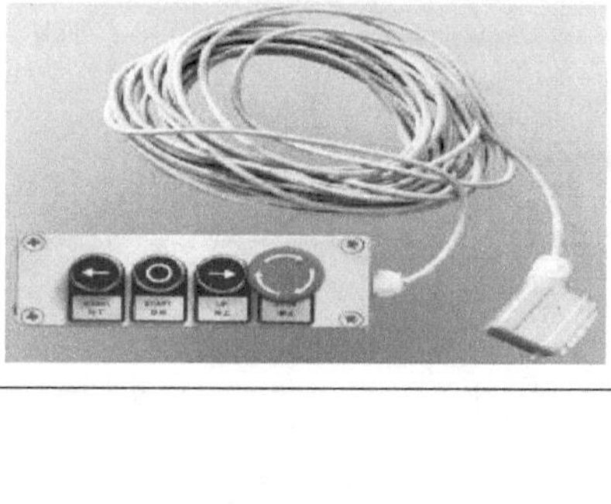	检修盒按钮是否动作可靠，检修插头、插座、插针是否完好，有无变形，急停开关是否动作可靠

（续）

序号	步骤名称	运行与维护步骤图示	运行与维护说明
8	检查电缆	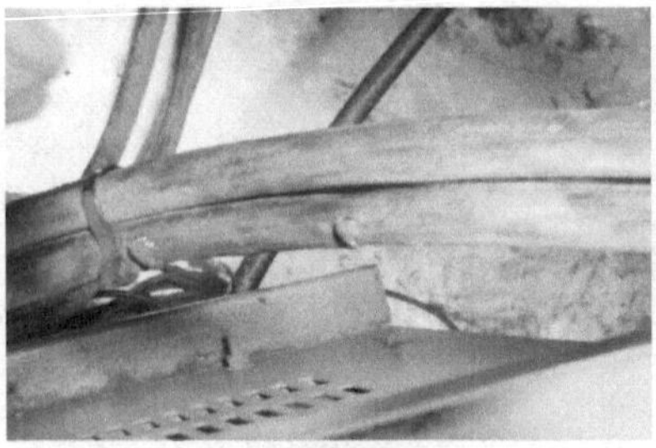	电缆应固定牢固，无破损

（三）自动扶梯安全开关的维护和保养

自动扶梯安全开关的运行与维护见表 2-46。

表 2-46　自动扶梯安全开关的运行与维护

序号	步骤名称	运行与维护步骤图示	运行与维护说明
1	上、下机房停止按钮	 安装位置：下机房接线盒	当维修人员在机房内操作时，必须先按下此按钮，使自动扶梯无法起动 停止按钮动作灵活，无卡死、无锈蚀，开关接触良好
2	钥匙开关和急停按钮	  安装位置：上下围裙板处	控制装置包括钥匙开关和急停按钮。钥匙开关用于起动自动扶梯运行，并控制其运行方向（上/下）；急停按钮用于停止自动扶梯运行 锁钥的转动应灵活，操作后应自动回复到原来的位置上

（续）

序号	步骤名称	运行与维护步骤图示	运行与维护说明
3	楼层板安全开关	 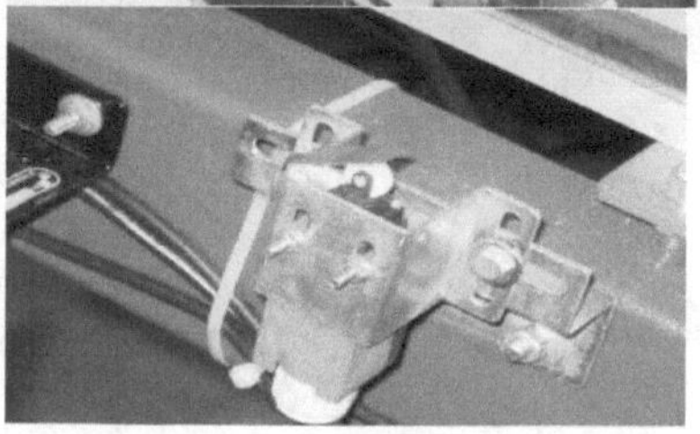	当楼层板被提起时，检测杆复位，安全开关被触发，并停止自动扶梯运行。此开关在检修状态下不起作用，开关手动复位。开关与地板下表面的距离为2~3mm 楼层板安全装置内外清洁、无锈蚀，开关接触良好，无氧化
4	扶手带入口保护开关（左、右各1个）	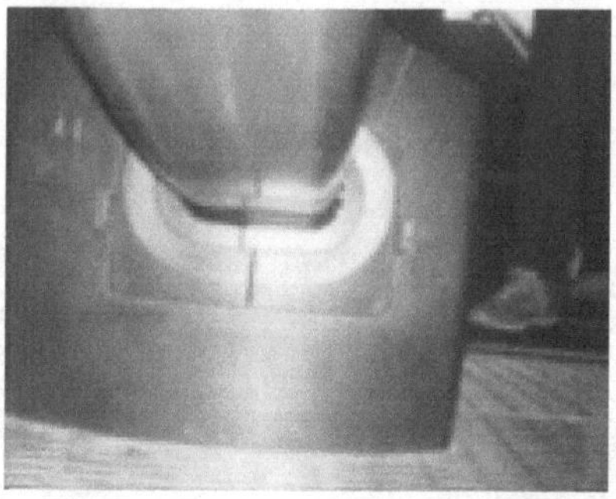 	有异物进入扶手带与入口挡板之间时，该挡板会被推动并触发安全开关，停止自动扶梯运行，开关自动复位 开关应安装牢固，无松弛，打板与扶手带两侧空隙均匀，运行时无摩擦，挡板操作压力一般为(7+1)N 扶手带入口安全装置内外清洁、无锈蚀，开关接触良好，无氧化

（续）

序号	步骤名称	运行与维护步骤图示	运行与维护说明
5	梳齿板开关（左、右各1个）	梳齿板安全开关 松动螺母，模拟发生异常情况	梳齿板安全装置内外清洁、无锈蚀，开关接触良好，无氧化。抬起梳齿板3～4mm后，梳齿板开关断开，切断安全电路 检修运行自动扶梯，然后用工具撬动安全开关连杆，模拟梳齿板触动安全开关，自动扶梯停止运行，说明梳齿板安全开关功能正常
	经验寄语：在检测梳齿板开关时，不要将手指放在梯级和螺钉旋具之间，当梯级下行时，容易将手指卡在梯级与螺钉旋具之间。不能用扳手撬动梳齿板来检测开关，否则会造成梯级齿槽的损坏，如下图所示 		
6	主驱动链保护装置	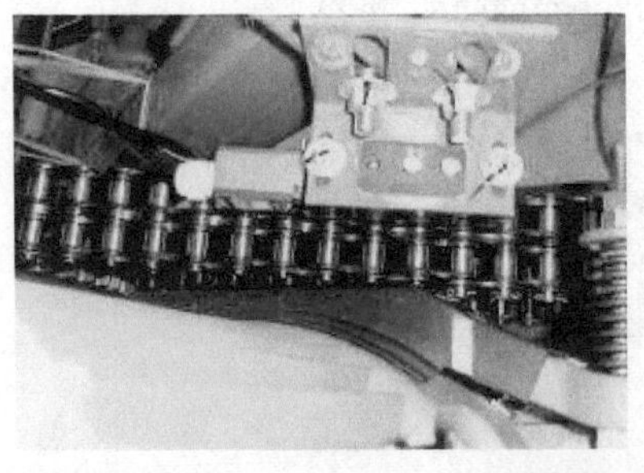	将开关安装在自动扶梯上端驱动链旁边，如果驱动链下垂量超过标准范围10～20mm，该装置检测不到信号，自动扶梯立即停止运行。驱动链检测装置与驱动链之间的距离应为4～5mm 将该装置移离驱动链，然后检修运行自动扶梯，自动扶梯不能起动

（续）

序号	步骤名称	运行与维护步骤图示	运行与维护说明
6	主驱动链保护装置		将开关安装在自动扶梯上端驱动链旁边，如果驱动链下垂量超过标准范围 10~20mm，该装置检测不到信号，自动扶梯立即停止运行。驱动链检测装置与驱动链之间的距离应为4~5mm 将该装置移离驱动链，然后检修运行自动扶梯，自动扶梯不能起动
经验寄语：主驱动链保护装置动作后，要对主机、主驱动链进行仔细检查。如果链条损坏、严重锈蚀、节距伸长或运行时有异响，则需要更换主驱动链。更换主驱动链前要提前做好防护，防止梯级或梯级链因为自重而溜车			
7	梯级下陷开关	 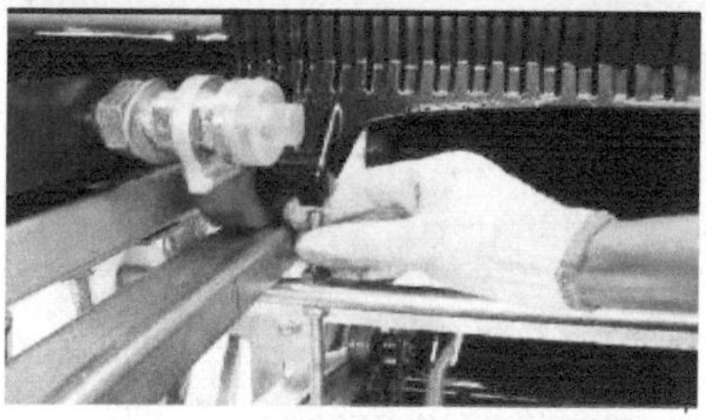 安装位置：倾斜段，靠近上、下平层处	当梯级断裂时，梯级的下陷部分会触动位于其下方的检测杆；当梯级链片发生松脱时，也会触动两侧的检测杆，从而触发安全开关。开关动作后，需手动复位，开关与支架距离为0.5~1.5mm 梯级下陷开关内外清洁、无锈蚀，开关接触良好，无氧化
8	梯级链张紧开关/梯级链断裂监控装置（左、右各1个）	 	当梯级链断裂或过度拉伸时，张紧架在张紧弹簧的作用下动作并触发安全开关后，使自动扶梯停止运行 维护时，除了检查安全开关之外，还应注意检查安全开关与打板的相对位置及固定情况，确认在打板行程范围内（2.5~3.5mm）能触发安全开关动作

（续）

序号	步骤名称	运行与维护步骤图示	运行与维护说明
8	梯级链张紧开关/梯级链断裂监控装置（左、右各1个）	安装位置：下机房张紧装置两侧	当梯级链断裂或过度拉伸时，张紧架在张紧弹簧的作用下动作并触发安全开关后，使自动扶梯停止运行 维护时，除了检查安全开关之外，还应注意检查安全开关与打板的相对位置及固定情况，确认在打板行程范围内（2.5~3.5mm）能触发安全开关动作
	经验寄语：梯级链断裂保护装置是自动扶梯的重要安全装置，该装置动作后，只有手动复位故障锁定，操作开关或者检修控制装置才能重新起动自动扶梯。即使电源发生故障或者恢复供电，此故障锁定应当始终保持有效。 梯级链断裂保护装置动作后，要对梯级、梯级链条、导轨、张紧装置进行系统检查，找出安全保护装置动作原因。例如，检查梯级链条润滑是否充分、锈蚀是否严重、链条节距是否超标等。如果链条节距超标、锈蚀严重，就需要重新更换梯级链		
9	围裙板安全开关（左、右各1个）	安装位置：上、下平层两侧围裙板后方	有异物进入梯级和围裙板之间时，安全开关受到围裙板的压力而被触发，控制系统收到信号后会使自动扶梯停止运行，触点与支架之间的距离为0~0.5mm
10	水位监测开关	 安装位置：下平层右侧接线盒下	功能：在室外自动扶梯检查下平层水位时，当水位过高时停止自动扶梯运行。控制柜自动复位，开关与桁架底板之间的距离为35mm
	经验寄语：水位监测开关一般设置在室外自动扶梯或地铁站外自动扶梯下机房中，以防止下机房水位过高，造成自动扶梯的机械、电气部件的损坏 对于室外自动扶梯或地铁站外自动扶梯，下机房一般设置垃圾回收盘，垃圾回收盘必须固定在下机房地面上。如果垃圾回收盘没有可靠固定，当下机房水位超过一定高度时，垃圾回收盘就会浮起，卷入自动扶梯中，造成导轨、梯级的断裂或损坏		

（四）自动扶梯监控装置的维护和保养

自动扶梯监控装置的运行与维护见表2-47。

表 2-47　自动扶梯监控装置的运行与维护

序号	步骤名称	运行与维护步骤图示	运行与维护说明
1	抱闸动作监控装置	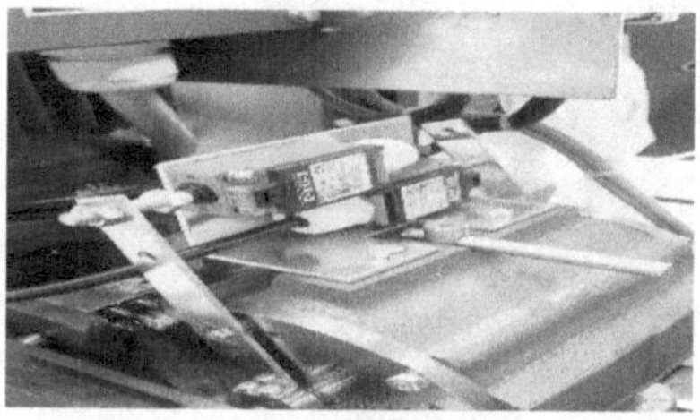 安装位置：主机上	当抱闸未能正常动作时，此监控装置发出相应的检测信号，控制系统将断开主接触器，切断主回路供电。开关自动复位，控制柜自动复位
2	抱闸衬垫磨损监控装置	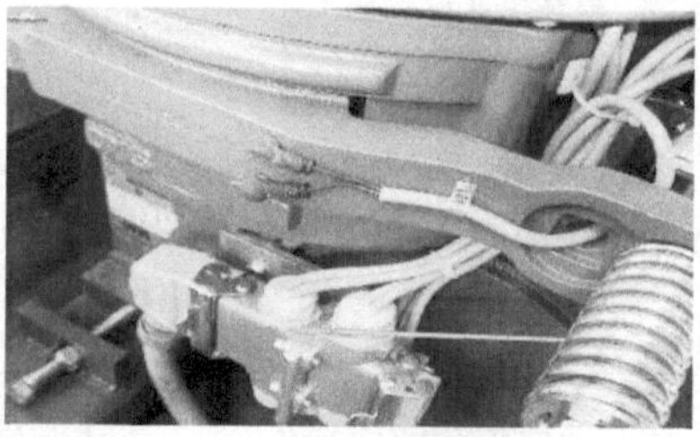 安装位置：主机上	当主机的抱闸衬垫出现磨损时，此监控装置发出相应的检测信号，提示维护人员检查衬垫
3	主机盖保护装置		当主机盖被掀起时，安全开关的两部分被分离，开关动作，并停止自动扶梯运行 主机盖保护装置内外清洁、无锈蚀，触点接触良好，无氧化
4	机械式超速限速器	 安装位置：主机上	当主机的速度超过额定速度的120%时，限速器会触发安全开关，控制系统收到信号后会使自动扶梯停止运行，开关手动复位 开关与支架的距离为4mm

（续）

序号	步骤名称	运行与维护步骤图示	运行与维护说明
5	梯级链轮监控装置	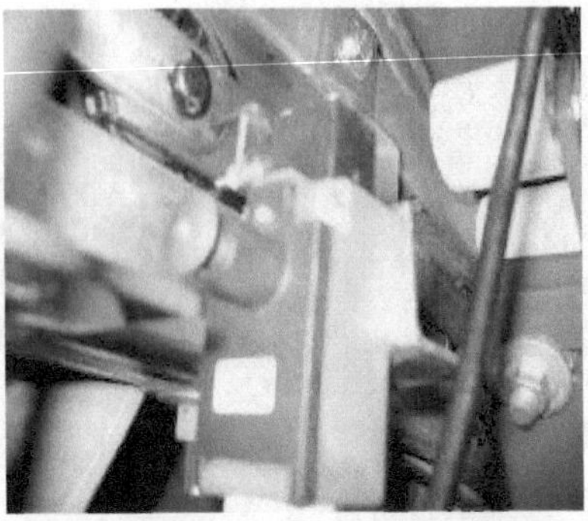	当梯级链滚轮因破裂或损坏而产生位置下降时，会触发安全开关，控制系统收到信号后会使自动扶梯停止运行。开关手动复位，控制柜自动复位。开关与链板的距离为 0.5~1mm
6	梯级检测装置		当检测到梯级缺失时，其发出相应信号，使自动扶梯停止运行。开关自动复位，同时需要在控制柜进行系统复位 梯级检测装置内外清洁、无锈蚀，与梯级侧面的间隙一般为 3~5mm
7	扶手带断裂监控装置	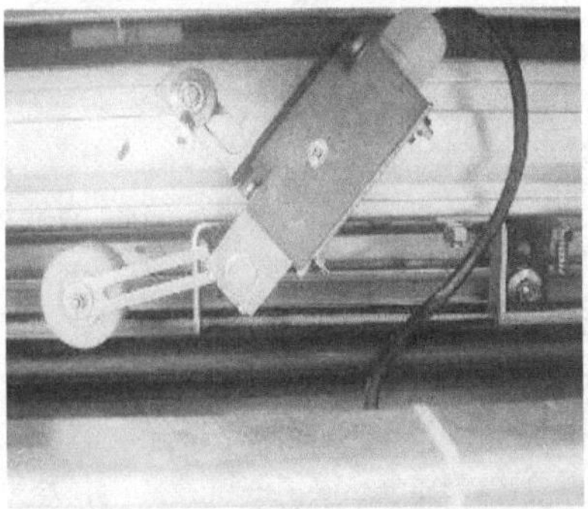	当扶手带断裂时，扶手带的张力急剧减小，开关失去既定的压力而被触发，控制系统收到信号后会使自动扶梯停止运行。开关手动复位，控制柜自动复位
8	扶手带速度监控装置	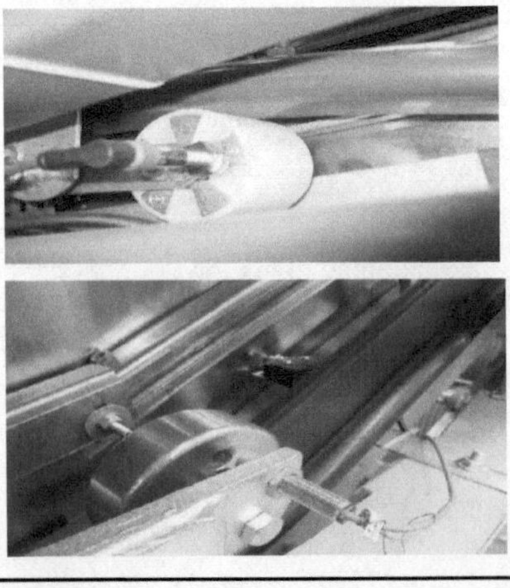	检测扶手驱动轮运转的频率，若检测到的频率低于额定频率的 85%，且持续时间超过 5s，则控制系统会发出信号使自动扶梯停止运行 传感器检测面与金属片的距离为 1mm

三、自动扶梯电气系统维护保养实施记录表

实施记录表是对修理过程的记录，保证维护保养任务按工序正确执行，对维护的质量进行判断，完成附表13自动扶梯电气系统维护保养实施记录表的填写。

8.4 工作验收、评价与反馈

一、工作验收表

维护保养工作结束后，电梯维护保养工确认是否所有部件和功能都正常。维护站应会同客户对电梯进行检查，确认自动扶梯维护保养工作已全部完成，并达到客户的修理要求。完成附表1电气系统运行与维护工作验收表。

二、自检与互检

完成附表2自动扶梯电气系统维护的自检、互检记录表。

三、小组总结报告

同学们以小组形式，通过演示文稿、展板、海报、录像等形式，向全班展示、汇报学习成果，完成附表3小组总结报告。

四、小组评价

各小组可以通过各种形式，对整个任务完成情况的工作总结进行展示，以组为单位进行评价，完成附表4小组评价表。

五、填写评价表

维护保养工作结束后，维护人员完成附表5总评表，并对本次维护保养工作打分。

8.5 知识拓展——故障实例

故障实例1： 某大厦一台自动扶梯，速度为0.5m/s，提升高度为3.5m，倾斜角为35°，送电后，用钥匙开关开启自动扶梯，主接触器不动作。

故障分析：

1）电源电压过低或波动过大。

2）操作回路电源容量不足或发生断线、接线错误及控制触头接触不良。

3）控制电源电压与线圈电压不符。

4）触头弹簧压力过大。

排除方法：

1）调节电源电压或增设稳压装置。

2）增加电源容量，纠正、修理控制触头。

3）更换线圈。

4）调节接触器弹簧压力，调节触头动作形成。

故障实例2： 某地铁一台自动扶梯，速度为0.5m/s，提升高度为6m，倾斜角为30°。在维护保养过程中，切换自动扶梯运行方向，主接触器不动作，接触器不释放或释放缓慢。

故障分析：

1）触头弹簧压力过大。

2）触头熔焊。

3）机械可动部分被卡死，转轴歪斜。

4）铁心表面有油污或灰尘。

5）E型铁心使用时间太长，剩磁增大，使铁心不释放。

排除方法：

1）调整触头参数。

2）排除熔焊故障，修理或更换触头。

3）排除卡死故障，修理受损零件。

4）清理铁心表面。

5）更换铁心。

小知识：地铁自动扶梯部件的寿命

1）25年内能正常工作的部件：驱动主机、梯级、梯级链、主驱动轴、梯级链张紧装置、导轨、导轨支架、扶手带驱动装置、电缆。

2）12年内能正常工作的部件：梯级链滚轮、梯级滚轮。

3）10年内能正常工作的部件：微机板、变频器。

4）8年内能正常工作的部件：扶手带。

对全露天工作的室外梯，梯级链、主驱动轴、梯级链张紧装置、导轨、扶手带驱动装置的工作寿命允许有合理的降低。

8.6 思考与练习

一、判断题

1. 自动扶梯的电动机直接与电源连接时应采用手动复位的开关进行过载保护。（ ）
2. 转换自动扶梯的运行方向时，只要在运行过程中将开关转到反方向即可。（ ）
3. 如果交流电动机与梯级踏板或胶带间的驱动是非摩擦性连接，并且转差率不超过10%，由此可以防止超速的话，可以不必设超速保护装置和非操纵逆转保护。（ ）
4. 工作制动器与梯级驱动装置采用摩擦部件连接时，必须另设附加制动器。（ ）
5. 自动扶梯只有工作制动器使自动扶梯停止运行。（ ）
6. 自动扶梯应设置断错相保护装置。（ ）
7. 使用检修控制装置时，自动扶梯的所有起动开关和安全装置都应不起作用。（ ）
8. 检修装置控制的检修插座可以和端部的起动开关并联。（ ）
9. 检修插座电源应和自动扶梯主机的电源分开。（ ）
10. 扶手照明和梳齿板照明的电源应分开。（ ）
11. 使用检修控制装置时，安全开关可以不起作用。（ ）

二、选择题

1. 梯路锁在何时使用（ ）。

A. 调整抱闸　　B. 更换曳引机

C. 更换抱闸　　D. 更换曳引机驱动链

2. 用玻璃制作的护壁板，其厚度至少是（ ）。

A. 8mm　　B. 10mm　　C. 6mm　　D. 7mm

3. 梯级与围裙板的间隙应不大于（　　）。

A. 4mm　　B. 2mm　　C. 3mm　　D. 1mm

4. 梯级或踏板塌陷保护装置动作后，应能保证塌陷的梯级或踏板（　　）。

A. 立即停止　　B. 不再下陷

C. 不能到达梳齿相交线　　D. 不能到达回转导轨

5. 不属于自动扶梯必备的电气安全装置有（　　）。

A. 扶手带入口防异物保护装置　　B. 扶手带同步监控装置

C. 速度监控装置　　D. 梳齿板开关

三、填空题

1. 导体之间和导体对地之间的绝缘电阻应大于 1000Ω/V，并且其值不小于：动力电路和电气安全装置电路________；其他电路（控制照明信号等）________。

2. 插座电源的要求应是____型，防护电压不超过____，由主电源直接供电。

3. 主开关应设置在______附近。

4. 控制电路和安全电路的直流电压平均值或交流电压有效值不应超过____V。

5. 紧急制动器（附加制动器）是装在______上。

6. 额定速度是指梯级____________。

四、简答题

1.《自动扶梯及自动人行道监督检验规程》对电动机接触器的设置有哪些要求？如何进行检验？

2. 简述梯级或踏板塌陷保护装置的检验要求及检验方法。

附 录

附表 1　电梯设备运行与维护工作验收表（权重 0.2）

1. 工作验收	
(1)是否按工作计划进行了所有工作?	(1)把工作计划中的所有项目检查一遍,确认所有项目都已经圆满完成,或者在解释说明范围内给出了广泛的解释
(2)哪些工作项目必须以现场直观检查方式进行检查?	(2)现场检查以下工作项目

现 场 检 查	结果
检查控制柜内部电气装置及端口是否正常	
检查曳引机工作是否正常	
检查安全装置运行是否正常	

(3)是否遵守规定的维护工时?	(3)电梯设备维护的时间是否超过 90min 合格□　不合格□
(4)控制柜外观、曳引轮、电气装置等是否干净整洁?	(4)检查控制柜是否整洁,控制柜接线端子是否牢固 合格□ 不合格□
(5)哪些信息必须转告客户?	(5)指出下次维护保养时必须排除的其他故障
(6)对工作改进的建议	(6)考虑一下,工作准备阶段和维修时,工具、工作油液和辅助材料的供应情况,时间安排是否已经达到最佳程度 提出改善建议并在下次修理时予以考虑
2. 记录	
(1)是否记录了配件和材料的需求量? (2)是否记录了工作开始和结束的时间?	
3. 大修后的咨询谈话	
客户接收电梯时期望对下述内容做出解释: (1)检查表 (2)已经完成的工作项目 (3)结算单 (4)移交维护记录本	在维护后谈话的范围内向"客户"转告以下信息: (1)发现异常情况,如层门运行时有摩擦声等 (2)电梯日常使用中应注意的地方 (3)多久需要进行电梯的保养和维护
4. 对解释说明的反思	
(1)是否达到了预期目标? (2)可视化方式是否正确? (3)与相关人员的沟通效率是否很高? (4)组织工作是否很好?	

附表 2　自检、互检记录表（权重 0.2）

自检、互检记录	备注
各小组学生按技术要求检测设备并做记录 检测问题记录:________________________________ ________________________________ ________________________________	自检

（续）

自检、互检记录	备注
各小组分别派代表按技术要求检测其他小组设备并做记录 检测问题记录：______________________________ ______________________________ ______________________________ ______________________________ ______________________________	互检
教师检测问题记录：______________________________ ______________________________ ______________________________	教师检验

附表3　小组总结报告（权重0.1）

维护任务简介：	
学习目标	
维护人员及分工	
维护工作开始时间和结束时间	
维护质量：	
预期目标	
实际成效	
维护中最有特色的部分	
维护总结：	
维护中最成功的是什么？	
维护中存在哪些不足？应做哪些调整？	
维护中所遇问题与思考？（提出自己的观点和看法）	

附表4　小组评价表（权重0.1）

组号	参加展示人数	评　价		小组优良排序
		语言表达最好的学生	展示中表现最好的学生	
1				
2				
3				

附表5　电梯设备维护的总评表

任务×：××××设备运行与维护		班级：________ 小组：________ 姓名：________	指导教师：________ 日期：________
序号	评价项目	分值比例	得分
1	附表6~附表13电梯设备维护保养实施记录表	20%	
2	附表1电梯设备运行与维护工作验收表	20%	
3	附表2电梯设备维护的自检、互检记录表	20%	
4	附表3小组总结报告	10%	
5	附表4小组评价表	10%	
6	职业素养（出勤、工作态度、劳动纪律、团队协作精神）	20%	

附表 6　电梯机房设备维护保养实施记录表（权重 0.2）

电梯机房设备的维护和保养			检查人/日期		
步骤	序号	检查项目	技术标准	完成情况	分值
准备工作	1	工具检查：各工具外观是否完整，无损坏	完好□损坏□	是□ 否□	★
	2	物料检查：维护保养所需物料是否准备齐全，有无缺失	齐全□不齐全□		★
	3	在轿厢及层站放置防护栏，确认电梯上无人	合格□不合格□		★
	4	按下电梯停止开关，切断主电源，确认电源已切断	合格□不合格□		★
控制柜的维护	5	清洁控制柜外观	合格□不合格□	是□ 否□	6
	6	清洁控制柜各电气装置及各端子	合格□不合格□		6
	7	检查接线松动情况	合格□不合格□		6
	8	检查驱动回路绝缘电阻	合格□不合格□		6
	9	检查控制回路、安全电路绝缘电阻	合格□不合格□		6
曳引机的维护	10	检查曳引机电源	合格□不合格□	是□ 否□	6
	11	清洁灰尘与油污	合格□不合格□		6
	12	检查漏油	合格□不合格□		6
	13	检查螺栓是否有松动	合格□不合格□		6
	14	检查接线是否有松动	合格□不合格□		6
	15	检查电动机温度	合格□不合格□		★
	16	检查制动器温度	合格□不合格□		★
	17	检查减速箱温度	合格□不合格□		6
	18	检查制动器动作状态	合格□不合格□		6
	19	检查制动器间隙	合格□不合格□		★
	20	检查制动轮	合格□不合格□		6
	21	定期对曳引机各个部件进行润滑	达标□不达标□		6
	22	检查油位是否合格	合格□不合格□		6
	23	检查曳引轮外观	合格□不合格□		6
	24	检查曳引轮轮槽磨损是否超标	合格□不合格□		★
	25	检查曳引轮铅垂	合格□不合格□		★
限速器的维护	26	打开并清洁限速器防护罩	完成□待完成□	是□ 否□	6
	27	清洁限速器内部的灰尘、油脂	完成□待完成□		6
	28	检查限速器运动部件	合格□不合格□		★
	29	检查限速器绳槽的磨损	合格□不合格□		★
	30	检查限速器的漆封（铅封）	合格□不合格□		6
	31	检查限速器的电气开关	合格□不合格□		★
	32	检查限速器的运行状态	合格□不合格□		6
	33	复位限速器	完成□待完成□		6
	34	合上限速器防护罩	完成□待完成□		6
机房的维护	35	检查机房通道的通行和照明	完成□待完成□	是□ 否□	6
	36	检查机房大门的门锁和标识	完成□待完成□		6
	37	检查机房照明	完成□待完成□		6
	38	检查、清洁机房通风装置	完成□待完成□		6
	39	检查机房温度	完成□待完成□		6
	40	检查机房应急照明	完成□待完成□		6
	41	检查盘车装置	完成□待完成□		6
	42	检查灭火器	完成□待完成□		6
	43	检查五方对话装置	完成□待完成□		6
运行	44	电梯合上电源，检修运行，电梯运行时机房各部件无异响和摩擦声	合格□不合格□	是□ 否□	★

评分依据：★为重要项目，一项不合格，检验结论为不合格。一般项目，扣分不超过 20 分（包括 20 分）检验结论为合格，超过 20 分为不合格。

附表7 电梯井道设备维护保养实施记录表（权重0.2）

电梯井道设备的维护和保养			检查人/日期		
步骤	序号	检查项目	技术标准	完成情况	分值
准备工作	1	工具检查：各工具外观是否完整，无损坏	完好□损坏□	是□ 否□	★
	2	物料检查：维护保养所需物料是否准备齐全，有无缺失	齐全□不齐全□		★
	3	在轿厢和底层厅门外放置防护栏，确认电梯上无人	合格□不合格□		★
	4	按下电梯停止开关，切断主电源，确认电源已切断	合格□不合格□		★
电梯的清洁	5	清洁电梯召唤面板及按钮	合格□不合格□	是□ 否□	6
	6	清洁门扇、门框、地坎、门轨	合格□不合格□		6
	7	清洁层门门锁电气触点	合格□不合格□		6
	8	清洁轿顶护栏、轿顶检修箱	合格□不合格□		6
	9	清洁钢丝绳、反绳轮	合格□不合格□		6
	10	清洁导轨及导轨支架	合格□不合格□		6
	11	清洁端站保护开关	合格□不合格□		6
层门的维护	12	门扇与门框之间的间隙为1~6mm	合格□不合格□	是□ 否□	6
	13	门扇与门扇之间的间隙为1~6mm	合格□不合格□		6
	14	层门钩子锁啮合深度≥7mm	合格□不合格□		6
	15	门锁触点的超行程（随动量）为2.5mm±1mm	合格□不合格□		6
	16	层站召唤、层楼显示齐全、有效	合格□不合格□		6
	17	用钥匙打开层门后，能自动关闭	合格□不合格□		★
	18	电气触点清洁，触点接触良好	合格□不合格□		★
	19	地坎无变形，各安装螺栓紧固	合格□不合格□		6
	20	层门钢丝绳的清洁与调整	合格□不合格□		6
	21	层门滑块磨损不超过1mm	合格□不合格□		6
井道各部件的保养	22	轿顶清洁，防护栏安全可靠	合格□不合格□	是□ 否□	6
	23	轿顶检修开关、急停开关工作正常	合格□不合格□		6
	24	井道照明齐全、功能正常	合格□不合格□		6
	25	曳引钢丝绳清洁，张力与平均值偏差不超过5%	合格□不合格□		6
	26	反绳轮轮槽磨损量不超过2mm	合格□不合格□		6
	27	油杯、吸油毛毡齐全，油量适宜，油杯无泄漏	合格□不合格□		6
	28	底坑清洁，无渗水、积水	合格□不合格□		6
	29	随行电缆无损伤	合格□不合格□		6
	30	底坑急停开关工作正常	合格□不合格□		6
	31	上、下极限开关工作正常	合格□不合格□		6
运行	32	电梯合上电源，检修运行，电梯运行时无振动、异响和摩擦声	合格□不合格□	是□ 否□	★

评分依据：★为重要项目，一项不合格，检验结论为不合格。一般项目，扣分不超过20分（包括20分）检验结论为合格，超过20分为不合格。

附表8 电梯轿厢和对重维护保养实施记录表（权重0.2）

电梯轿厢和对重的维护和保养			检查人/日期		
步骤	序号	检查项目	技术标准	完成情况	分值
准备工作	1	工具检查：各工具外观是否完整，无损坏	完好□损坏□	是□ 否□	★
	2	物料检查：维护保养所需物料是否准备齐全，有无缺失	齐全□不齐全□		★
	3	在轿厢及底层放置防护栏，确认电梯上无人	合格□不合格□		★
	4	按下电梯停止开关，切断主电源，确认电源已切断	合格□不合格□		★
电梯的清洁与检查	5	对重框架的清洁、检查	合格□不合格□	是□ 否□	6
	6	对重块的清洁、检查	合格□不合格□		6
	7	轿厢导靴与对重导靴的清洁检查	合格□不合格□		6
	8	轿顶设备的检查	合格□不合格□		6

（续）

电梯轿厢和对重的维护和保养			检查人/日期		
步骤	序号	检查项目	技术标准	完成情况	分值
电梯的清洁与检查	9	轿厢内部的清洁、检查	合格□不合格□	是□ 否□	6
	10	轿厢照明装置的清洁、检查	合格□不合格□		6
	11	门机的清洁、检查	合格□不合格□		6
	12	轿门的清洁、检查	合格□不合格□		6
对重的维护保养	13	油杯、吸油毛毡齐全，油量适宜，油杯无泄漏	合格□不合格□	是□ 否□	6
	14	对重块及其压板无松动	合格□不合格□		6
	15	导靴清洁，磨损量不超过 1mm	合格□不合格□		6
	16	对重、反绳轮轴承无异响，无振动，润滑良好	合格□不合格□		6
	17	对重与缓冲器距离符合标准	合格□不合格□		6
	18	对重的导轨支架安装牢固	合格□不合格□		★
	19	对重的导轨清洁	合格□不合格□		★
	20	随行电缆无损伤	合格□不合格□		6
轿厢的维护保养	21	轿顶清洁，检查轿顶各螺栓有无松动	合格□不合格□	是□ 否□	6
	22	轿顶检修开关、急停开关工作正常	合格□不合格□		6
	23	油杯、吸油毛毡齐全，油量适宜，油杯无泄漏	合格□不合格□		6
	24	轿厢照明、风扇、应急照明工作正常	合格□不合格□		6
	25	轿厢检修开关、急停开关工作正常	合格□不合格□		6
	26	轿内报警装置、对讲系统工作正常	合格□不合格□		6
	27	轿内显示、指令按钮齐全、有效	合格□不合格□		6
	28	轿门安全装置（安全触板、光幕）功能有效	合格□不合格□		6
	29	轿门门锁触点清洁，触点接触良好	合格□不合格□		6
	30	轿门开启和关闭工作正常	合格□不合格□		6
	31	轿厢平层精度符合标准	合格□不合格□		6
	32	轿门电气安全装置工作正常	合格□不合格□		6
	33	轿门门扇与门扇之间的间隙为 1~6mm	合格□不合格□		6
	34	补偿链与轿厢、对重连接可靠	合格□不合格□		6
	35	轿厢架、轿门及其附件安装牢固	合格□不合格□		6
	36	轿厢的导轨支架无松动	合格□不合格□		6
	37	轿厢的导轨清洁，压板牢固	合格□不合格□		6
	38	轿厢称重装置准确有效	合格□不合格□		6
	39	轿底安装螺栓紧固	合格□不合格□		6
运行	40	电梯合上电源，检修运行，电梯运行时无振动、异响和摩擦声	合格□不合格□	是□ 否□	★

评分依据：★为重要项目，一项不合格，检验结论为不合格。一般项目，扣分不超过 20 分（包括 20 分）检验结论为合格，超过 20 分为不合格。

附表 9　电梯底坑设备维护保养实施记录表（权重 0.2）

电梯底坑设备的维护和保养			检查人/日期		
步骤	序号	检查项目	技术标准	完成情况	分值
准备工作	1	工具检查：各工具外观是否完整，无损坏	完好□损坏□	是□ 否□	★
	2	物料检查：维护保养所需物料是否准备齐全，有无缺失	齐全□不齐全□		★
	3	在轿厢及底层放置防护栏，确认电梯上无人	合格□不合格□		★
	4	按下电梯停止开关，切断主电源，确认电源已切断	合格□不合格□		★
清洁底坑	5	清洁底坑	合格□不合格□	是□ 否□	5
	6	清理油脂	合格□不合格□		5
	7	清洁电气装置	合格□不合格□		5
保养下急停操作箱	8	维护下急停操纵箱	合格□不合格□	是□ 否□	5
	9	检查底坑通话	合格□不合格□		5

（续）

电梯底坑设备的维护和保养			检查人/日期		
步骤	序号	检查项目	技术标准	完成情况	分值
保养缓冲器	10	明确缓冲器种类	合格□不合格□	是□ 否□	5
	11	检查松动	合格□不合格□		5
	12	检查油位	合格□不合格□		5
	13	检查和复位缓冲器开关	合格□不合格□		5
保养限速器张紧装置	14	检查松动	合格□不合格□	是□ 否□	5
	15	检查和复位限速器断绳开关	合格□不合格□		★
	16	检查张紧轮与底坑地面的距离	合格□不合格□		★
	17	检查限速器张紧轮	合格□不合格□		5
	18	检查挡绳杆位置	合格□不合格□		5
检查撞板和极限开关	19	检查撞板	合格□不合格□	是□ 否□	★
	20	检查下换速开关	合格□不合格□		5
	21	检查下限位开关	达标□不达标□		5
	22	检查下极限开关	合格□不合格□		5
保养安全钳装置	23	清洁安全钳	合格□不合格□	是□ 否□	5
	24	检查松动	合格□不合格□		5
	25	检查漆封是否完整	合格□不合格□		★
	26	检查连杆机构	合格□不合格□		★
	27	检查安全钳开关	合格□不合格□		
	28	检查楔块与导轨的间隙	合格□不合格□		
运行	29	电梯合上电源，检修运行，电梯运行时机房各部件无异响和摩擦声	合格□不合格□	是□ 否□	★

评分依据：★为重要项目，一项不合格，检验结论为不合格。一般项目，扣分不超过20分（包括20分）检验结论为合格，超过20分为不合格。

附表10 自动扶梯梯路系统维护保养实施记录表（权重0.2）

自动扶梯梯路系统的维护和保养			检查人/日期		
步骤	序号	检查项目	技术标准	完成情况	分值
准备工作	1	在上下机房入口处放置防护栏，确认自动扶梯上无人	合格□不合格□	是□ 否□	★
	2	安全上下上下机房	合格□不合格□		★
	3	安全打开上下机房盖板	合格□不合格□		★
	4	按下自动扶梯停止开关，切断主电源，确认电源已切断	合格□不合格□		★
自动扶梯的清洁	5	清洁自动扶梯盖板、前沿板	合格□不合格□	是□ 否□	6
	6	清洁上下机房盖板框	合格□不合格□		6
	7	清洁上下机房	合格□不合格□		6
	8	清洁扶手系统表面	合格□不合格□		6
	9	清洁曳引机制动器表面	合格□不合格□		6
梯级的维护	10	梯级的拆卸	合格□不合格□	是□ 否□	6
	11	梯级的清洁与润滑	合格□不合格□		6
	12	梯级辅轮的更换	合格□不合格□		6
	13	梯级的安装	合格□不合格□		6
	14	自动扶梯或自动人行道的围裙板设置在梯级、踏板或胶带的两侧，任何一侧的水平间隙不应大于4mm，在两侧对称位置处测得的间隙总和不应大于7mm	合格□不合格□		6
	15	相邻两梯级齿槽左右偏差不应超过0.8mm；相邻两梯级齿槽啮合深度不小于6mm，间隙不超过4mm	合格□不合格□		6
	16	梯级的水平度不应超过1%	合格□不合格□		6

（续）

自动扶梯梯路系统的维护和保养			检查人/日期		
步骤	序号	检查项目	技术标准	完成情况	分值
导轨的维护	17	桁架的清洁	合格□不合格□	是□ 否□	6
	18	导轨的清洁与除锈	合格□不合格□		6
	19	导轨的检查	合格□不合格□		6
	20	导轨台阶的检查	合格□不合格□		6
主机的维护	21	主机地脚螺栓紧固的检查	合格□不合格□	是□ 否□	6
	22	主驱动链条的检查	合格□不合格□		6
	23	主机测速开关的检查	合格□不合格□		6
润滑装置的维护	24	油壶的清洁	合格□不合格□	是□ 否□	6
	25	手动开启加油泵，油嘴无堵塞	合格□不合格□		6
	26	主驱动链条加油嘴在驱动链条正上方 3~5mm	合格□不合格□		6
	27	梯级驱动链条加油嘴在梯级驱动链条上方 3~5mm	合格□不合格□		6
	28	扶手驱动链条加油嘴在扶手驱动链条上方 3~5mm	合格□不合格□		6
运行	29	自动扶梯合上电源，检修运行，自动扶梯运行时无振动、异响和摩擦声	合格□不合格□	是□ 否□	6

评分依据：★为重要项目，一项不合格，检验结论为不合格。一般项目，扣分不超过 20 分（包括 20 分）检验结论为合格，超过 20 分为不合格。

附表 11　自动扶梯扶手系统维护保养实施记录表（权重 0.2）

自动扶梯扶手系统的维护和保养			检查人/日期		
步骤	序号	检查项目	技术标准	完成情况	分值
准备工作	1	在上下机房入口处放置防护栏，确认自动扶梯上无人	合格□不合格□	是□ 否□	★
	2	安全上下上下机房	合格□不合格□		★
	3	安全打开上下机房盖板	合格□不合格□		★
	4	按下自动扶梯停止开关，切断主电源，确认电源已切断	合格□不合格□		★
	5	拆除内外盖板	合格□不合格□		★
	6	拆卸 5~6 个梯级	合格□不合格□		★
扶手系统的清洁	7	1）清洁扶手带 2）清洁扶手支架、扶手照明灯罩 3）清洁扶手栏板、围裙板 4）清洁内盖板 5）清洁外盖板 6）清洁外装饰板	合格□不合格□	是□ 否□	
	8	1）清洁扶手带导轨、支架 2）清洁扶手带回转链 3）清洁扶手带导向轮、换向轮、支撑轮	合格□不合格□		★
	9	清洁扶手驱动轮、摩擦轮、扶手驱动链	合格□不合格□		★
驱动装置的维护	10	扶手摩擦轮的调整	合格□不合格□	是□ 否□	★
	11	扶手驱动链的调整	合格□不合格□		★
	12	扶手张紧轮的调整	合格□不合格□		6
	13	扶手驱动链条加油嘴在扶手驱动链条上方 3~5mm，扶手驱动链条润滑良好	合格□不合格□		6
导向装置的维护	14	扶手导向轮的调整	合格□不合格□	是□ 否□	6
	15	扶手支撑轮的调整	合格□不合格□		6
	16	扶手换向轮的调整	合格□不合格□		6
	17	扶手端部导向轮组的调整	合格□不合格□		6
	18	扶手带压带轮的调整	合格□不合格□		6

（续）

自动扶梯扶手系统的维护和保养			检查人/日期		
步骤	序号	检查项目	技术标准	完成情况	分值
扶手带的维护	19	扶手带的检查	合格□不合格□	是□ 否□	6
	20	扶手带与导轨支架的间隙	合格□不合格□		6
	21	扶手带与梯级运行速度偏差为0~+2%	合格□不合格□		6
	22	导轨台阶的检查	合格□不合格□		6
围裙板的维护	23	围裙板应坚固、平滑	合格□不合格□	是□ 否□	6
	24	围裙板、内外盖板、护壁板螺栓紧固，连接部平滑，无毛刺或锐边	合格□不合格□		6
	25	围裙板的连接处不应重叠，间隙不超过0.5mm	合格□不合格□		6
运行	26	自动扶梯合上电源，检修运行，自动扶梯运行时无振动、异响和摩擦声	合格□不合格□	是□ 否□	6

评分依据：★为重要项目，一项不合格，检验结论为不合格。一般项目，扣分不超过20分（包括20分）检验结论为合格，超过20分为不合格。

附表12 自动扶梯驱动系统维护保养实施记录表（权重0.2）

自动扶梯驱动系统的维护和保养			检查人/日期		
步骤	序号	检查项目	技术标准	完成情况	分值
准备工作	1	在上下机房入口处放置防护栏，确认自动扶梯上无人	合格□不合格□	是□ 否□	★
	2	安全上下上下机房	合格□不合格□		★
	3	安全打开上下机房盖板	合格□不合格□		★
	4	按下自动扶梯停止开关，切断主电源，确认电源已切断	合格□不合格□		★
驱动系统的维护	5	正常运行状态的检查	合格□不合格□	是□ 否□	6
	6	检修运行状态的检查	合格□不合格□		6
制动器的维护	7	制动器功能的检查	合格□不合格□	是□ 否□	6
	8	制动行程的检查：铁心行程大于0.5mm，但不超过2mm	合格□不合格□		★
	9	抱闸检测开关的检查：抱闸检测开关与抱闸的距离不应超过4mm	合格□不合格□		★
	10	闸瓦衬片的检查：无破裂、无油污、磨损均匀；制动垫厚度小于5mm时需更换	合格□不合格□		6
	11	销轴用20号机油，每月润滑一次	合格□不合格□		6
	12	电磁铁心润滑	合格□不合格□		6
驱动主机的维护	13	驱动主机地脚螺栓的检查	合格□不合格□	是□ 否□	★
	14	驱动主机测速开关的检查	合格□不合格□		★
	15	驱动主机温度的检查：用点温计测量主机温升不超过60℃，驱动主机壳体表面的温度应在80℃以下	合格□不合格□		6
	16	驱动主机异响及振动的检查：分贝表检测运行噪声应低于65dB	合格□不合格□		6
	17	轴承的检查	合格□不合格□		6
减速器的维护	18	固定螺栓的检查	合格□不合格□	是□ 否□	6
	19	润滑油的检查	合格□不合格□		★
	20	轴承的检查及润滑	合格□不合格□		6
	21	蜗轮蜗杆的检查	合格□不合格□		6
	22	减速器的清洁与润滑	合格□不合格□		★
驱动链的维护	23	驱动链固定螺栓的检查	合格□不合格□	是□ 否□	6
	24	驱动链的检查：检测装置与驱动链的距离为3.5~7mm	合格□不合格□		★
	25	驱动链轮的检查	合格□不合格□		6
	26	驱动链除锈	合格□不合格□		6
	27	1）驱动链的清洁与润滑 2）油嘴与主驱动链的距离为5~10mm	合格□不合格□		6

（续）

自动扶梯驱动系统的维护和保养			检查人/日期		
步骤	序号	检查项目	技术标准	完成情况	分值
驱动轴的维护	28	驱动主轴、从动轴的检查	合格□不合格□	是□ 否□	6
	29	驱动主轴、从动轴的清洁与润滑	合格□不合格□		6
	30	驱动主轴、从动轴的调整：水平度≤0.5/1000mm	合格□不合格□		6
运行	31	自动扶梯合上电源，检修运行，自动扶梯运行时无振动、异响和摩擦声	合格□不合格□	是□ 否□	6

评分依据：★为重要项目，一项不合格，检验结论为不合格。一般项目，扣分不超过20分（包括20分）检验结论为合格，超过20分为不合格。

附表13 自动扶梯电气系统维护保养实施记录表（权重0.2）

自动扶梯电气系统的维护和保养			检查人/日期		
步骤	序号	检查项目	技术标准	完成情况	分值
准备工作	1	在上下机房入口处放置防护栏，确认自动扶梯上无人	合格□不合格□	是□ 否□	★
	2	安全上下上下机房	合格□不合格□		★
	3	安全打开上下机房盖板	合格□不合格□		★
	4	按下自动扶梯停止开关，切断主电源，确认电源已切断	合格□不合格□		★
	5	拆除内外盖板	合格□不合格□		★
	6	拆卸5~6个梯级	合格□不合格□		★
电气系统的维护	7	1）清洁控制柜 2）清洁接触器、继电器 3）清洁电子板、功率模块 4）清洁导线 5）清洁端子排、插件	合格□不合格□	是□ 否□	
	8	清洁急停开关、钥匙开关、扶手带入口开关、盖板开关、驱动链断链开关、梳齿板开关等	合格□不合格□		★
	9	清洁主机监控装置、抱闸监控装置、驱动链监控装置、梯级监控装置、扶手监控装置等	合格□不合格□		★
安全开关的维护	10	上下机房急停开关的检查和调整	合格□不合格□	是□ 否□	★
	11	上下机房钥匙开关的检查和调整	合格□不合格□		★
	12	扶手带入口保护开关的检查与调整	合格□不合格□		★
	13	盖板开关的检查与调整	合格□不合格□		★
	14	梳齿板开关的检查与调整	合格□不合格□		★
	15	驱动链断链开关的检查与调整	合格□不合格□		★
	16	梯级链断链开关的检查与调整	合格□不合格□		★
	17	扶手带断带开关的检查与调整	合格□不合格□		★
	18	梯级下陷开关的检查与调整	合格□不合格□		★
	19	围裙板安全开关的检查与调整	合格□不合格□		★
监控装置的维护	20	抱闸监控装置的检查与调整	合格□不合格□	是□ 否□	6
	21	自动扶梯超速装置的检查与调整	合格□不合格□		6
	22	驱动链条监控装置的检查与调整	合格□不合格□		6
	23	扶手带超速装置的检查与调整	合格□不合格□		6
	24	梯级监控装置的检查与调整	合格□不合格□		6
运行	25	自动扶梯合上电源，检修运行，自动扶梯运行时无振动、异响和摩擦声	合格□不合格□	是□ 否□	6

评分依据：★为重要项目，一项不合格，检验结论为不合格。一般项目，扣分不超过20分（包括20分）为检验结论为合格，超过20分为不合格。

参考文献

[1] 全国电梯标准化技术委员会. 电梯制造与安装安全规范：GB 7588—2003 [S]. 北京：中国标准出版社，2003.

[2] 全国电梯标准化技术委员会. 电梯安装验收规范：GB/T 10060—2011 [S]. 北京：中国标准出版社，2012.

[3] 全国电梯标准化技术委员会. 电梯技术条件：GB/T 10058—2009 [S]. 北京：中国标准出版社，2010.

[4] 全国电梯标准化技术委员会. 电梯试验方法：GB/T 10059—2009 [S]. 北京：中国标准出版社，2010.

[5] 汤湘林. 电梯保养与维护技术 [M]. 北京：中国劳动社会保障出版社，2013.

[6] 李乃夫. 电梯维修与保养 [M]. 北京：机械工业出版社，2014.

[7] 李乃夫，陈继权. 自动扶梯运行与维保 [M]. 北京：机械工业出版社，2017.

[8] 史信芳，蒋庆东，李春雷，等. 自动扶梯 [M]. 北京：机械工业出版社，2014.